普通高等教育土建类规划教材

建筑结构
平面整体设计方法

主　编　彭利英
副主编　陆　洋　梁　桥
参　编　张　涓　刘孔玲　蔡位明

机 械 工 业 出 版 社

本书是按我国新修订出版的《混凝土结构施工图平面整体表示方法制图规则和构造详图》及现行的《混凝土结构设计规范》、《抗震设计规范》等编写的，主要介绍混凝土梁、柱、板、墙、基础等构件的平法设计及构造，主要内容包括：绪论，现浇混凝土楼面板与屋面板施工图设计，梁施工图设计，剪力墙施工图设计，柱施工图设计，独立基础、条形基础、桩基承台施工图设计，箱形基础与地下室结构施工图设计，现浇混凝土板式楼梯施工图设计，结构施工图平面整体设计方法实例。

本书可作为高等院校土木工程、工程管理及相关专业本科生建筑结构平面整体设计方法及相关课程的教材，也可作为土木工程管理人员及技术人员的参考书。

图书在版编目（CIP）数据

建筑结构平面整体设计方法/彭利英主编. —北京：机械工业出版社，2010.8（2018.1重印）

普通高等教育土建类规划教材

ISBN 978-7-111-31414-1

Ⅰ.①建… Ⅱ.①彭… Ⅲ.①建筑结构-结构设计：平面设计-高等学校-教材 Ⅳ.① TU318

中国版本图书馆CIP数据核字（2010）第143171号

机械工业出版社（北京市百万庄大街22号 邮政编码100037）

策划编辑：马军平 责任编辑：马军平

版式设计：张世琴 责任校对：吴美英

封面设计：张 静 责任印制：常天培

北京京丰印刷厂印刷

2018年1月第1版 · 第4次印刷

184mm×260mm · 11.5印张 · 5插页 · 282千字

标准书号：ISBN 978-7-111-31414-1

定价：24.00元

凡购本书，如有缺页、倒页、脱页，由本社发行部调换

电话服务

社服务中心：（010）88361066

销售一部：（010）68326294

销售二部：（010）88379649

读者购书热线：（010）88379203

网络服务

门户网：http：//www.cmpbook.com

教材网：http：//www.cmpedu.com

封面无防伪标均为盗版

序

结构设计包括结构选型、结构布置、结构计算和施工图绘制等内容。结构设计人员的设计意图、选型布置、计算结果等，最终要通过施工图进行表达。因此，有人说“图是工程师的语言”。在结构设计诸多工作中，以绘制施工图耗费的时间最多，工作最为繁重。

2003年，陈青来教授创立了“建筑结构平面整体设计方法”（简称为“平法”）。它把复杂的结构选型布置和配筋构造通过文字、符号和数学等方式在平面上加以表达，从而使图简单明了，使绘图工作和图样数量大量地减少，使结构设计人员有更多的时间与精力用于结构设计复杂问题的研究。“平法”是结构设计中施工图绘制的重大革新。因此，“平法”问世以后，受到广大结构设计人员的热烈欢迎，并在全国各建筑设计单位迅速地推广。

作为土木工程专业的学生，为了在毕业后能尽快地适应工作，必须熟练地掌握“平法”的有关知识。由湖南工程学院彭利英等编写的“建筑结构平面整体设计方法”一书，内容完善，阐述清楚，每章结尾有小结，全书结尾有设计实例，是一本便于教学的“平法”教材。

沈蒲生

前　　言

本书是按我国新修订出版的《混凝土结构施工图平面整体表示方法制图规则和构造详图》及现行的《混凝土结构设计规范》、《抗震设计规范》等编写的。在编写过程中，我们力求做到简单明了、条理清楚，便于自学，使学生通过本书的学习，不但懂得混凝土结构施工图平面整体表示方法制图规则和构造要求，而且能够用平法进行混凝土结构梁、柱、板、墙、基础等构件的设计。

本书第1章（绪论）、第3章（柱施工图设计）、第4章（梁施工图设计）由湖南工程学院彭利英编写，第2章（现浇混凝土楼面与屋面板施工图设计）、第5章（剪力墙施工图设计）由湖南工程学院陆洋编写，第6章（独立基础、条形基础、桩基承台施工图设计）、第7章（箱形基础与地下室结构施工图设计）由湖南工程学院梁桥编写，第8章（现浇混凝土板式楼梯施工图设计）由湖南工程学院张涓编写，第9章（结构施工图平面整体设计方法实例）由湖南工程学院刘孔玲、蔡位明编写。彭利英担任主编，陆洋、梁桥担任副主编，湖南工程学院陈金陵教授审阅了全书，湖南大学沈蒲生教授对本书的编写提供了宝贵的意见，并在百忙之中抽出时间为本书作序，湖南工程学院建筑工程学院土木06级刘琴、孙广华、方远强等同学为本书绘制了大量的插图，在此一并表示衷心的感谢。

由于编者水平有限，加之时间仓促，不妥处在所难免，欢迎广大读者批评指正。

编　者

目　录

第1章　绪　　论

本章学习目标

了解建筑结构设计方法的基本类型；

了解建筑结构平法设计的发展历史；

了解建筑结构平法设计的主要内容；

了解建筑结构平法设计的适用范围。

建筑结构施工图是整个建筑施工图的主要组成部分，是建筑施工、工程预决算等的重要依据，多年来，我国一直沿用传统的结构设计制图方法，即采用绘制结构平面布置图、构件详图一起来详细表达结构构件的相关信息。结构平面布置图表示承重构件的布置、类型和数量或钢筋的配置。构件详图分为配筋图、模板图、预埋件详图及材料用料表等。配筋图包括立面图、截面图和钢筋详图，着重表示构件内部的钢筋配置、形状数量和规格，是构件详图的主要图样。模板图只用于较复杂的构件，以便于模板的制作与安装。由于组成建筑结构的主要构件很多，按传统的制图方法，要绘制的图很多，工作量很大，设计人员的工作强度也很大，图样量也很多，设计成本较高。

2003 年由陈青来教授主创的建筑结构施工图平面整体设计方法（简称平法），在传统结构设计基础上把结构构件的尺寸和配筋等按照平面整体表示方法及制图规则，整体直接表达在各类构件的结构平面布置图上，再与标准构造详图相配合。由于其采用标准化的设计制图规则和标准化的构造详图设计配套，使结构施工图的设计平面化、标准化、简单化，既减少了结构设计的图样量，提高了设计速度，降低了设计成本，又减轻了结构设计人员的工作负荷，因此迅速在全国推广使用。

从 2003 年开始至今，由中国建筑标准设计研究所先后出版发行了 03G101-1《现浇混凝土框架、剪力墙、框架剪力墙、框支剪力墙结构平法设计》（后简称 03G101-1）、03G101-2《现浇混凝土板式楼梯平法设计》（后简称 03G101-2）、04G101-3《筏形基础平法设计》（后简称 04G101-3）、04G101-4《现浇混凝土楼板与屋面板平法设计》（后简称 04G101-4）、06G101-6《独立基础、条形基础、桩基承台平法设计》（后简称 06G101-6）、08G101-5《箱形基础和地下结构》（后简称 08G101-5）和 08G101-11《G101 系列图集施工常见问题答疑图解》（后简称 08G101-11）等 7 本标准图集，供全国建筑行业设计和施工采用。

本书将结合出版发行的正在使用的 7 本标准图集，简要介绍运用平法完成钢筋混凝土结构设计的基本方法和思路。

钢筋混凝土结构平法设计主要包括：结构设计总说明，基础及地下结构平法施工图设计，柱、墙结构平法施工图设计，梁结构平法施工图设计，楼板与楼梯结构平法施工图设计五个部分。每册标准图集都是由建筑结构施工图平面整体表示方法制图规则和标准构造详图两部分组成，详细介绍现浇混凝土梁、板、柱、基础和楼梯等主要结构及构件的平面设计方法。

1.1 平法施工图设计文件的构成

平法施工图设计文件包括三部分：第一部分为结构设计总说明，第二部分为平法施工图，第三部分为标准构造详图。通常出施工图时，第三部分标准构造详图以构造详图加文字说明的形式包含在第一部分的设计说明中。

平法结构施工图的出图顺序为：结构设计总说明→基础及地下结构平法施工图→柱和剪力墙平法施工图→梁平法施工图→板平法施工图→楼梯及其他特殊构件平法施工图。

第一部分：结构设计总说明，通常包括结构概述，场区和地基，基础结构及地下结构，地上主体结构设计，施工所依据的规范、规程和标准设计图集等五大部分内容。

具体来说，在结构设计总说明中应写明以下内容：

1）工程的自然条件。

2）设计依据。

3）设计活荷载标准值。

4）抗震设防烈度及结构抗震等级。

5）地基与基础。

6）材料强度等级。

7）钢筋混凝土结构构件构造。

8）砌体结构构造。

9）引用的图集。

10）电气、避雷做法。

11）其他。

第二部分：平法施工图，是在分构件类型绘制的结构平面布置图上，直接按照制图规则标注每个构件的几何尺寸和配筋。

第三部分：标准构造详图，统一提供的是平法施工图中未表达的节点构造等不需结构设计工程师绘制的图样内容。

1.2 平法施工图的表达方式

平法施工图的表达方式主要有平面注写方式、列表注写方式、截面注写方式三种。一般以平面注写方式为主，列表注写方式和截面注写方式为辅。

平法的各种表达方式，有同一性的注写顺序为：

1）构件的编号及整体特征（如梁的跨数等）。

2）截面尺寸。

3）截面配筋。

4）必要的说明。

1.3 平法的设计依据

平法的设计依据同传统结构设计表示法的依据一样，那就是：

1）GB 50010—2002《混凝土结构设计规范》。

2）GB 50011—2001《建筑抗震设计规范》。

3）JGJ 3—2002　JI 86—2002《高层建筑混凝土结构技术规程》。

4）GB/T 50105—2001《建筑结构制图标准》。

1.4 平法的适用范围

建筑结构施工图平面整体设计方法适用于各种现浇混凝土结构的柱、剪力墙、梁、板、基础及楼梯等构件的结构施工图的设计。

在第2~8章中将详细介绍梁、柱、板、楼梯及基础等主要构件的结构平面设计表示方法；第9章以一个具体的三层框架结构的工业厂房结构设计为例，详细地介绍整个平法设计的全部内容，帮助大家理解平法设计，并掌握平法设计的方法，以利于工程实际的运用。

1.5 本章小结

1）建筑结构平法设计包括结构设计总说明，基础及地下结构平法施工图设计，柱、墙结构平法施工图设计，梁结构平法施工图设计，楼板与楼梯结构平法施工图设计五个部分。

2）设计文件包括结构设计总说明、平法施工图和标准构造详图三部分。通常出施工图时，标准构造详图以构造详图加文字说明的形式包含在设计说明中。

3）平法施工图的表达方式主要有平面注写方式、列表注写方式、截面注写方式三种。一般以平面注写方式为主，列表注写方式和截面注写方式为辅。

4）平法的设计依据是现行有关的建筑结构设计国家规范及规程。平法适用于各种现浇混凝土结构的柱、剪力墙、梁、板、基础及楼梯等构件的结构施工图的设计。

思考题

1. 什么叫建筑结构施工图平面整体设计方法？
2. 建筑结构施工图平面整体设计方法适用范围如何？
3. 建筑结构施工图平面整体设计方法施工图包括哪些内容？
4. 建筑结构施工图平面整体设计方法常见的表示方法有哪些？
5. 如何编写结构设计总说明？
6. 建筑结构施工图平面整体设计方法的设计依据有哪些？
7. 建筑结构施工图平面整体设计方法有哪些优点？

第2章　现浇混凝土楼面板与屋面板施工图设计

本章学习目标

理解“板块”的概念；
掌握有梁楼盖板、无梁楼盖板平法施工图的表示方法；
熟悉加强带、后浇带等楼板相关构造平法施工图的表示方法；
掌握“隔一布一”的板顶钢筋布置要求；
熟悉有梁楼盖楼面板、屋面板钢筋构造要求；
熟悉无梁楼盖板带纵向钢筋构造要求；
熟悉板后浇带、悬挑阳角等的构造要求。

2.1　板传统施工图设计

现浇板是相对于预制板而言的，现浇板在现场搭好模板，在模板上安装好钢筋，再在模板上浇筑混凝土，然后再拆除模板。由于是整体浇筑，所以现浇板的抗震性能也优于预制楼板，在预制板楼体中常见的温度缝等质量通病在现浇板楼体中也能较好地解决。

传统的板结构施工图是在各层结构平面图上将板号、板厚、底筋、面筋、配筋量、负筋长度等要素进行标注。板面标高有变化时，应标出其相对标高。当大部分板厚度相同时，可只标出特殊的板厚，其余在本图内用文字说明。底筋的画法：结构平面图中，同一板号的板可只画一块板的底筋（应尽量注于图面左下角首先出现的板块），其余的应标出板号。底筋一般不需注明长度。绘图时应注意弯钩方向，且弯钩应伸入支座。负筋的画法：同一种板号组合的支座负筋只需画一次。负筋对称布置时，可采用无尺寸线标注，负筋的总长度直接注写在钢筋下面；负筋非对称布置时，可在梁两边分别标注负筋的长度（长度从梁中计起）；端跨的负筋无尺寸线时直接标注的是总长度；以上钢筋长度均不包括直弯钩长。分布筋只在结构总说明中注明，图中不画出。

如图2-1所示，对于相同编号的板，其贯通纵筋和支座负筋均应相同，这样导致板的编号较多，须分别标注，图面较为繁杂。

而板平法施工图采取在结构平面布置图上用板块集中标注、板支座原位标注（有梁楼盖）的方式直接表达板结构设计内容，如图2-2所示。集中标注板厚、底部和顶部贯通纵筋等内容。其他相同编号的板块仅注写置于圆圈内的板编号及板面标高不同时的标高高差。在垂直于板支座（梁或墙）方向绘制一段长度适宜的中粗实线来代表支座上部非贯通纵筋，并注写钢筋编号、配筋值、横向连续布置的跨数等内容。图面较为简洁、明了。

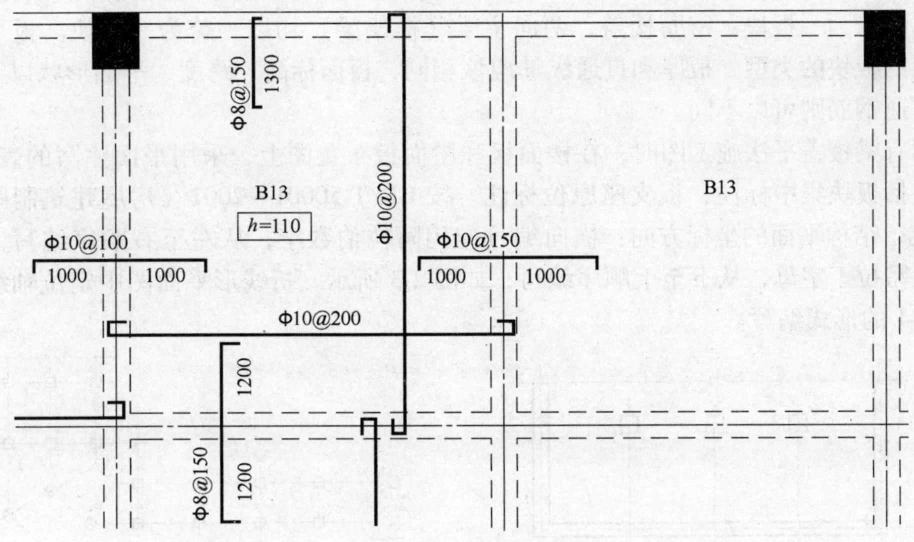

图 2-1　传统方法表示的板配筋图

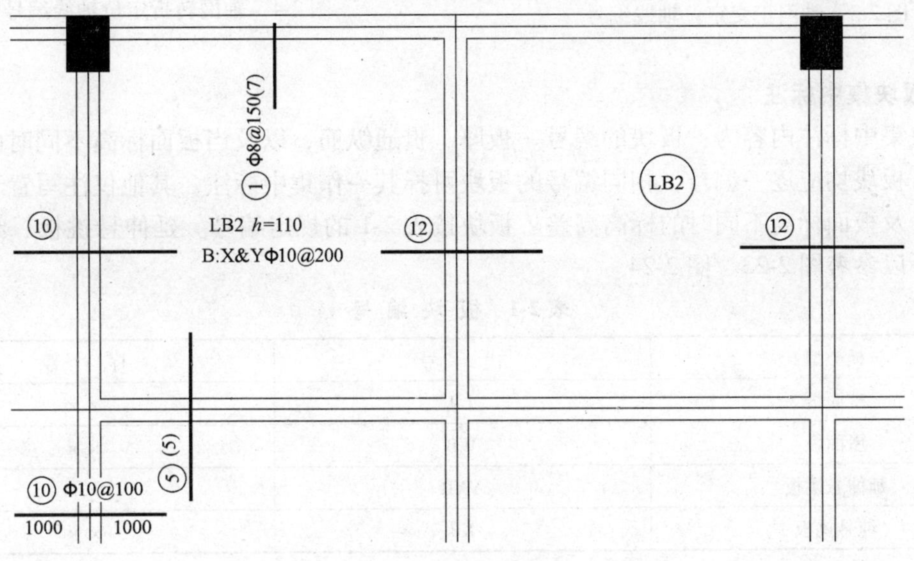

图 2-2　平法表示的板施工图

2.2　现浇楼盖与屋面板平法施工图设计

2.2.1　有梁楼盖板制图规则

“板块”，是 04G101-4 图集提出的一个新概念，是指板的配筋以“一块板”为一个单元，相同配筋的板只要标注上相同的编号即可。在04G101-4中对板块定义为：普通楼面，两向均以一跨为一板块；密肋楼盖，两向主梁（框架梁）均以一跨为一板块。板平法规定编号相同的板块的类型、板厚和贯通纵筋应该相同，板面标高、跨度、平面形状以及板支座上部非贯通钢筋则可以不同。

绘制有梁楼盖平法施工图时，在楼面板和屋面板布置图上，采用平面注写的表达方式。这主要包括板块集中标注、板支座原位标注。按GB/T 50001—2001《房屋建筑制图统一标准》规定，结构平面的坐标方向：横向编号应用阿拉伯数字，从左至右顺序编写，竖向编号应用大写拉丁字母，从下至上顺序编写，如图2-3所示。折线形平面图中定位轴线的编号可按图2-4的形式编写。

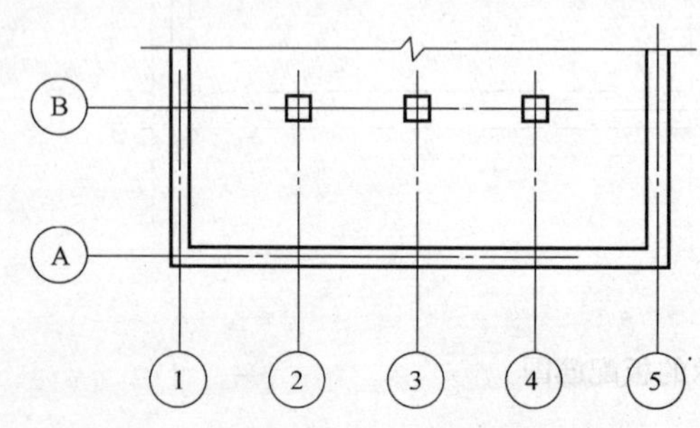

图2-3　轴网正交定位轴线编号

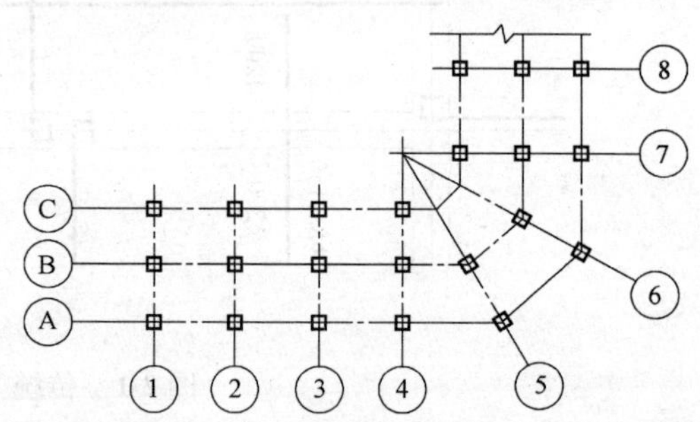

图2-4　轴网转折定位轴线编号

1. 板块集中标注

板块集中标注内容为：板块的编号、板厚、贯通纵筋，以及当板面标高不同时的标高高差。所有板块均应逐一编号，相同编号的板块可择其一作集中标注，其他仅注写置于圆圈内的板编号及板面标高不同时的标高高差。板块按表2-1的规定编号。延伸悬挑板、纯悬挑板的构造可以参考图2-23、图2-24。

表2-1　板块编号

板类型	代　号	序　号
楼面板	LB	××
屋面板	WB	××
延伸悬挑板	YXB	××
纯悬挑板	XB	××

注：延伸悬挑板的上部受力钢筋应与相邻跨内板的上部纵筋连通配置。

板厚注写为h = ×××；当悬挑板的端部改变截面厚度时，用斜线分割根部与端部的高度值，注写为h = ×××/×××。

贯通纵筋按下部和上部分别注写，并以B代表下部，以T代表上部，B&T代表下部与上部；X、Y向纵向贯通筋分别以X、Y打头，两向纵向贯通筋以X&Y打头，当为单向板时，另一向贯通的分布筋可不注写，而在图中统一注明。若某些板内配置的构造钢筋，X向以Xc，Y向以Yc表示。当Y向采用放射配筋时，应注明配筋间距的度量位置。板面标高高差指相对于结构层楼面标高的高差，制图时应将其注写在括号内。

例：设有一楼面板注写为：

LB5 h = 110

B：X Φ 12@ 120；Y Φ 10@ 110

表示 5 号楼面板，板厚 110mm，板下部配置的贯通纵筋 X 向为Φ 12@ 120，Y 向为Φ 10 @ 110；板上部未配置贯通纵筋。

例：设有一延伸悬挑板注写为：

YXB2 h = 150/100

B：Xc&Yc Φ 8@ 200

表示 2 号延伸悬挑板，板根部厚 150mm，端部厚 100mm，板下部配置构造钢筋双向均为Φ 8@ 200（上部受力钢筋见板支座原位标注）。

2. 板支座原位标注

板支座原位标注的内容为：板支座上部非贯通钢筋和纯悬挑板上部受力钢筋。应在配置相同的第一跨表达（当在悬挑部位单独配置时则在原位表达），在垂直于板支座（梁或墙）绘制一段适宜长度的中粗实线来代表支座上部非贯通纵筋；并在线段上方注写钢筋编号、配筋值、横向连续布置的跨数（注写在括号内，且当为一跨时可不注），以及是否布置到梁的

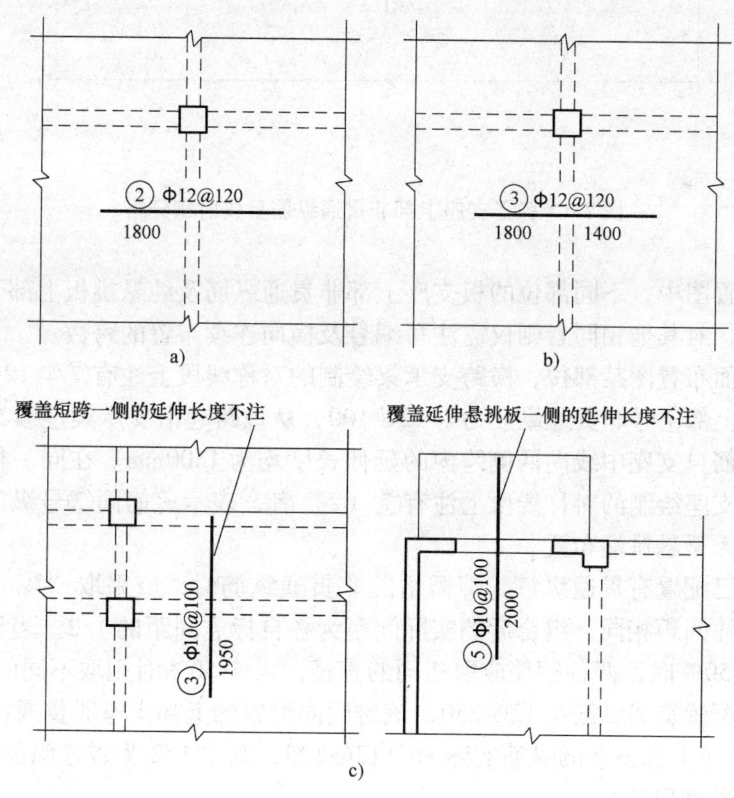

图 2-5　板支座上部非贯通纵筋的标注

a）支座钢筋两侧对称　b）支座钢筋两侧不对称　c）延伸长度不注的情况

悬挑端。例如，（××A）为横向布置的跨数及一端的悬挑部位（B为两端悬挑的部位）。板支座上部非贯通筋自支座中线向跨内的延伸长度，注写在线段的下方位置，向支座两侧对称延伸时可仅在一侧标注（见图2-5a、b)，贯通全跨或延伸至全悬挑一侧的长度值不注（见图2-5c)。

当板支座为弧形，支座上部非贯通纵筋呈放射状分布时，应注明配筋间距的度量位置并加注“放射分布”四字，如图2-6所示。

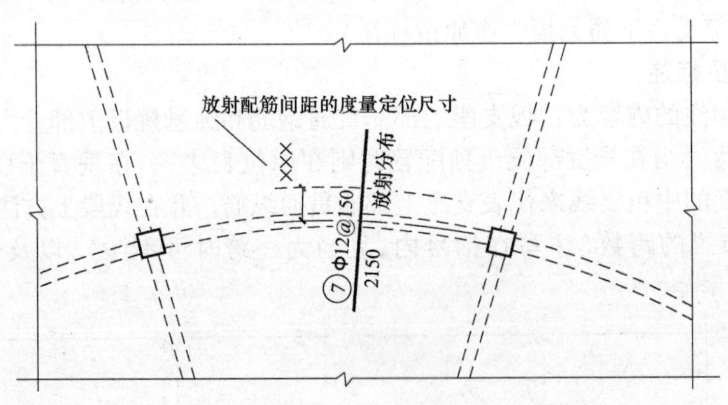

图2-6 弧形支座上部非贯通纵筋呈放射状分布

在板平面布置图中，不同部位的板支座上部非贯通纵筋及纯悬挑板上部受力钢筋，可仅在一个部位注写，对其他相同者则仅需注写编号及横向连续布置的跨数。

例：在板平面布置图某部位，横跨支承梁绘制的对称线段上注有⑦Φ12@100（5A）和1500，表示支座上部⑦号非贯通纵筋为Φ12@100，从该跨起沿支承梁连续布置5跨加梁一段的悬挑端，该筋自支座中线向两侧跨内的延伸长度均为1500mm。在同一板平面布置图的另一部位横跨梁支座绘制的对称线段上注有⑦（2）者，表示该筋同⑦号纵筋，沿支承梁连续布置两跨，且无梁悬挑端布置。

当板的上部已配置有贯通纵筋，但需增配非贯通纵筋时，应采取“隔一布一”的方式配置，两者的标注间距相同，组合后的实际间距为各自标志间距的1/2。当设定贯通筋为纵筋总截面面积的50%时，两种钢筋应取相同的直径，大于50%时则取不同的直径。

例：板上部配置贯通纵筋Φ12@250，该跨同向配置的上部支座非贯通纵筋为⑤Φ12@250，表示在该支座上部设置的纵筋实际为Φ12@125，其中1/2为贯通纵筋，1/2为⑤号非贯通纵筋（延伸长度值略）。

例：板上部已配置贯通纵筋Φ10@250，该跨配置的上部同向支座非贯通纵筋为③Φ12@250，表示该跨实际设置的上部纵筋为（1Φ10+1Φ12）/250，实际间距为125mm，其中41%为贯通纵筋，59%为③号非贯通纵筋（延伸长度值略）。图2-7所示为采用平面注写方式表达的楼面平法施工图示例。

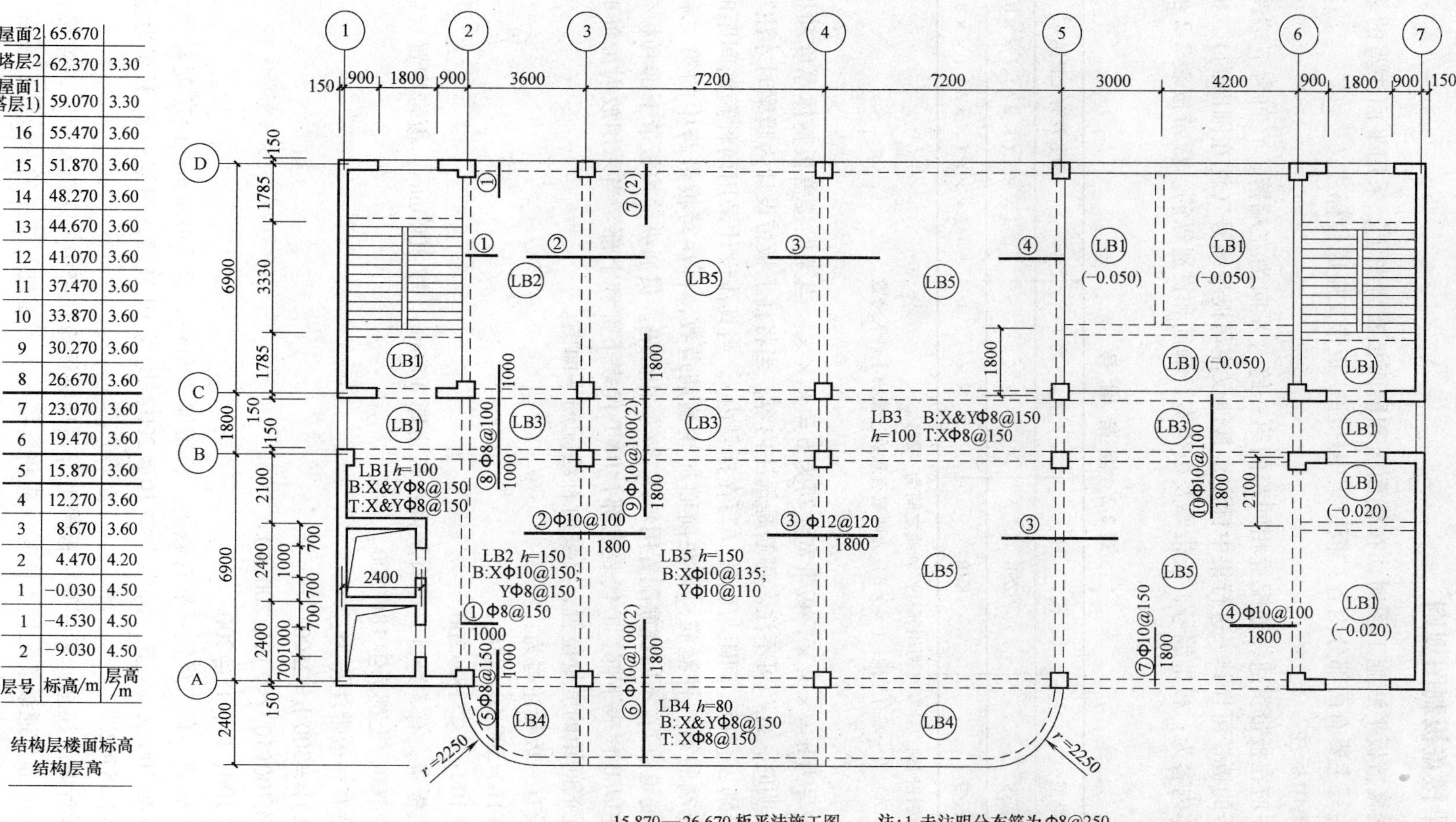

屋面2	65.670	
塔层2	62.370	3.30
屋面1 (塔层1)	59.070	3.30
16	55.470	3.60
15	51.870	3.60
14	48.270	3.60
13	44.670	3.60
12	41.070	3.60
11	37.470	3.60
10	33.870	3.60
9	30.270	3.60
8	26.670	3.60
7	23.070	3.60
6	19.470	3.60
5	15.870	3.60
4	12.270	3.60
3	8.670	3.60
2	4.470	4.20
1	−0.030	4.50
1	−4.530	4.50
2	−9.030	4.50
层号	标高/m	层高/m

结构层楼面标高
结构层高

15.870—26.670 板平法施工图

注：1. 未注明分布筋为Φ8@250。
2. 可在结构层楼面标高、结构层高表中加设混凝土强度等级等栏目。

图 2-7 板平法施工图平面注写方式示例

2.2.2 无梁楼盖板制图规则

绘制无梁楼盖板平法施工图时，在楼面板和屋面板布置图上，采用平面注写的表达方式。板平面注写主要有两部分内容：板带集中标注、板带支座原位标注。

1. 板带集中标注

集中标注应在板带贯通纵筋配置相同跨的第一跨（X 向为左端跨，Y 向为下端跨）注写。相同编号的板带可择其一进行集中标注，其他仅注写板带编号（注在圆圈内）。板带集中标注的具体内容为：板带编号，板带厚及板带宽，箍筋和贯通纵筋。板带按表 2-2 的规定编号。

表 2-2　板 带 编 号

板带类型	代　　号	序　　号	跨数及有无悬挑
柱上板带	ZSB	××	(××)、(××A)、(××B)
跨中板带	KZB	××	(××)、(××A)、(××B)

注：1. 跨数按柱网轴线计算（两相邻柱网轴线之间为一跨）。

2. (××A) 为一端有悬挑，(××B) 为两端有悬挑，悬挑不计入跨数。

板带厚注写为 h = ×××，板带宽注写为 b = ×××。当无梁楼盖板整体厚度和板带宽度已在图中注明时，此项可不注。箍筋是选注内容，当将柱上板带设计为暗梁时才注写，内容包括钢筋级别、直径、间距与肢数（写在括号内）。当具体设计采用两种箍筋间距时，先注写板带近柱端的第一种箍筋，并在前面加注箍筋道数，再注写板带跨中的第二种箍筋（不需加注箍筋道数）；不同箍筋配置用斜线“/”相分隔。贯通纵筋按板带下部和板带上部分别注写，并以 B 代表下部，T 代表上部，B&T 代表下部和上部。当采用放射配筋时，设计者应注明配筋间距的度量位置，必要时补绘配筋平面图。

例如，设有一板带注写为：

ZSB2(5A)h = 300 b = 3000

B ⏀16@100；T ⏀18@200

表示 2 号柱上板带，有 5 跨且一端有悬挑；板带厚 300mm，宽 3000mm；板带配置贯通纵筋下部为⏀16@100，上部为⏀18@200。

例如，设有一板带注写为：

ZSB3(5A)h = 300 b = 2500

15 ⏀10@100(10)/⏀10@200(10)

B ⏀16@100；T ⏀18@200

表示 3 号柱上板带，有 5 跨且一端有悬挑；板带厚 300mm，宽 2500mm；板带配置暗梁箍筋近柱端为⏀10@100 共 15 道，跨中为⏀10@200，均为 10 肢箍；贯通纵筋下部为⏀16@100，上部为⏀18@200。

施工和设计时应注意：相邻等跨板带上部贯通纵筋应在跨中 1/3 跨长范围内连接；当同向连续板带的上部贯通纵筋配置不同时，应将配置较大者越过其标注的跨数终点或起点伸至相邻跨的跨中连接区域连接。

2. 板带支座原位标注

板带支座原位标注的具体内容为板带支座上部非贯通纵筋。以一段与板带同向的中粗实线来代表板带支座上部非贯通纵筋；对柱上板带，实线段贯穿柱上区域绘制；对跨中板带，实线段横贯柱网轴线绘制。在线段上方注写钢筋编号、配筋值及在线段的下方注写自支座中线向两侧跨内的延伸长度。

当板带支座非贯通纵筋自支座中线向两侧对称延伸时延伸长度可仅在一侧标注；当配置在有悬挑端的边柱上时，该筋延伸到悬挑尽端，设计不注。当支座上部非贯通纵筋呈放射分布时，设计者应注明配筋间距的度量位置。不同部位的板带支座上部非贯通纵筋相同者，可仅在一个部位注写，其余则在代表非贯通纵筋的线段上注写编号。当板带上部已经配有贯通纵筋，但需增加配置板带支座上部非贯通纵筋时，应结合已配同向贯通纵筋的直径与间距，采取“隔一布一”的方式。

例如，设有板平面布置图的某部位，在横跨板带支座绘制的对称线段上注有⑦Φ18@250，在线段一侧的下方注有1500，则表示支座上部⑦号非贯通纵筋为Φ18@250，自支座中线向两侧跨内的延伸长度均为1500mm。

例如，设有一板带上部已配置贯通纵筋Φ18@240，板带支座上部非贯通纵筋为⑤Φ18@240，则板带在该位置实际配置的上部纵筋为Φ18@120，其中1/2为贯通纵筋，1/2为⑤号非贯通纵筋（延伸长度略）。

例如，设有一板带上部已配置贯通纵筋Φ18@240，板带支座上部非贯通纵筋为③Φ20@240，则板带在该位置实际配置的上部纵筋为(1Φ18+1Φ20)/240，实际间距120mm，其中45%为贯通纵筋，55%为③号非贯通纵筋（延伸长度略）。

图2-8所示为无梁楼盖ZSB与KZB标注示例。

2.2.3 楼板相关构造制图规则

楼板相关构造的平法施工图设计，系在板平法施工图上采用直接引注方式表达。其相关构造按表2-3的规定编号。下面举例说明引注表示方法。

1. 纵筋加强带JQD的引注

纵筋加强带设单向加强贯通纵筋，取代其所在位置板中原配置的同向贯通纵筋。图2-9所示为JQD的引注。当设置为暗梁形式时应注写箍筋。

2. 后浇带HJD的引注

后浇带留筋方式有三种，分别为贯通留筋、100%搭接留筋和50%搭接留筋。后浇混凝土的强度等级应高于所在板的混凝土强度等级且应采用不收缩或微膨胀混凝土。贯通留筋的后浇带宽度不应小于800mm；100%搭接留筋的后浇带宽度宜取不小于800mm与（l_l+60mm）的较大值；50%搭接留筋的后浇带宽度宜取不小于1000mm与（2.3l_l+60mm）的较大值。HJD贯通留筋引注如图2-10所示。

3. 柱帽ZMx的引注

柱帽的平面形状有矩形、圆形和多边形等，其平面形状由平面布置图表达。柱帽的立面形状有单倾角柱帽ZMa、托板柱帽ZMb、变倾角柱帽ZMc和倾角托板柱帽ZMab等，其立面几何尺寸和配筋由具体的引注内容表达。单倾角柱帽和托板柱帽的引注如图2-11所示。

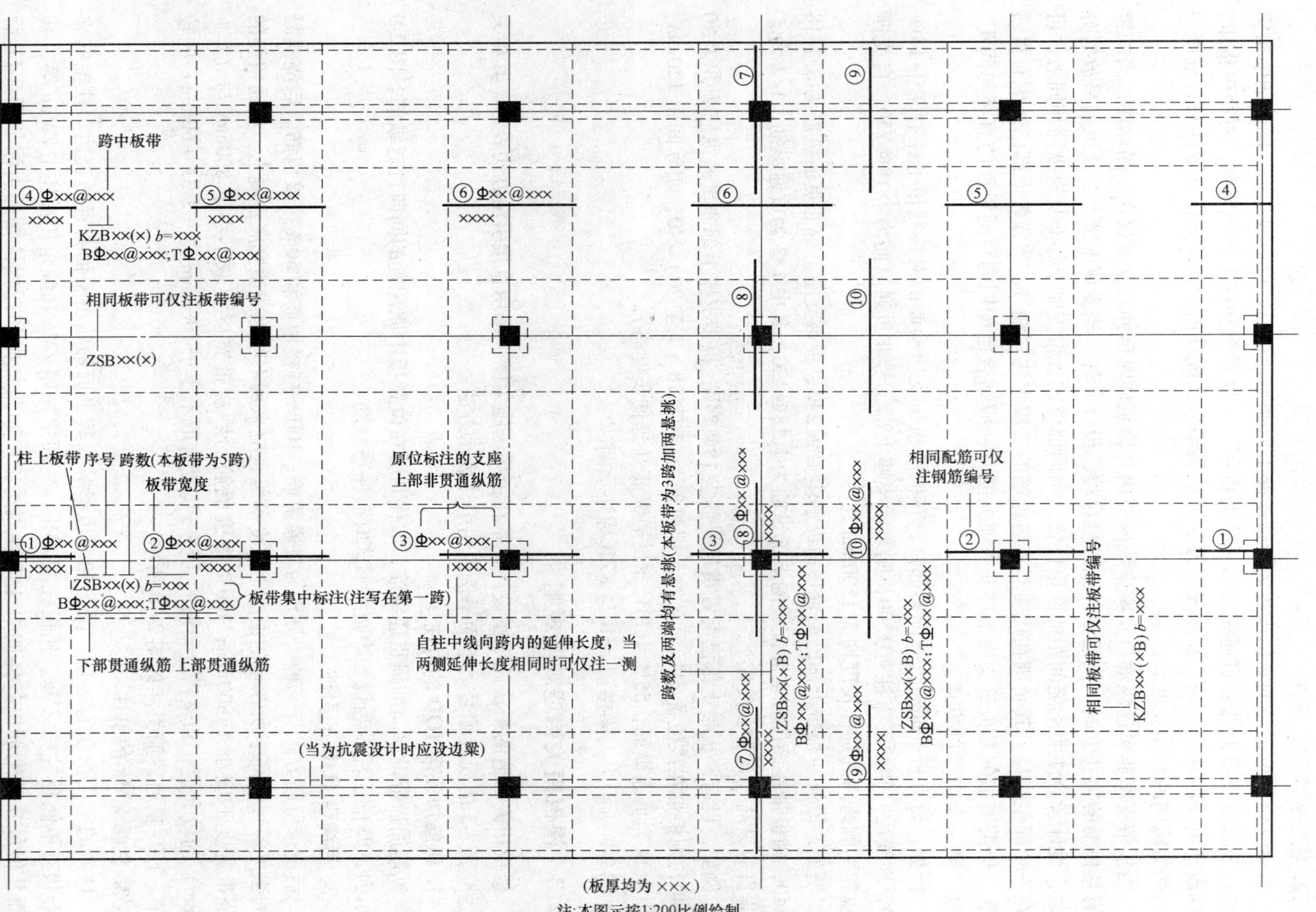

注:本图示按1:200比例绘制。

图 2-8　无梁楼盖柱上板带 ZSB 与跨中板带 KZB 标注图示

表 2-3 楼板相关构造类型与编号

构造类型	代号	序号	说明
纵筋加强带	JQD	××	以单向加强纵筋取代原位置配筋
后浇带	HJD	××	与墙或梁后浇带贯通,有不同的留筋方式
柱帽	ZMx	××	适用于无梁楼盖
局部升降板	SJB	××	板厚及配筋与所在板相同,构造升降高度≤300
板加腋	JY	××	腋高与腋宽可选注
板开洞	BD	××	最大边长或直径＜1m,加强筋长度有全跨贯通和自洞边锚固两种
板翻边	FB	××	翻边高度≤300
板挑檐	TY	××	对应板端钢筋构造,不含竖檐内容
角部加强筋	Crs	××	以上部双向非贯通加强筋取代原位置的非贯通配筋
悬挑阴角附加筋	Cis	××	板悬挑阴角斜放附加筋
悬挑阳角放射筋	Ces	××	板悬挑阳角上部放射筋
抗冲切箍筋	Rh	××	通常用于无柱帽无梁楼盖的柱顶
抗冲切弯起筋	Rb	××	通常用于无柱帽无梁楼盖的柱顶

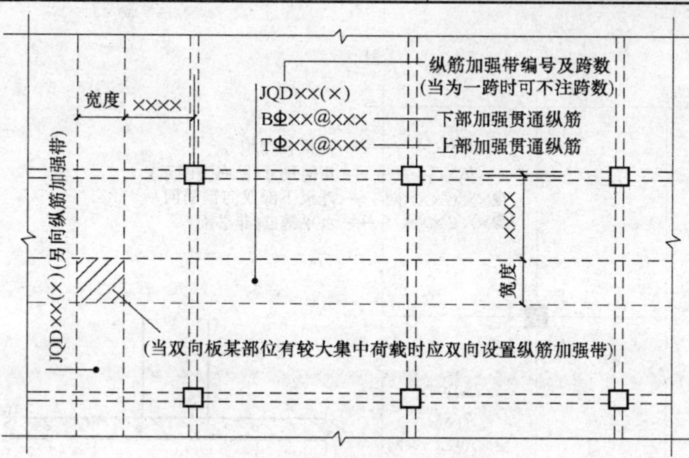

图 2-9 纵筋加强带 JQD 引注图示

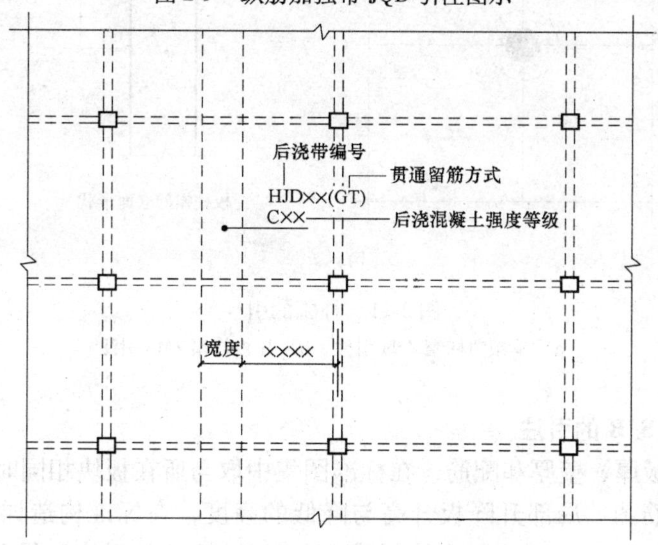

图 2-10 后浇带 HJD 引注图示（贯通留筋方式）

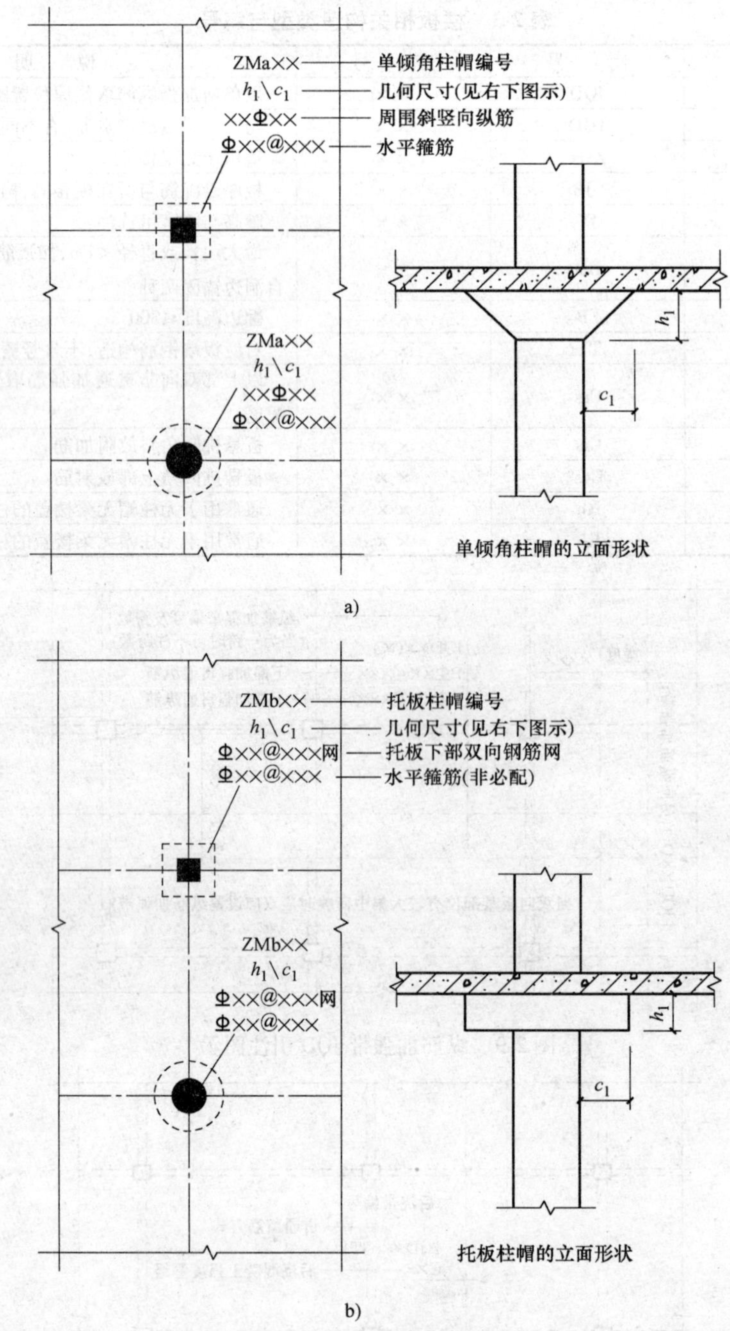

图 2-11　柱帽的引注

a）单倾角柱帽 ZMa 引注　b）托板柱帽 ZMb 引注

4. 局部升降板 SJB 的引注

局部升降板的板厚、壁厚和配筋，在标准图集中取与所在板块相同时，设计不注，否则应补充绘制截面配筋图。局部升降板升高与降低的高度，在标准构造详图中限定为不大于300mm，当高度超过300mm 时应补充绘制截面配筋图。JSB 的引注如图 2-12 所示。

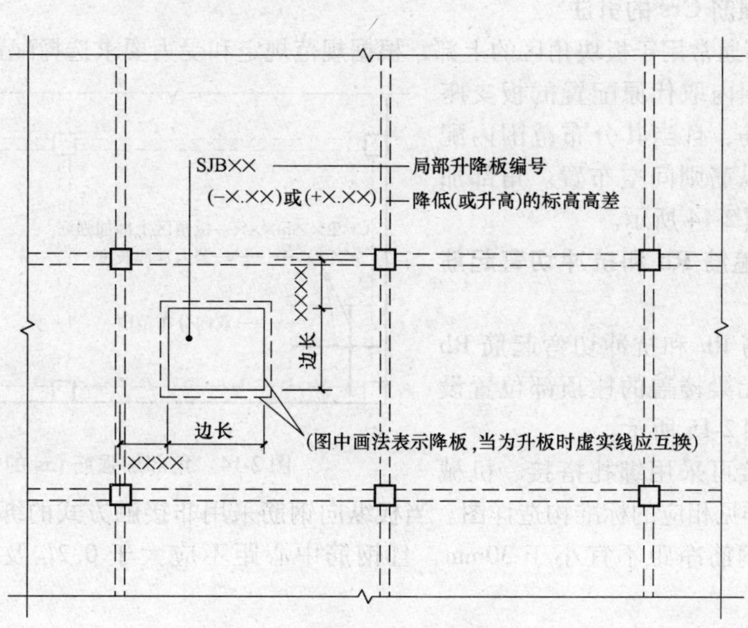

图 2-12　局部升降板 SJB 的引注

5. 板翻边 FB 的引注

板翻边可以上翻或下翻，翻边尺寸等在引注内容中表达，翻边高度在标准构造详图中为不大于 300mm。当翻边高度大于 300mm，应按板挑檐构造进行处理。板翻边 FB 的引注如图 2-13 所示。

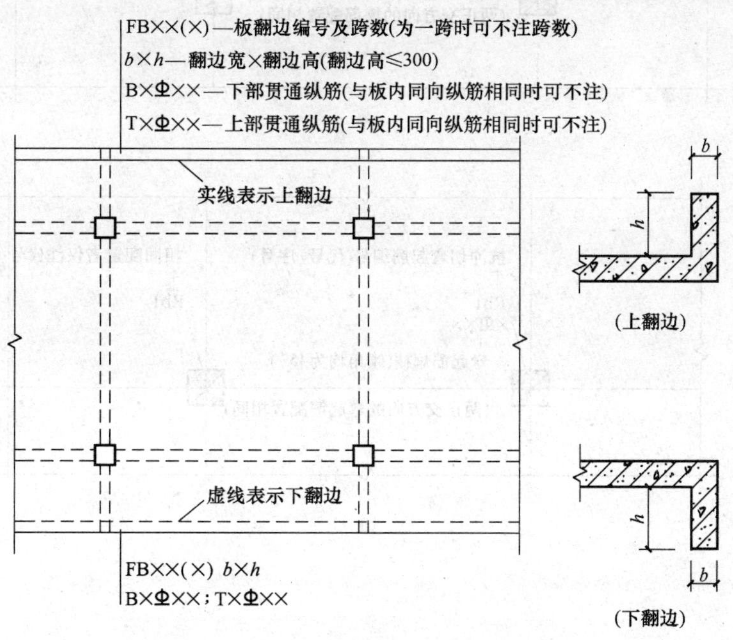

图 2-13　板翻边 FB 的引注

6. 角部加强筋 Crs 的引注

角部加强筋通常用于板块角区的上部，根据规范规定和受力要求选择配置。角部加强筋将在其分布范围内取代原配置的板支座上部非贯通纵筋，且当其分布范围内配有板上部贯通纵筋则间空布置。角部加强筋的引注如图 2-14 所示。

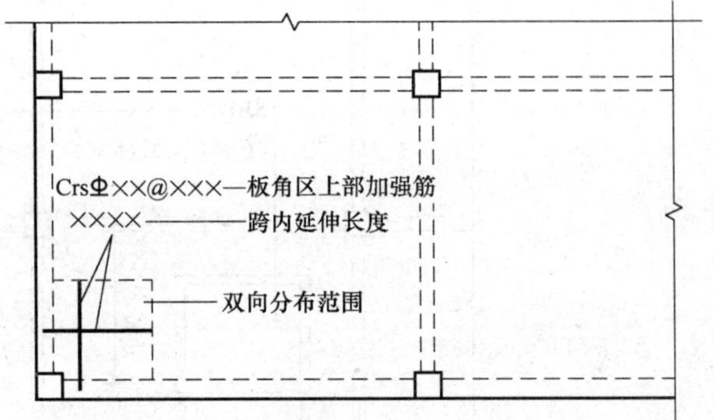

图 2-14　角部加强筋 Crs 的引注

7. 抗冲切箍筋 Rh 和抗冲切弯起筋 Rb 的引注

抗冲切箍筋 Rh 和抗冲切弯起筋 Rb 通常在无柱帽无梁楼盖的柱顶部位置设置。其引注如图 2-15 所示。

钢筋的连接可采用绑扎搭接、机械连接或焊接，详见相应的标准构造详图。当板纵向钢筋采用非接触方式的绑扎搭接连接时，其搭接部位的钢筋净距不宜小于 30mm，且钢筋中心距不应大于 $0.2l_l$ 及 150mm 的较小者。

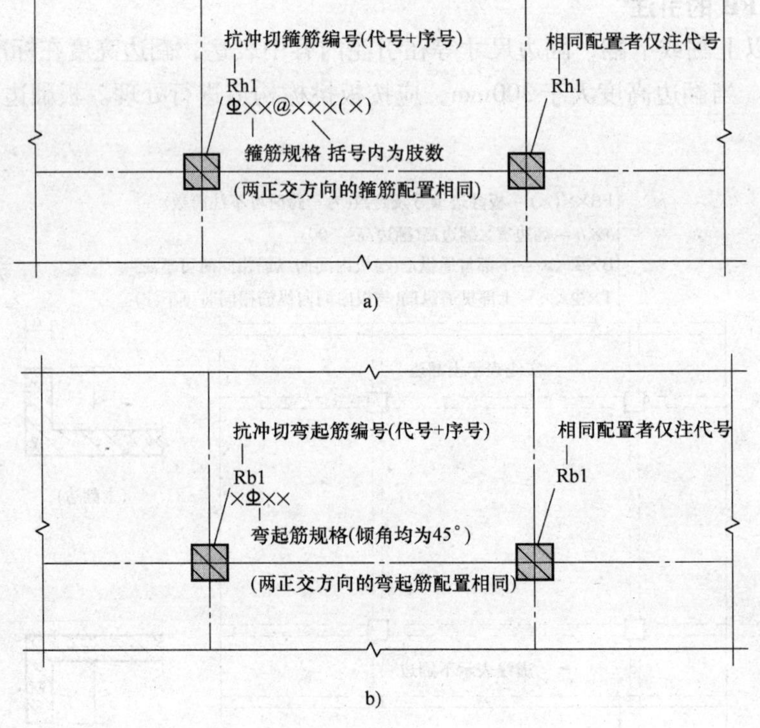

图 2-15　抗冲切钢筋的引注

a）抗冲切箍筋 Rh 的引注　b）抗冲切弯起筋 Rb 的引注

2.3 现浇楼面板与屋面板构造详图

2.3.1 纵向钢筋的机械锚固、交叉与连接构造

纵向钢筋的连接是现浇楼面板与屋面板的一种常见构造，在梁、柱构件中也有类似的构造要求。同面层受力钢筋交叉时的构造如图 2-16 所示。

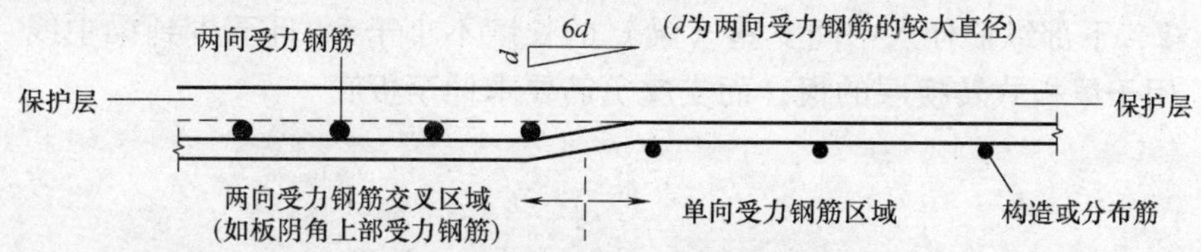

图 2-16　同面层受力钢筋交叉构造

同一连接区段内的纵向受拉钢筋绑扎搭接接头如图 2-17 所示。接头中点位于 $1.3l_l$ 长度内的绑扎搭接接头均属同一连接区段。同一连接区段内纵向钢筋搭接接头面积百分率，为该区段内有搭接接头的纵向受力钢筋截面面积与全部纵向钢筋截面面积的比值，当直径相同时，图示钢筋搭接接头面积百分率为 50%。当受拉钢筋直径大于 28mm 及受压钢筋直径大于 32mm 时，不宜采用绑扎搭接。

同一连接区段内的纵向受拉钢筋机械连接、焊接接头如图 2-18 所示。当直径相同时，图示钢筋搭接接头面积百分率为 50%。纵向钢筋非接触搭接构造如图 2-19 所示。

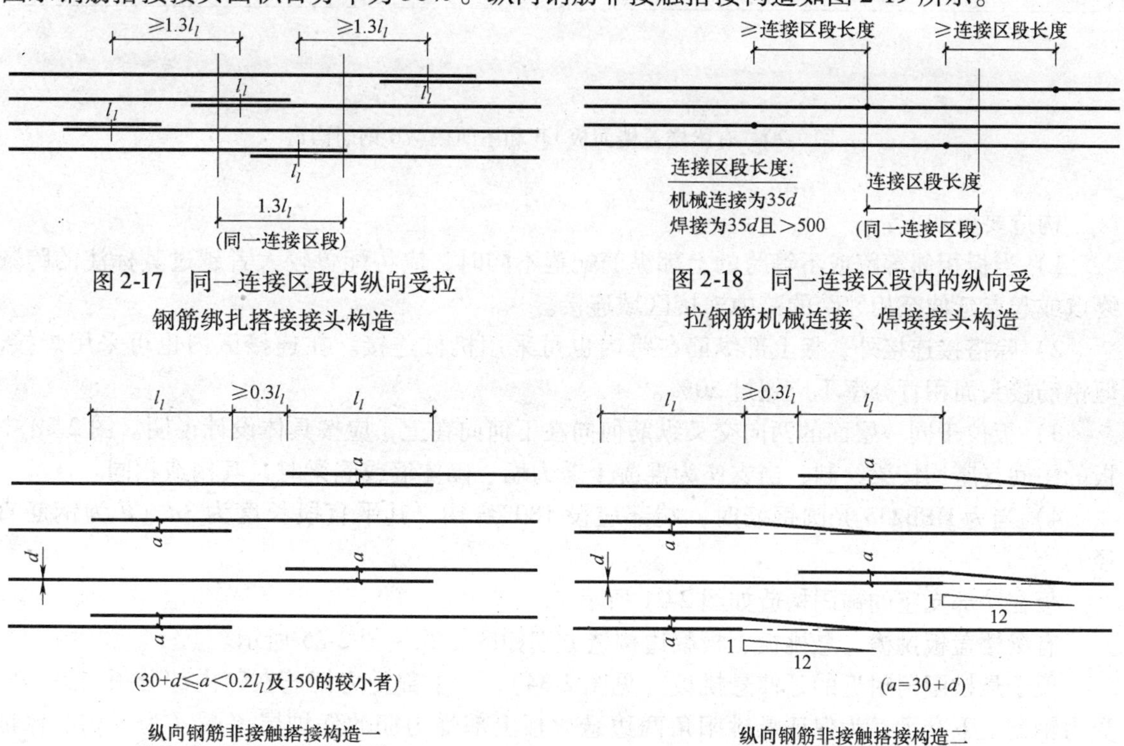

图 2-17　同一连接区段内纵向受拉钢筋绑扎搭接接头构造

图 2-18　同一连接区段内的纵向受拉钢筋机械连接、焊接接头构造

图 2-19　纵向钢筋非接触搭接构造

当采用非接触方式的绑扎搭接连接时，其搭接部位钢筋净距不宜小于 30mm，且钢筋中心距不应大于 0.2l_l 及 150mm 中的较小者。在搭接范围内，相互搭接的纵筋与横向钢筋的每个交叉点均应进行绑扎。当纵向搭接钢筋的非搭接部分需要在一条轴线上时，应采用图 2-19 中的非接触搭接构造二。

2.3.2 有梁楼盖楼面板 LB 和屋面板 WB 钢筋构造

有梁楼盖楼面板 LB 和屋面板 WB 钢筋构造如图 2-20 所示。上部贯通纵筋连接区总长度小于等于 $l_0/2$，下部纵筋伸入中间支座（梁）的长度不小于 $5d$ 且至少到梁中线。括号内的锚固长度 l_a 用于梁板式转换层的板，而支座负筋要求伸至板底。

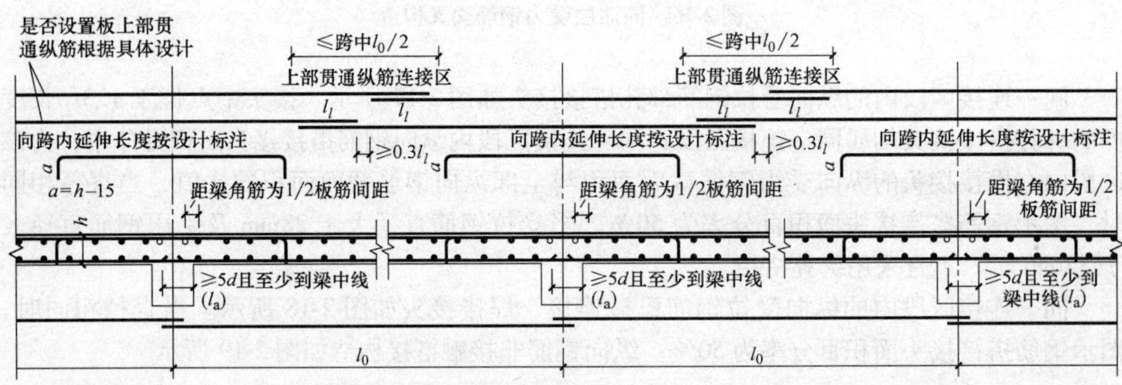

图 2-20 有梁楼盖楼面板 LB 和屋面板 WB 钢筋构造

构造要点如下：

1）当板相邻等跨或不等跨的上部纵筋配置不同时，应将配置较大者越过其标注的跨数终点或起点延伸至相邻跨的跨中连接区域连接。

2）除搭接连接外，板上部纵筋在跨内也可采用机械连接。在连接区内也可采用焊接，但钢筋接头面积百分率不应超过 50%。

3）板位于同一层面的两向交叉纵筋何向在下何向在上，应按具体设计说明。图 2-20 中板的中间支座均按梁绘制，当支座为混凝土剪力墙、砌体墙或圈梁时，其构造相同。

4）当为 HPB235 光圆钢筋时，端部应设 180°弯钩，其平直段长度为 $3d$（d 为钢筋直径）。

板在端部支座的锚固构造如图 2-21 所示。

有梁楼盖板挑檐、悬挑板、板翻边构造分别如图 2-22 ~ 图 2-25 所示。

位于悬挑阳角附近的延伸悬挑板（见图 2-34），其上部受力钢筋在跨内部分须与另一向受力钢筋上下交叉。为保证悬挑阳角两边悬挑板上部受力筋的保护层等厚（为了均能保证受弯计算高度），在下交叉的钢筋应按同层面受力钢筋交叉构造施工（见图 2-16）。

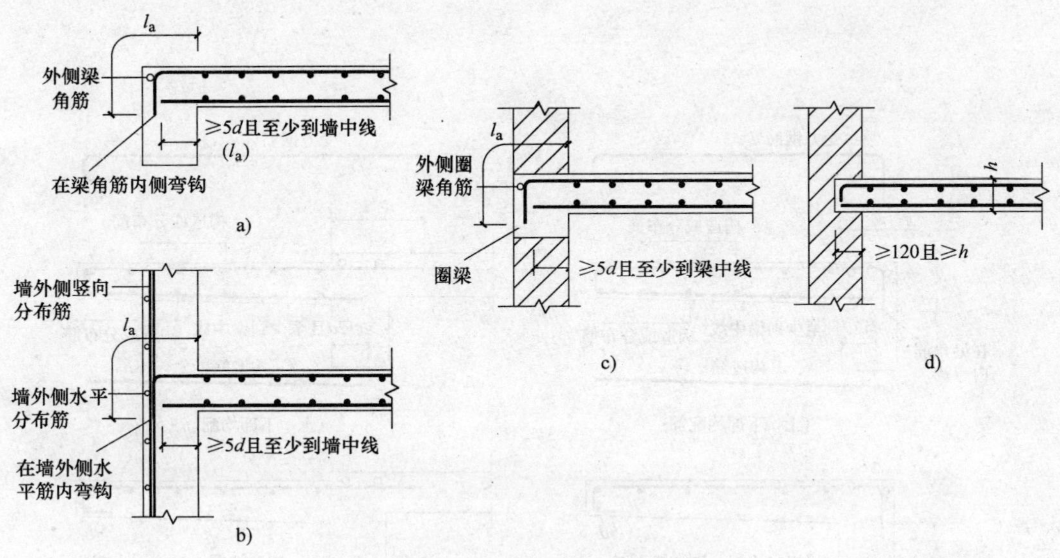

图 2-21　板在端部支座的锚固构造

a）端部支座为梁　b）端部支座为剪力墙　c）端部支座为砌体墙的圈梁　d）端部支座为砌体墙

注：括号内的锚固长度 l_a 用于梁板式转换层的板

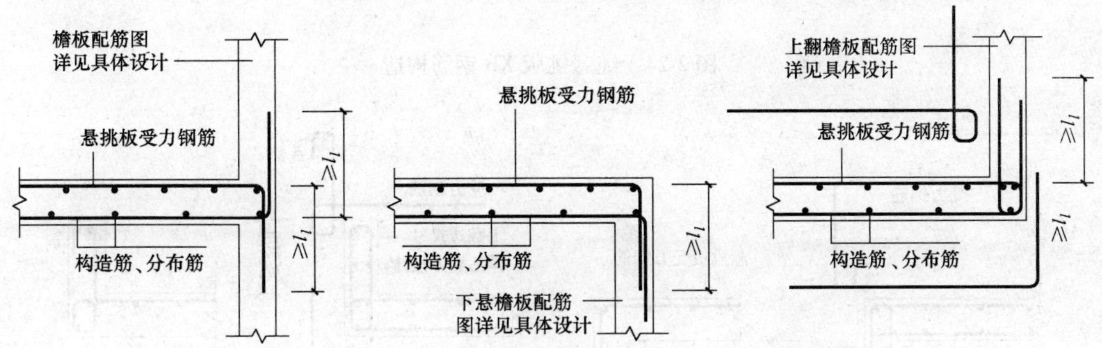

图 2-22　板挑檐 TY 构造（悬挑板端部钢筋在檐板内连接构造）

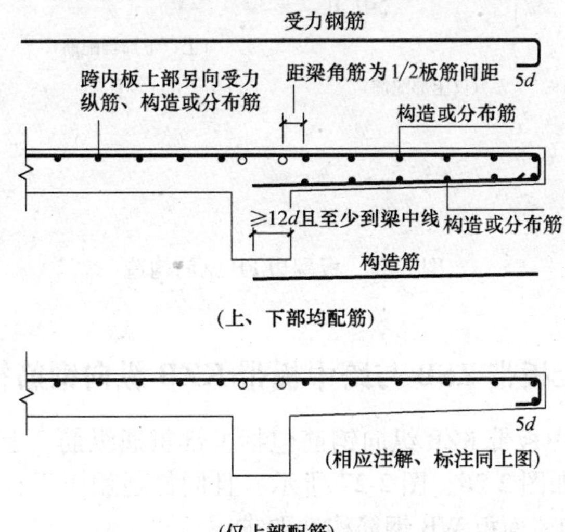

图 2-23　延伸悬挑板 YXB 钢筋构造

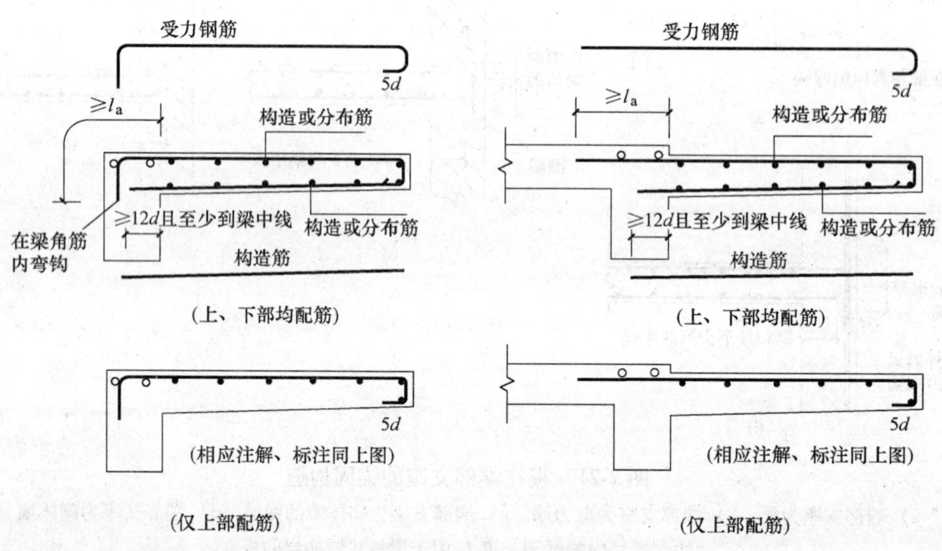

图 2-24　纯悬挑版 XB 钢筋构造

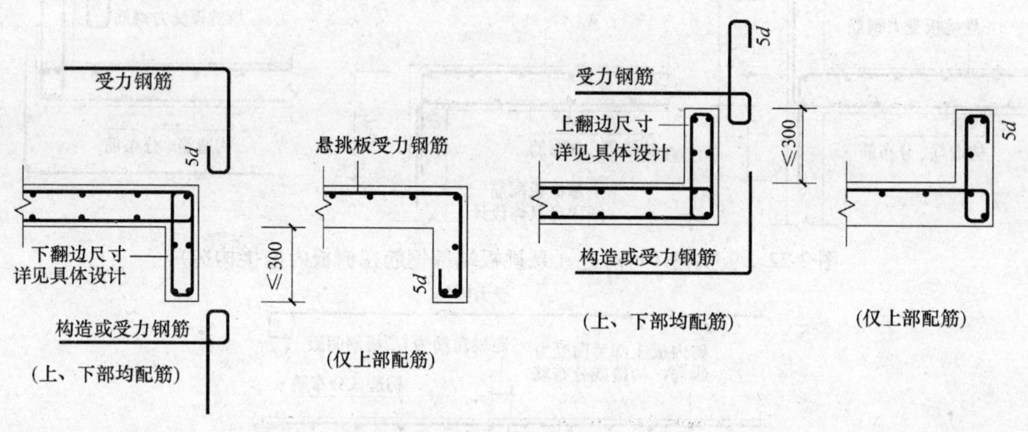

图 2-25　板翻边 FB 钢筋构造

2.3.3　无梁楼盖柱上板带 ZSB 与跨中板带 KZB 纵向钢筋构造

柱上板带 ZSB 与跨中板带 KZB 纵向钢筋包括上部贯通纵筋、上部非贯通纵筋、下部贯通纵筋等。其构造要求如图 2-26、图 2-27 所示，且同样适用于无柱帽的无梁楼盖。设计要点同上文中楼面板 LB 和屋面板 WB 钢筋构造要求。

板带端支座的纵向钢筋构造如图 2-28 所示。

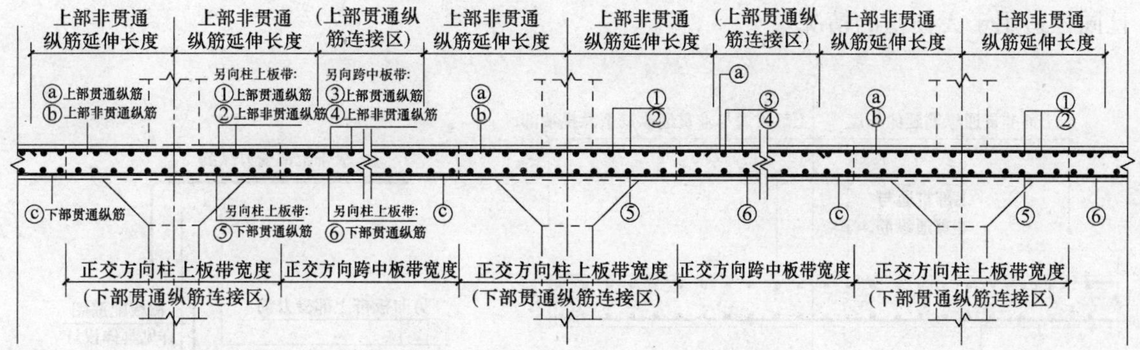

图 2-26　柱上板带 ZSB 纵向钢筋构造

注：板带上部非贯通纵筋向跨内延伸长度按设计标注。

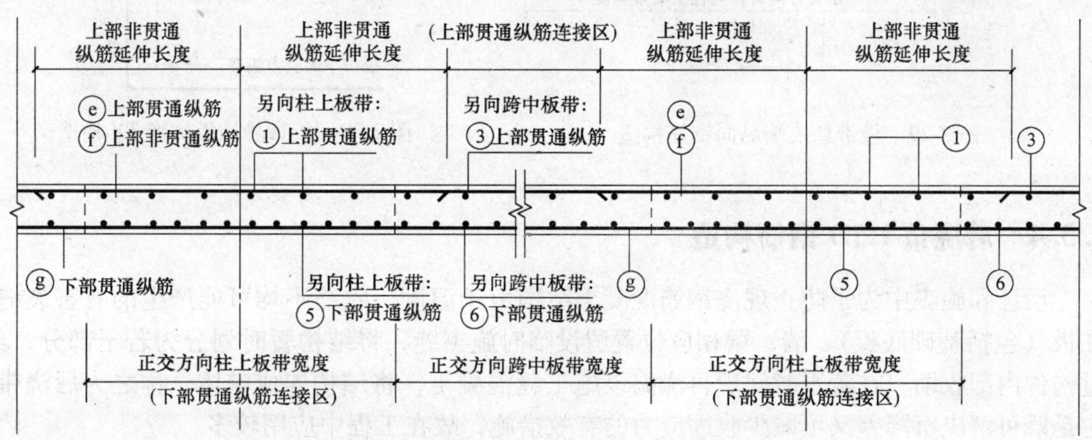

图 2-27　跨中板带 KZB 纵向钢筋构造

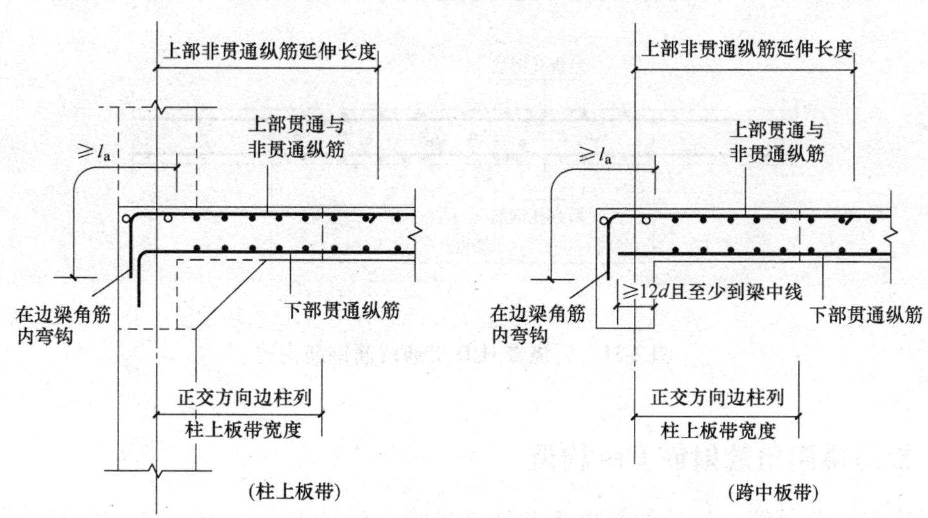

图 2-28　板带端支座纵向钢筋构造

注：板带上部非贯通纵筋向跨内延伸长度按设计标注。

无梁楼盖的板带悬挑端纵向钢筋、板带悬挑板挑檐TY构造如图2-29、图2-30所示，而且同样适用于无柱帽的情况。

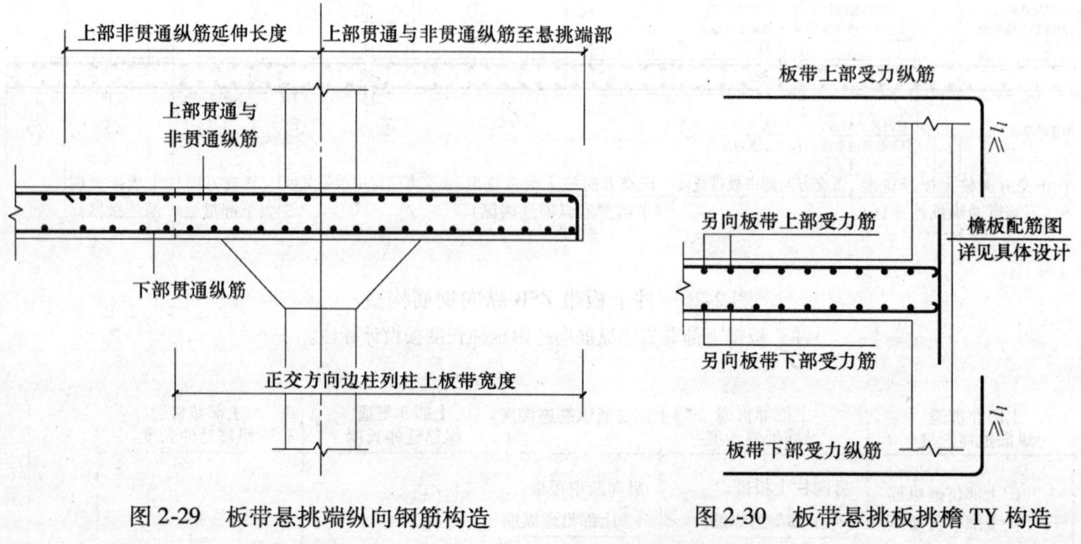

图2-29 板带悬挑端纵向钢筋构造　　图2-30 板带悬挑板挑檐TY构造

2.3.4 后浇带HJD钢筋构造

设计和施工中为了防止现浇钢筋混凝土结构由于温度、收缩不均可能产生的有害裂缝，在板（包括基础底板）、墙、梁相应位置留设临时施工缝，将结构暂时划分为若干部分，经过构件内部收缩，在若干时间后再浇捣该施工缝混凝土，将结构连成整体，称之为后浇带。它是既可解决沉降差又可减少收缩应力的有效措施，故在工程中应用较多。

后浇带的留筋方式分为贯通留筋、100%搭接留筋和50%搭接留筋几种，分别如图2-31~图2-33所示。当采用非接触方式的绑扎搭接连接时，应符合2.3.1节中的相关规定。

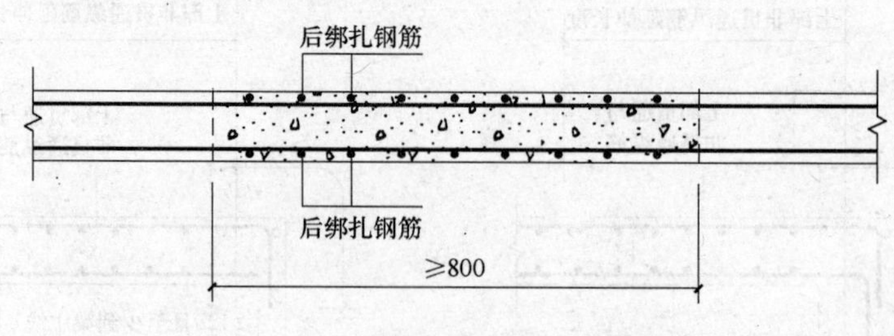

图2-31 后浇带HJD贯通留筋钢筋构造

2.3.5 板悬挑阳角放射筋Ces构造

板悬挑阳角放射筋分为延伸悬挑板和纯悬挑板两种情况，如图2-34、图2-35所示。在悬挑板内，①至③号筋应位于同一面层；在跨内，②号筋应向下斜弯到③号筋下面与该筋交叉并向跨内延伸；在支座和跨内，①号筋应向下斜弯到②号与③号筋下面与两筋交叉并斜向跨内平伸。

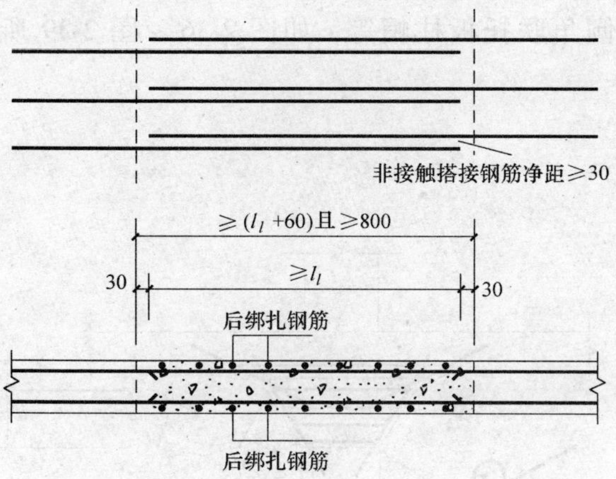

图 2-32 后浇带 HJD100% 搭接留筋钢筋构造

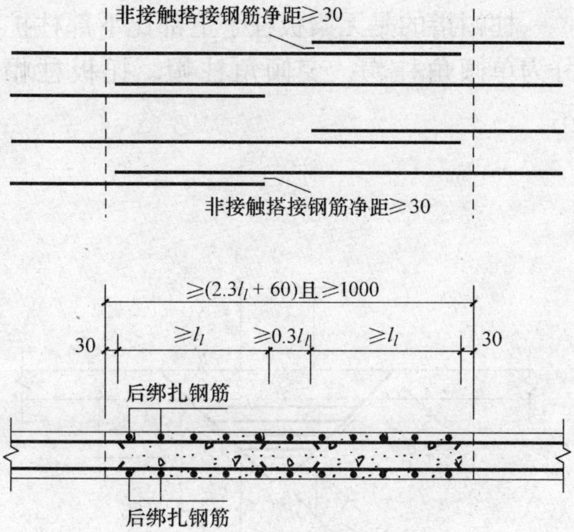

图 2-33 后浇带 HJD50% 搭接留筋钢筋构造

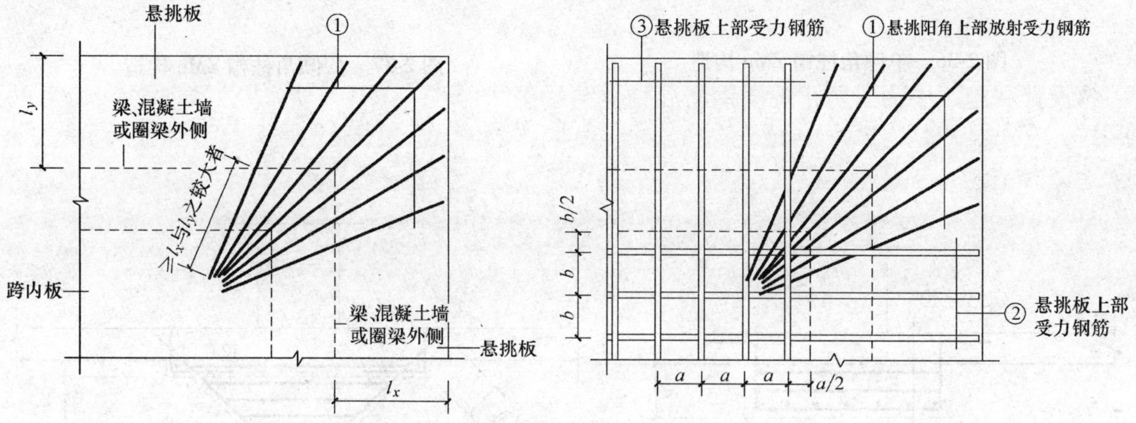

图 2-34 延伸悬挑板悬挑阳角放射筋 Ces 构造

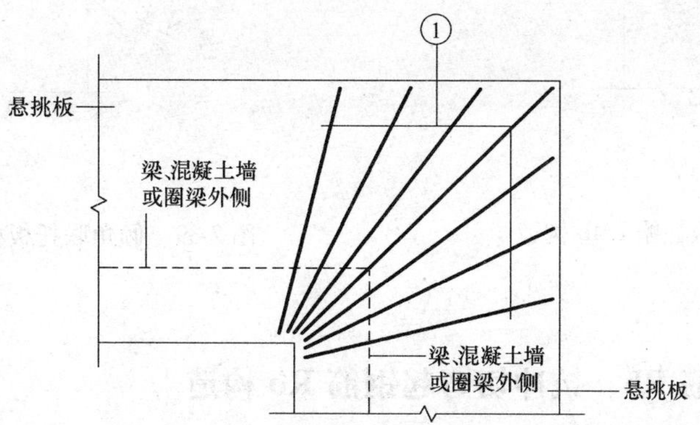

图 2-35 纯悬挑板悬挑阳角放射筋 Ces 构造

2.3.6 柱帽 ZMa、ZMb、ZMc、ZMab 构造

柱帽指的是无梁板柱子上部比下部柱扩大的部分，有柱帽的楼板一般是没有梁的。柱帽分为单倾角柱帽、变倾角柱帽、托板柱帽和倾角联托板柱帽等，如图 2-36 ~ 图 2-39 所示。

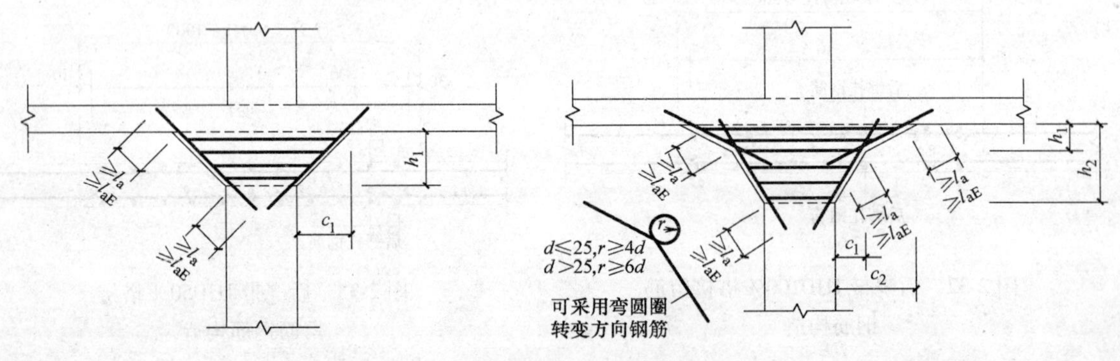

图 2-36　单倾角柱帽 ZMa 构造

图 2-37　变倾角柱帽 ZMc 构造

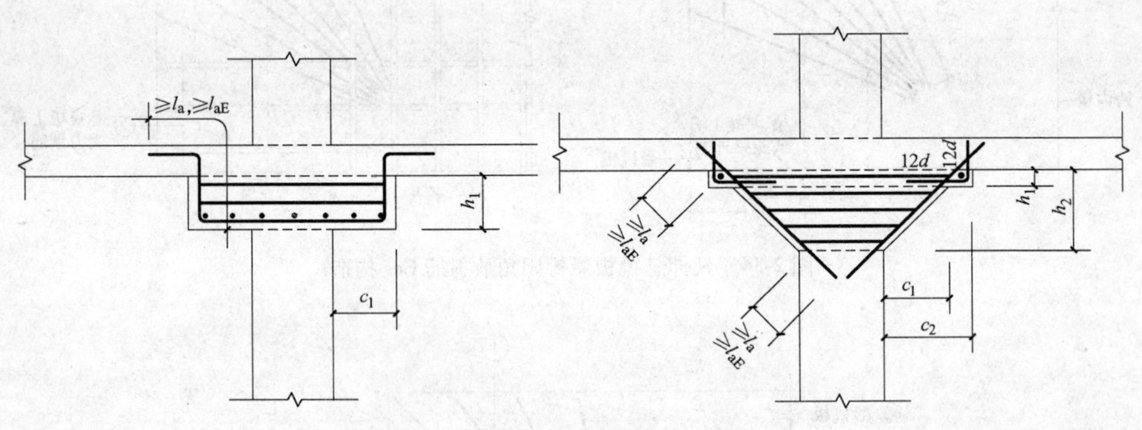

图 2-38　托板柱帽 ZMb 构造

图 2-39　倾角联托板柱帽 ZMab 构造

2.3.7 抗冲切箍筋 Rh、抗冲切弯起钢筋 Rb 构造

为防止局部破坏，在无柱帽无梁楼盖的柱顶部位置要设置抗冲切钢筋。它分为抗冲切箍

筋和抗冲切弯起钢筋，如图 2-40、图 2-41 所示。

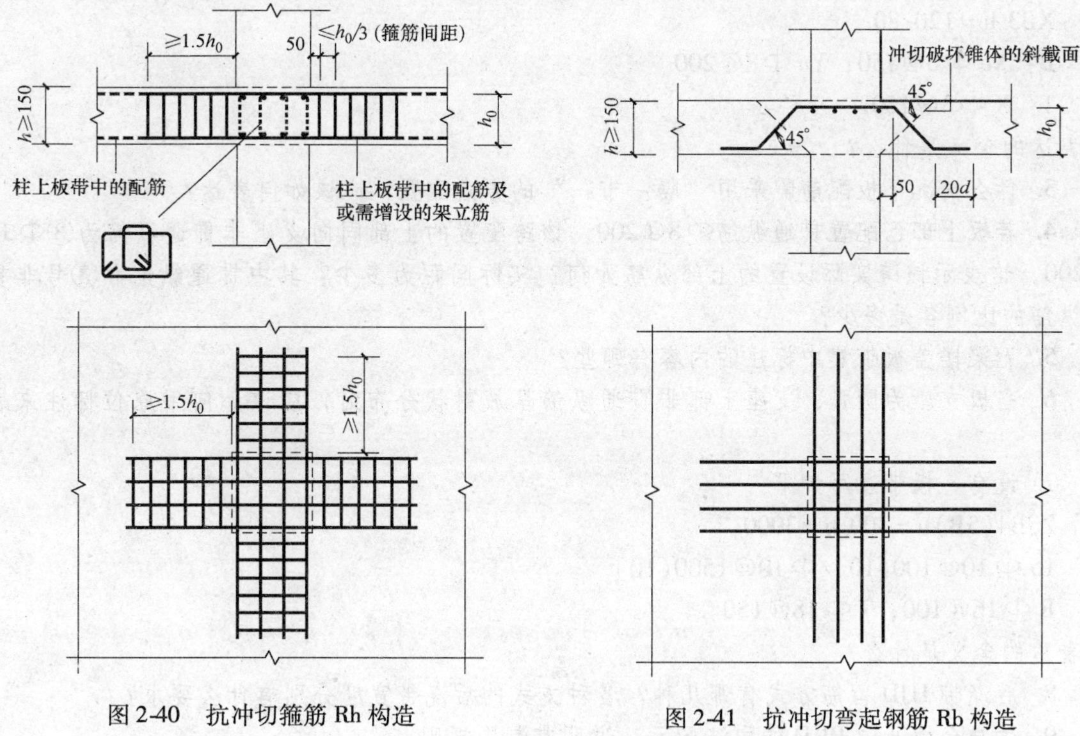

图 2-40　抗冲切箍筋 Rh 构造　　图 2-41　抗冲切弯起钢筋 Rb 构造

2.4　本章小结

1）本章主要讲述现浇板（包括屋盖）的平法制图规则和构造详图。现浇板平法施工图是在结构平面布置图上采取集中标注或原位标注方式表达板结构设计内容，主要包括有梁楼盖板的板块集中标注和板支座原位标注，无梁楼盖板的板带集中标注和板带支座原位标注，以及楼板相关构造设计内容的表达方式。

2）有梁楼盖板块集中标注内容包括板块的编号、板厚、贯通纵筋和板面标高高差，板支座原位标注的主要内容是板支座上部非贯通钢筋；无梁楼盖板带集中标注的内容包括板带编号、板带厚及板带宽、箍筋和贯通纵筋，板带支座原位标注主要是支座上部非贯通纵筋；楼板相关构造的平法施工图设计是在板平法施工图上采用直接引注方式表达，对于常见的楼板相关构造要熟悉其制图方法。

3）楼板的构造详图主要介绍了纵向钢筋的机械锚固、交叉与连接构造，有梁楼盖楼面板和屋面板钢筋构造，无梁楼盖柱上板带与跨中板带纵向钢筋构造，部分楼板相关构造的详图，如后浇带、柱帽构造等。在进行施工时，可根据平法施工图的具体内容查阅标准图集 04G101-4 中相应的详图。

思　考　题

1. 现浇混凝土有梁楼盖板块集中标注的内容有哪些？

2. 设有一板带注写如下：

XB3 h = 120/80

B：Xc Φ8@150；Yc Φ8@200

T：X Φ8@150

其表达的含义是什么？

3. 什么情况下板配筋需采用“隔一布一”的方式配置？应该如何表达？

4. 若板上部已配置贯通纵筋Φ8@200，该跨配置的上部同向支座非贯通纵筋为③Φ10@200，这表示该跨实际设置的上部纵筋如何？实际间距为多少？其中贯通纵筋和③号非贯通纵筋的比例各是多少？

5. 无梁楼盖板带集中标注的内容有哪些？

6. 当板支座为圆弧，支座上部非贯通纵筋呈放射状分布时，应该如何用原位标注来表达？

7. 设有一板带注写如下：

ZSB4(5B)h = 300 b = 3000

15 Φ10@100(10)/Φ10@1500(10)

B Φ16@100；T Φ18@150

其表达的含义是什么？

8. 后浇带 HJD 留筋方式有哪几种？各种方式的后浇带宽度分别有什么要求？

9. 试结合板开洞 BKD 的引注图示，说明其制图规则。

10. 局部升降板的升板和降板在平法施工图中是如何区分的？

第 3 章　梁施工图设计

本章学习目标

熟悉梁平法施工图设计的表示方法；
掌握梁的平面注写方式和截面注写方式；
熟悉抗震、非抗震框架梁纵筋的构造；
熟悉抗震、非抗震框架梁箍筋的构造；
熟悉非框架梁纵筋及箍筋的构造；
熟悉悬挑梁配筋的构造。

3.1　梁传统施工图设计

按传统的结构制图方法，对梁的结构施工图，我们往往采用的是通过绘制结构平面布置图、构件详图一起来详细表达梁的相关信息。

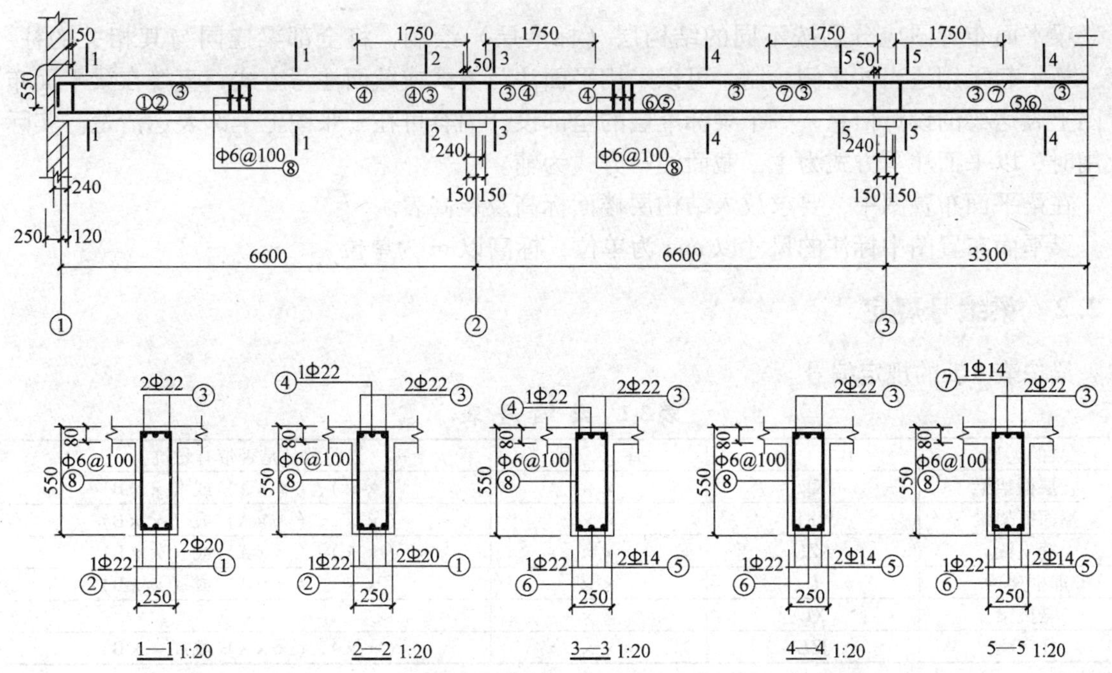

图 3-1　传统方法表示梁的配筋图

如图 3-1 所示，梁配筋图的立面图、截面图和钢筋详图，省略了结构平面布置图及材料用料表等，主要表示构件内部的钢筋配置、形状数量和规格。由于梁中钢筋的构造都要通过其来具体表达，制图工作繁琐、复杂、量多、强度大。

梁平法施工图采取在梁结构平面布置图上用平面注写方式或截面注写方式直接表达梁结构设计内容，如图 3-2 所示。省去了绘制立面图、截面图和钢筋详图的工作，而把梁节点的构造及锚固以构造详图的形式以标准图集的形式绘制成册，供设计、施工及相关技术人员直接查用。

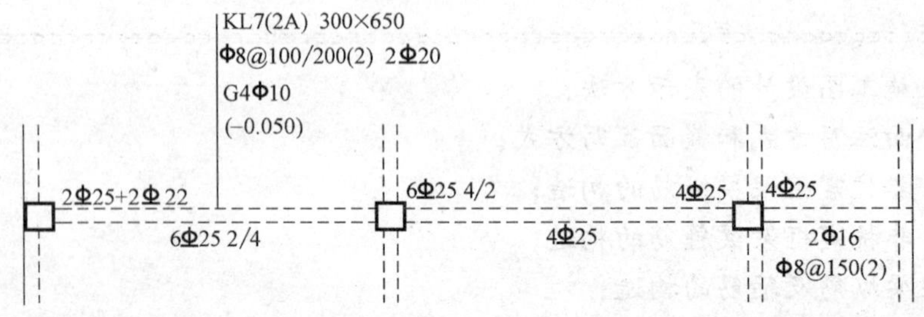

图 3-2 梁平法施工图

显然平法较传统表示方法更为简捷、便利和经济。

3.2 梁平法施工图设计

3.2.1 梁平面布置图

梁平面布置图应分别按不同的结构层（标准层）绘制，将全部梁连同与其相关的柱、墙、板一起采用适当的比例绘制。可以采用平面注写方式或截面注写方式，直接在梁平面布置图上表达梁的设计信息，一个梁标准层的全部设计内容可在一张图上全部表达清楚。实际应用时，以平面注写方式为主，截面注写方式为辅。

在梁平面布置图中，要求放入结构层楼面标高及层高表。

梁平面布置图中标注的尺寸以 mm 为单位，标高以 m 为单位。

3.2.2 梁编号规定

梁按表 3-1 的规定编号。

表 3-1 梁编号表

梁的类型	代号	序号	跨数及是否带有悬挑
楼层框架梁	KL	××	(××)、(××A) 或 (××B)
屋面框架梁	WKL	××	(××)、(××A) 或 (××B)
框支梁	KZL	××	(××)、(××A) 或 (××B)
非框架梁	L	××	(××)、(××A) 或 (××B)
悬挑梁	XL	××	
井字梁	JZL	××	(××)、(××A) 或 (××B)

注：(××A) 为一端有悬挑，(××B) 为两端有悬挑，悬挑不计入跨数。

例：KL7（5A）表示第7号框架梁，5跨，一端有悬挑；KL9（7B）表示第9号非框架梁，7跨，两端有悬挑。

3.2.3 梁注写方式

梁注写方式有平面注写方式和截面注写方式两种。

1. 梁平面注写方式

（1）梁平面注写方式的一般规定

1）在分标准层绘制的梁平面布置图上，直接注写截面尺寸和配筋的具体数值，整体表达该标准层梁平法施工图。

2）将所有梁按表3-1的规定进行编号，并在相同编号的梁中选择一根进行平面注写，其他梁仅需编号。

3）平面注写内容包括集中标注和原位标注两部分。集中标注主要表达通用于梁各跨的设计数值，原位标注主要表达梁本跨的设计数值以及修正集中标注中不适用于本跨梁的内容。施工时，原位标注取值优先。

采用平面注写方式的梁平法施工图如图3-3所示。

（2）梁平面注写方式集中标注的具体内容　一共有六项：梁编号、截面尺寸、箍筋、上部跨中通筋或架立筋、侧面构造筋或受扭纵筋及梁顶面相对标高高差。前五项为必注值。第六项为选注值。

1）梁编号。梁编号带有注在“()”内的梁跨数及有无悬挑端信息，见表3-1。应注意，当有悬挑端时，无论悬挑多长均不计入跨数。

2）截面尺寸。等截面梁注写为 $a \times b$，其中 a 为梁宽，b 为梁高。对轴线未居中的梁，应标注其偏心定位尺寸。加腋梁注写为 $a \times b$，$Yc_1 \times c_2$ 其中 Y 表示加腋，c_1 为腋长，c_2 为腋高，如图3-4所示。

变截面悬挑梁注写为 $b \times h_1/h_2$，其中 h_1 为梁根部较大高度值，h_2 为梁端部较小高度值，如图3-5所示。

3）箍筋。非抗震，且在同一跨度内采用不同间距和肢数时，梁端与跨中部位的箍筋配置用“/”分开，箍筋肢数注在“()”内，其中近梁端的箍筋应注明道数（与间距配合自然确定了配筋范围）。

例如：9Φ10@150/200（2），表示箍筋强度等级为HPB235，直径为10mm，梁端间距为150mm，设置9道，跨中间距为200mm，均为2肢箍。

抗震时，加密区与非加密区间距用“/”分开，箍筋肢数写在“()”内。

例如，Φ10@100/200（2），表示箍筋强度等级为HPB235，直径为10mm，加密区间距为100mm，非加密区间距为200mm，均为2肢箍。Φ8@100（4）/150（3），表示箍筋强度等级为HPB235，直径为8mm，加密区间距为100mm，采用4肢箍；非加密区间距为200mm，采用3肢箍。

4）上部跨中通长筋或架立筋，以及梁下部通长筋。架立筋通常用于非抗震梁，将架立筋注写在“()”内以示与抗震通长筋的区别。

当抗震框架梁采用4肢箍或更多箍时，由于通长筋一般仅需2根，所以应补充设置架立筋，此时采用“+”将两类配筋相连。例如，2Φ22+(2Φ12)表示设置2根强度等级

屋面2 65.670
塔层2 62.370 3.30
屋面1(塔层1) 59.070 3.30
16 55.470 3.60
15 51.870 3.60
14 48.270 3.60
13 44.670 3.60
12 41.070 3.60
11 37.470 3.60
10 33.870 3.60
9 30.270 3.60
8 26.670 3.60
7 23.070 3.60
6 19.470 3.60
5 15.870 3.60
4 12.270 3.60
3 8.670 3.60
2 4.470 4.20
1 −0.030 4.50
−1 −4.530 4.50
−2 −9.030 4.50
层号 标高/m 层高/m
结构层楼面标高
结构层高
KL7(3) 250×700 Φ10@100/200(2) 2Φ22 G4Φ10
KL8(1) 250×700 Φ10@100/200(2) 2Φ22 G4Φ10
L2(1) 250×450 Φ8@200(2) 2Φ14;3Φ18 (−0.100)
L1(2) 300×550 Φ8@200(2) 2Φ16 N2Φ16(−0.100)
KL3(6) 300×700 Φ10@100/200(2) 2Φ25 G4Φ10
KL5(3) 250×700 Φ10@100/200(2) 2Φ22 G4/10
KL2(5) 300×700 Φ10@100/200(2) 2Φ25 G4Φ10
KL1(5) 300×700 Φ10@100/200(2) 2Φ25 G4Φ10
KL6(3) 250×700 Φ10@100/200(2) 2Φ22 G4Φ10
TL1(1)(−1.800)
TL1(1)250×450 Φ8@150(2) 2Φ16 4Φ20 G2Φ10
注：未注明附加箍筋为8Φ10(2)，未注明吊筋为2Φ18。
5～8层梁结构平法施工图(15.870—26.670)
图号

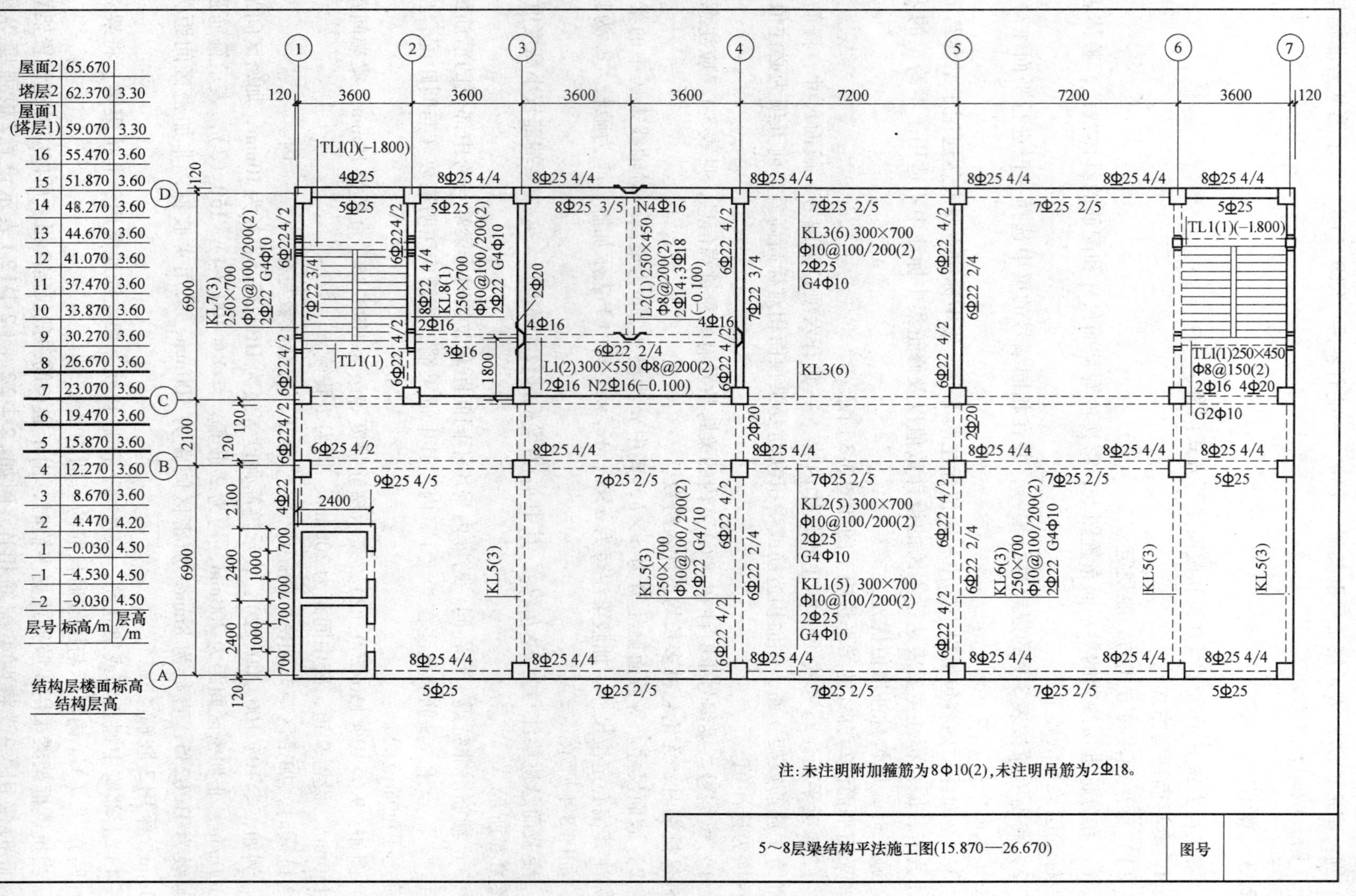

图 3-3 梁平法施工图

为 HPB235，直径为 22mm 的通长筋和 2 根 HPB235 级钢筋，直径为 12mm 的架立筋。

当梁下部通长筋各跨配置相同时，可在跨中上部通长筋或架立筋后续注梁下部通长筋，前后用“；”隔开。

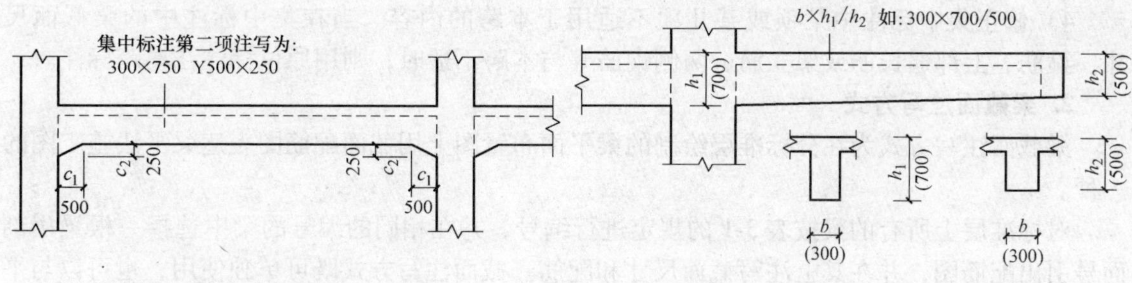

图 3-4 加腋梁截面尺寸注写　　图 3-5 变截面悬挑梁截面尺寸注写

5）侧面构造筋或受扭纵筋。梁侧面构造筋以 G 开头，梁侧面受扭纵筋以 N 开头注写两个侧面的总配筋值。当梁腹板的高度 $h_w \geqslant 450$mm 时，梁侧面需配置构造钢筋，所注规格与总数应符合相应规定。当梁侧面配置受扭纵筋时，以同时满足梁侧面纵向构造钢筋的间距要求，且不再重复配置纵向构造钢筋。例如，N6 Φ22 表示共配置 6 根强度等级为 HPB235 直径为 22 的受扭纵筋，梁每侧 3 根。

6）梁顶面相对标高高差（选注值）。梁顶面标高高差为相对于结构层楼面标高的高差值，将其注写在“（）”内。

（3）平面注写方式原位标注法　平面注写方式原位标注法的内容包括四项：梁支座上部纵筋、梁下部纵筋、附加箍筋或吊筋、修正集中标注中某项或某几项不适用于本跨的内容。

1）梁支座上部纵筋。当集中标注的梁上部跨中抗震钢筋通长筋直径与该部位角筋的直径相同时，跨中通长筋实际为该跨两端支座的角筋延伸至跨中 1/3 净跨范围内搭接形成；当集中标注的梁上部通长钢筋直径与该部位角筋的直径不同时，跨中直径较小的通长筋分别与该两端支座的角筋搭接完成通长抗震的受力功能。

当梁支座上部纵筋多于一排时用“/”将各排纵筋自上而下分开。例如，6 Φ22 4/2 表示上一排为 4 根 22 纵筋，下一排为 2 根纵筋。

当同一排有两种直径时，用“ + ”将两种直径的纵筋相连，并将角筋注写在前面。例如，2 Φ25 +2 Φ22。表示角筋为 2 根 25 纵筋，为 2 根 22 的纵筋放在同一排的中间。

当梁支座两边的上部纵筋不同时，须在支座两边分别标注；相同时可仅在一边支座标注。

2）梁下部钢筋。当梁支座下部纵筋多于一排时用“/”将各排纵筋自上而下分开。例如，6 Φ22 2/4 表示上一排为 2 根 22 纵筋，下一排为 4 根纵筋，全部伸入支座。

当同一排有两种直径时，用“ + ”将两种直径的纵筋相连，并将角筋注写在前面。例如，2 Φ25 +2 Φ22。

当梁下部纵筋不全部深入支座时，将减少的数量写在括号内。例如，6 Φ22(-2)/4 表示上排为 2 根 22 纵筋均不伸入支座，下一排为 4 根纵筋全部伸入支座。

当在梁的集中标注中已在梁支座上部纵筋之后注明下部通长筋值时，则不需在梁下部重复做原位标注。

3）附加箍筋或吊筋。在主次梁相交处，直接将附加箍筋或吊筋在平面图中的主梁上用引出线引注总配筋值（附加箍筋的肢数注在括号内），如图 3-3 所示。

4）修正集中标注中某项或某几项不适用于本跨的内容。当在集中标注中的梁截面尺寸、箍筋、上部通长筋或架立筋、两侧钢筋等与本跨不适时，则用原位标注在本跨标注。

2. 梁截面注写方式

梁截面注写方式为在分标准层绘制的梁平面布置图上用截面配筋图表达梁平法施工图的一种。

对标准层上所有的梁按表 3-1 的规定进行编号，并在相同的编号的梁中选择一根梁用剖面号引出配筋图，并在其上注写截面尺寸和配筋。截面注写方式既可单独使用，也可以与平面注写方式结合使用。局部采用截面注写方式的梁平法施工图如图 3-6 所示。

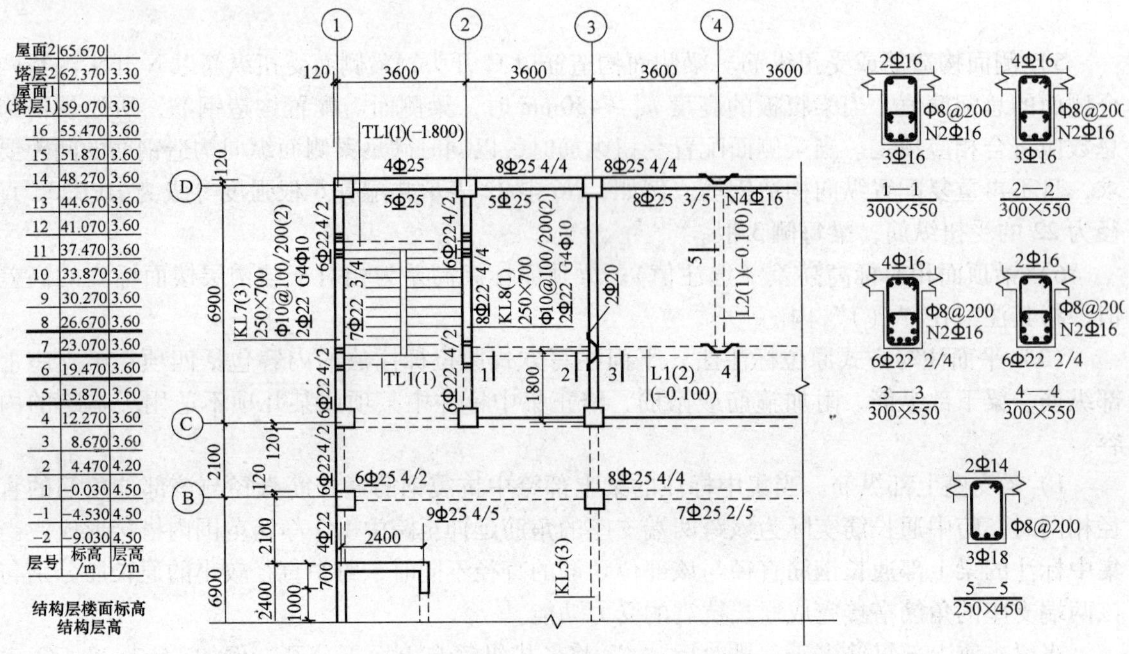

图 3-6 局部采用截面注写方式的梁平法施工图

优先采用平面注写方式。一个设计的梁的标注选择何种注写方式，由设计者确定。

3.3 梁平法施工图设计构造

梁平法施工图设计构造包括非抗震和抗震框架梁、独立梁及悬挑梁的设计构造。

3.3.1 非抗震框架梁纵向钢筋构造

1. 非抗震框架梁 KL 纵向钢筋构造

非抗震框架梁 KL 纵向钢筋构造分两种情况，一种是梁端支座纵筋弯锚，另一种是梁端支座纵筋直锚，其构造分别如图 3-7a、b 所示。现分别就梁上部支座负弯距筋、下部跨中受力纵筋、架立筋和箍筋构造阐述如下。

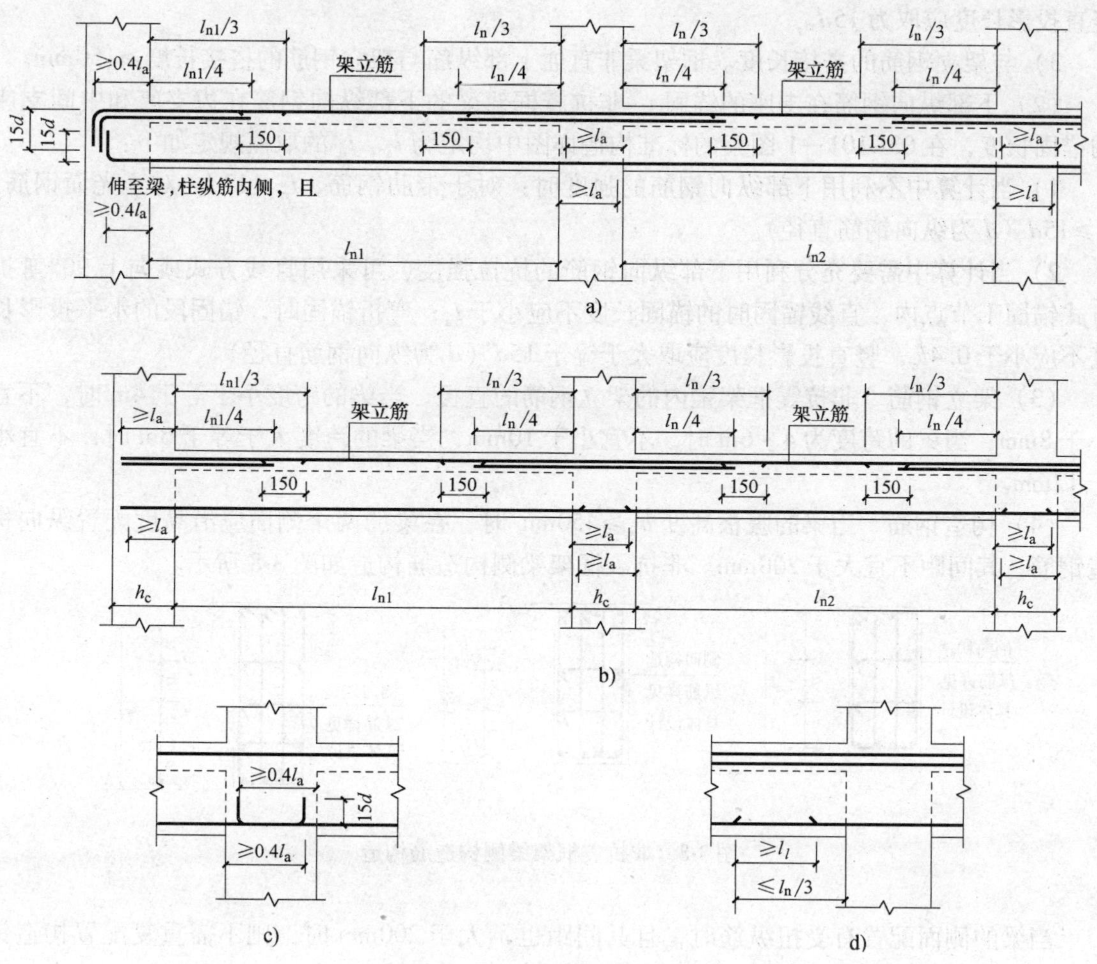

图 3-7　非抗震楼层框架 KL

a）端支座弯锚　b）端支座直锚　c）中间支座的弯锚　d）支座、节点之外的下部纵筋搭接

（1）上部纵筋的构造　梁上部纵筋的构造分三种不同情况分别应满足规范要求。这三种构造分别是框架的所有支座和非框架梁的中间支座的上部纵筋贯穿支座后的延伸长度、框架梁上部纵向钢筋深入中间层端节点的锚固长度，以及框架梁非直通上部纵筋与架立钢筋的搭接长度。

1）延伸长度。根据《混凝土结构设计规范》要求，框架的所有支座和非框架梁的中间支座的上部纵筋必须贯穿节点，端支座和中间支座上部纵筋其延伸长度在标准构造详图中统一取为：第一排非通长筋从柱边起延伸至 $l_n/3$ 位置，第二排非通长筋延伸至 $l_n/4$ 位置。l_n 的取值规定：对于端支座 l_n 为本跨的净跨值；对于中间支座为支座两边较大一跨的净跨值。

2）锚固长度。框架梁上部纵向钢筋深入中间层端节点的锚固长度，当采用直线锚固形式时，不应小于 l_a（l_a 为《混凝土结构设计规范》所规定的受拉钢筋锚固长度），且伸过柱

中心线不宜小于 $5d$（d 为梁上部纵筋的直径）。当柱截面尺寸不足时，梁上部纵筋应伸至节点对边并向下弯折，其包含弯弧端在内的水平投影长度不应小于 $0.4l_a$，包含弯弧端在内的竖直投影长度应取为 $15d$。

3）与架立钢筋的搭接长度。框架梁非直通上部纵筋与架立钢筋的搭接长度≥150mm。

（2）下部纵向钢筋在支座的锚固　非抗震框架梁的下部纵向钢筋在边支座和中间支座的锚固长度，在 03G101—1 图集的标准构造详图中均定为 l_a。l_a 的取值规定如下：

1）当计算中不利用下部纵向钢筋的强度时：对于带肋钢筋，$l_a \geqslant 12d$；对于光面钢筋，$l_a \geqslant 15d$（d 为纵向钢筋直径）。

2）当计算中需要充分利用下部纵向钢筋的抗拉强度，可采用直线方式或向上 90°弯折方式锚固于节点内，直线锚固时的锚固长度不应小于 l_a；弯折锚固时，锚固段的水平投影长度不应小于 $0.4l_a$，竖直投影长度应取大于等于 $15d$（d 为纵向钢筋直径）。

（3）架立钢筋　非抗震框架梁内的架立钢筋的直径，当梁的跨度小于等于 4m 时，不宜小于 8mm；当梁的跨度为 4～6m 时，不宜小于 10mm；当梁的跨度大于等于 6m 时，不宜小于 12mm。

（4）构造钢筋　当梁的腹板高度 $h_w \geqslant 450$mm 时，在梁的两个侧面应沿高度配置纵向构造钢筋，其间距不宜大于 200mm。非抗震框架梁侧构造筋构造如图 3-8 所示。

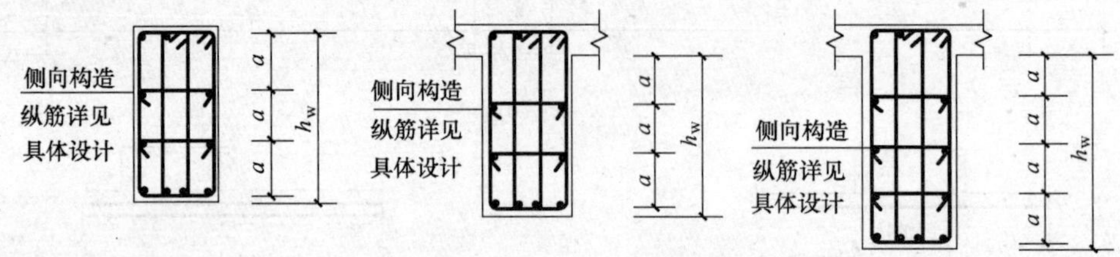

图 3-8　非抗震框架梁侧构造筋构造

当梁的侧面配置有受扭纵筋时，且其间距也不大于 200mm 时，则不需重复配置构造钢筋。

（5）箍筋　非抗震框架梁内箍筋的配置要求如下：

1）沿梁全长设置箍筋。

2）箍筋的直径：对于梁高 $h>800$mm 的梁，其箍筋直径不宜小于 8mm；梁高 $h \leqslant 800$mm 的梁，其箍筋直径不宜小于 6mm；梁中配有计算需要的抗压纵筋时，箍筋直径不应小于纵向受压钢筋最大直径的 0.25 倍。

3）箍筋的间距应符合表 3-2 的规定。在受拉纵筋的搭接长度范围内，箍筋的间距不应大于搭接钢筋较小直径的 5 倍，且不应大于 100mm。在受压纵筋的搭接长度范围内，箍筋的间距不应大于搭接钢筋较小直径的 10 倍，且不应大于 200mm。

表 3-2　梁中箍筋最大间距

梁高 h/mm	$V>0.7f_tbh_0$	$V\leqslant 0.7f_tbh_0$	梁高 h/mm	$V>0.7f_tbh_0$	$V\leqslant 0.7f_tbh_0$
$150<h\leqslant 300$	150	200	$500<h\leqslant 800$	250	350
$300<h\leqslant 500$	200	300	$h>800$	300	400

4）当梁中配有计算需要的受压钢筋时：当箍筋直径大于等于 $4d$（d 为纵向受压钢筋的最大直径）时，箍筋的间距不应大于 $15d$，且不应大于 400mm；当同层受压钢筋的根数多于 5 根且直径大于 18mm 时，箍筋间距不应大于 $10d$（d 为纵向受压钢筋的最小直径）。

5）当梁截面宽度大于 400mm 时，且同层受压钢筋的根数多于 3 根时，或当梁截面宽度不大于 400mm 时，但同层受压钢筋的根数多于 4 根时，应设置复合箍。

6）箍筋应做成密闭式。

7）当梁的剪力设计值 $V>0.7f_tbh_0$ 时，其箍筋面积配筋率应符合下式要求

$$\rho_{sv}\geqslant 0.24f_t/f_{yv}$$

2. 非抗震屋面框架梁 WKL 纵向钢筋构造

非抗震屋面框架梁 WKL 纵向钢筋构造分两种情况，一种是梁纵筋与柱纵筋弯折搭接构造，另一种是梁纵筋与柱纵筋竖直搭接构造，分别如图 3-9、图 3-10 所示。本构造详图端节点构造与非抗震框架柱顶部端节点构造详图配合使用。

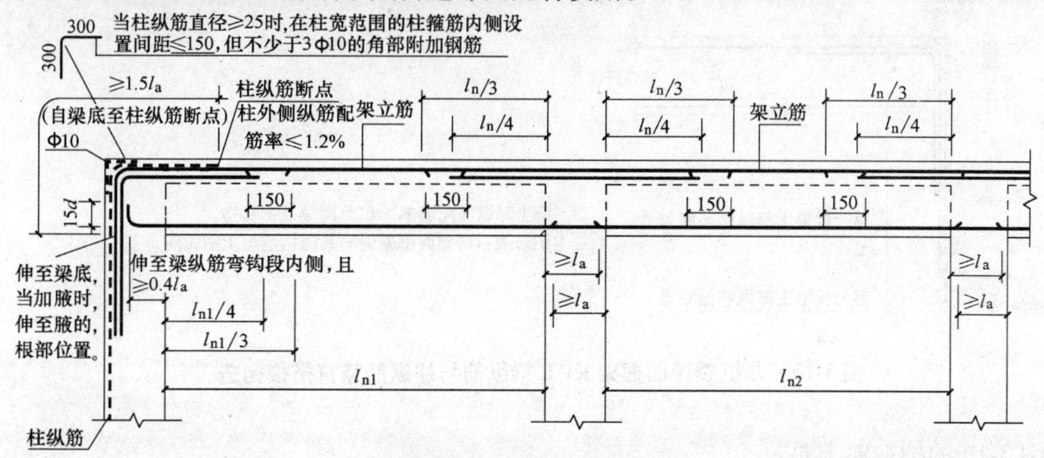

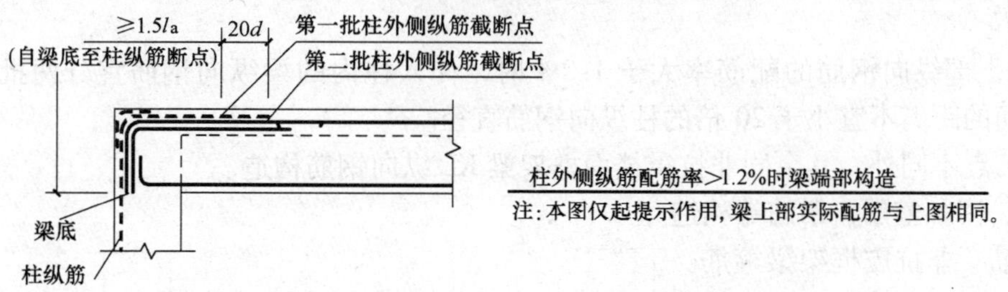

图 3-9　非抗震屋面框架 KWL 梁纵筋与柱纵筋弯折搭接构造

图 3-9 的构造要求是：

1）顶层端节点处，在梁宽度范围内的柱外侧纵向钢筋可与梁上部钢筋搭接，搭接长度不应小于 $1.5l_a$；在梁宽度范围以外的柱外侧钢筋可伸入现浇板内，其伸入长度与伸入梁内的一样。

2）当柱外侧纵向钢筋的配筋率大于 1.2% 时，伸入梁内的柱纵向钢筋宜分两批截断，其截断点之间的距离不宜小于 20 倍的柱纵向钢筋直径。

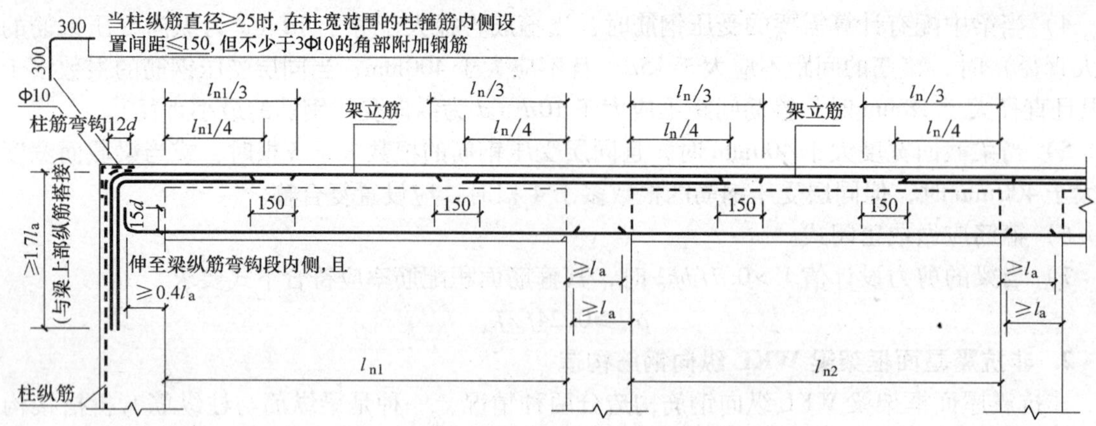

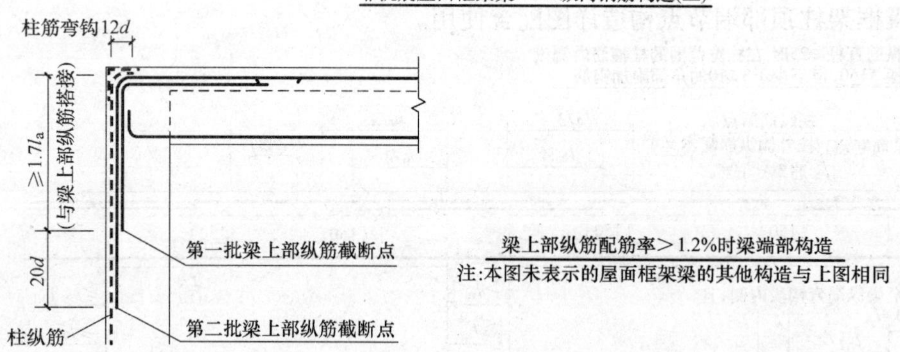

图 3-10　非抗震屋面框架 KWL 梁纵筋与柱纵筋竖直搭接构造

图 3-10 的构造要求是：

1）顶层端节点处，梁上部钢筋伸至柱外侧纵筋内侧向下弯折与柱纵筋搭接，搭接长度不应小于 1.7l_a。

2）当梁上部纵向钢筋的配筋率大于 1.2% 时，伸入柱内的梁纵向钢筋宜分两批截断，其截断点之间的距离不宜小于 20 倍的柱纵向钢筋直径。

除以上几点不同外，其余同非抗震楼面框架梁 KL 纵向钢筋构造。

3. 箍筋、附加箍筋、吊筋等构造

（1）箍筋　非抗震框架梁箍筋构造如图 3-11 所示，梁第一道箍筋距离柱外边缘不大于 50mm。在架立筋与梁支座上部钢筋搭接处（150mm），应有一道箍筋同时与两种钢筋交叉绑扎。

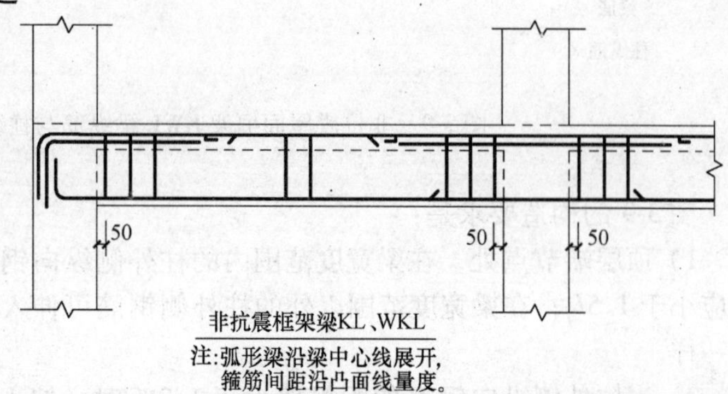

图 3-11　非抗震框架梁箍筋构造

（2）附加箍筋、吊筋　主梁在主次梁相交处要承受次梁传过来的集中荷载作用，为保证主梁局部有足够的受冲切承载力，在 s 范围内配置附加箍筋或吊筋，并优先采用附加箍筋。

非抗震框架梁附加箍筋构造如图 3-12 所示，$s=3b+2h_1$，h_1 为主次梁的高度差。

图 3-12 非抗震框架梁的附加吊筋构造如图 3-13 所示。当梁的高度不大于 800mm 时，附加吊筋的弯折角度采用 45°，当梁的高度大于 800mm 时，附加吊筋的弯折角度采用 60°，吊筋的平直长度：在压区为 $10d$，在拉区为 $20d$。

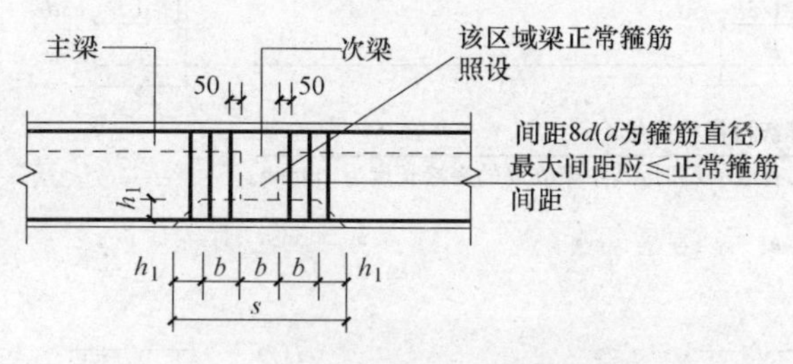

图 3-12　非抗震框架梁附加箍筋构造

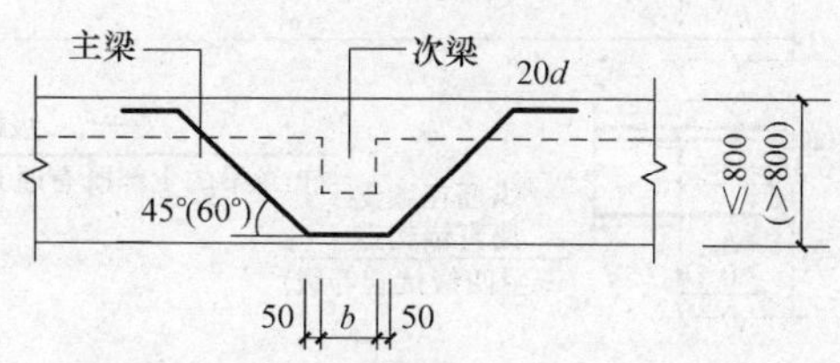

图 3-13　非抗震框架梁附加吊筋构造

3.3.2　抗震框架梁纵向钢筋构造

一至四级抗震框架的楼层和屋面框架梁上部和下部纵筋构造如图 3-14a、b 所示。图 3-14a 适用于一、二级抗震框架的楼层，图 3-14b 适用于三、四级抗震框架的楼层。其端节点纵筋的构造也分框架柱纵筋直锚与弯锚两种情况，如图 3-15a、b 所示。图 3-15a 适用于弯锚抗震框架的屋面，图 3-15b 适用于直锚抗震框架的屋面。主要构造要求简述如下：

1. 抗震通长筋

（1）沿梁全长顶面和底面的配筋　一、二级抗震不应少于 2 Φ 14，且分别不应少于梁两端顶面和底面纵向钢筋中较大截面面积的 1/4，三、四级抗震不应少于 2 Φ 12。

（2）抗震通长筋与梁支座上部纵筋的搭接长度 l_{lE} 取值：

1）当跨中通长筋直径小于梁支座上部纵筋时，其分别与梁两端支座上部纵筋（角筋）搭接 l_{lE}，且按 100% 接头面积计算搭接长度（l_{lE} 为抗震搭接长度，详见附录表 5）。

2）当通长筋直径与梁支座上部纵筋相同时，将梁两端支座上部纵筋按通长筋的根数延伸到跨中 $l_n/3$ 处，然后进行交错搭接、机械连接或对焊连接。当采用搭接连接时，连接长度为 l_{lE}，且当在同一连接区内时，按 100% 接头面积计算搭接长度；当不在同一连接区内时，按 50% 接头面积计算搭接长度。

2. 梁上部支座负弯矩筋

框架梁端支座和中间支座上部纵筋非通长筋从柱边缘算起的延伸长度统一取为：第一排延伸至 $l_n/3$ 位置；第二排延伸至 $l_n/4$ 位置。l_n 的取值规定：对于端支座，l_n 为本跨的净跨值；对于中间支座，l_n 为支座两边较大一跨的净跨值。

3. 抗震框架梁上部与下部纵筋在支座内的锚固或贯通构造

（1）楼层框架梁纵筋在端柱内的弯折或直锚　均要求伸过端柱中心线 $5d$ 至柱外侧钢筋内侧，且伸入支座的直锚长度应不小于 $0.4l_{aE}$，向下弯折 $15d$，且应同时满足，纵筋在支座内的总锚固长度不小于 l_{aE}。

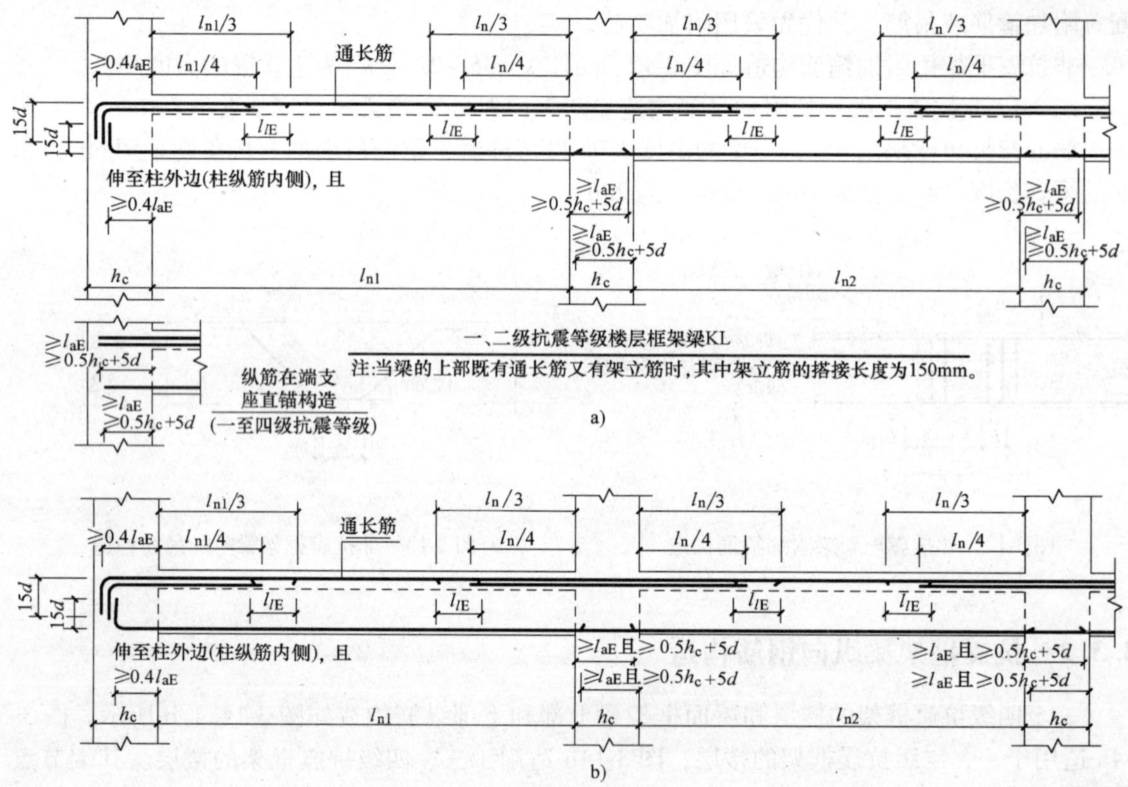

图 3-14　抗震框架梁纵筋构造

a）一、二级抗震等级楼层框架梁 KL　b）三、四级抗震等级楼层框架梁 KL

（2）楼层框架梁纵筋在中柱的构造　梁上部纵筋贯通中柱支座，下部纵筋锚入支座长度不小于 l_{aE}，且不小于 $0.5h_c+0.5d$。

（3）屋面框架梁纵筋在端柱内的构造

1）当柱的纵筋弯锚入梁内时，梁上部纵筋均伸至柱外侧纵筋内侧，弯钩至梁底位置，柱纵筋与梁上部纵筋搭接长度不小于 $1.5l_{aE}$，竖向弯钩与柱外侧纵筋的间距为 25mm。

2）当柱的纵筋直锚时，梁上部纵筋均伸至柱外侧纵筋内侧向下弯折竖向搭接长度不小于 $1.7l_{aE}$，与柱外侧纵筋的间距为 25mm；当梁上部纵筋配筋率 >1.2% 时，弯折后与柱外侧纵筋搭接分两批截断，第一批截断位置为 $\geqslant 1.7l_{aE}$，第二批自第一批截断点向下延伸 20d 后截断。梁下部纵筋在框架端柱内的锚固要求为：直锚长度应不小于 $0.4l_{aE}$，向上弯折 $15d$，且应同时满足，纵筋在支座内的总锚固长度不小于 l_{aE}。

（4）屋面框架梁纵筋在中柱内的构造　梁上部纵筋贯通中柱支座，下部纵筋锚入支座长度不小于 l_{aE}，且不小于 $0.5h_c+0.5d$。

4. 架立筋

当抗震框架梁设置多于两肢的复合箍时，且当跨中通长筋仅为两根时，补充设置的架立筋分别与梁两端的支座上部钢筋构造搭接 150mm。

5. 箍筋

1）多于两肢的复合箍筋应采用外封闭大箍加内小箍的复合方式。

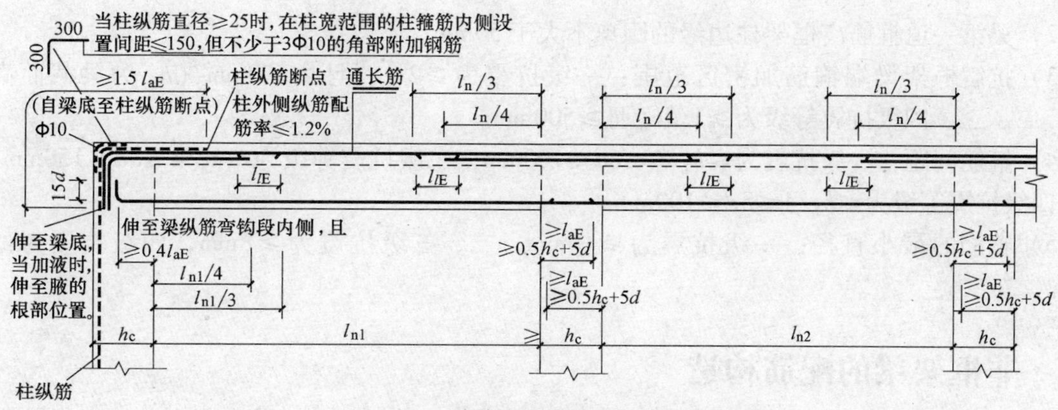

抗震屋面框架梁WKL纵向钢筋构造(一)

注：当梁的上部既有通长筋又有架立筋时，其中架立筋的搭接长度为150mm。

柱外侧纵筋配筋率>1.2%时梁端部构造

注：本图仅起提示作用，梁上部实际配筋与上图相同。

a)

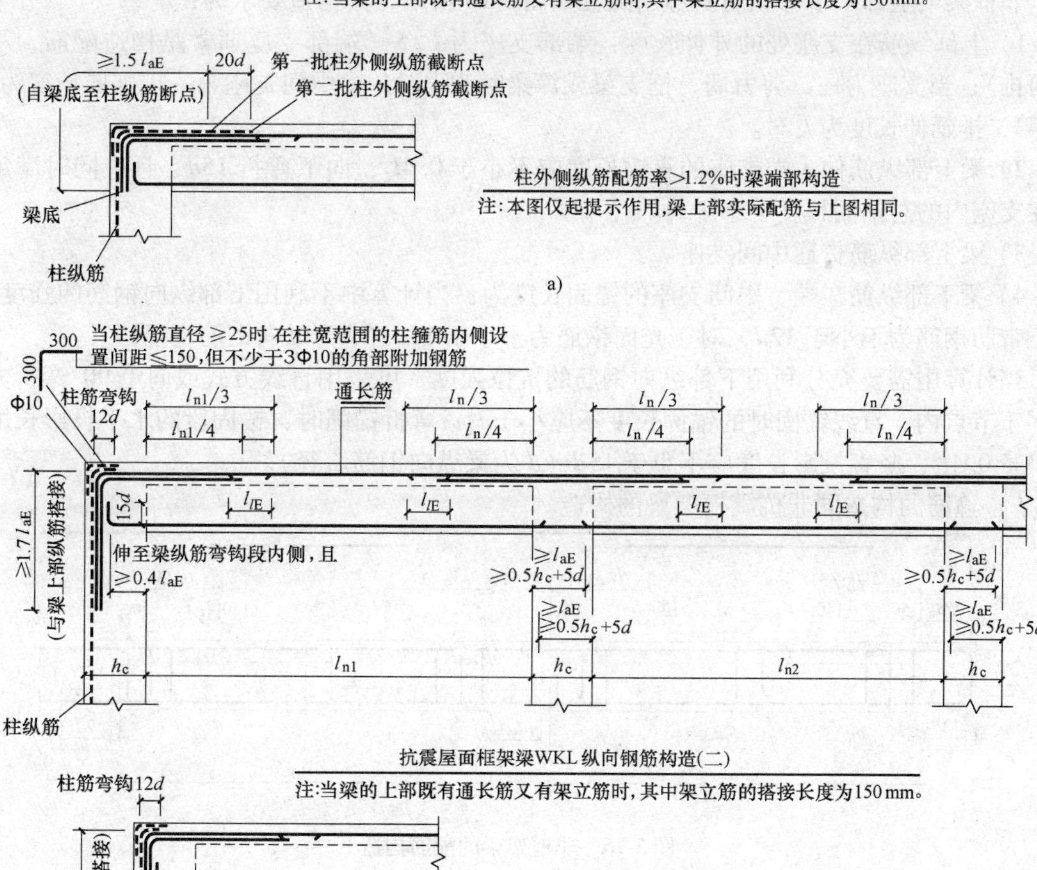

抗震屋面框架梁WKL纵向钢筋构造(二)

注：当梁的上部既有通长筋又有架立筋时，其中架立筋的搭接长度为150mm。

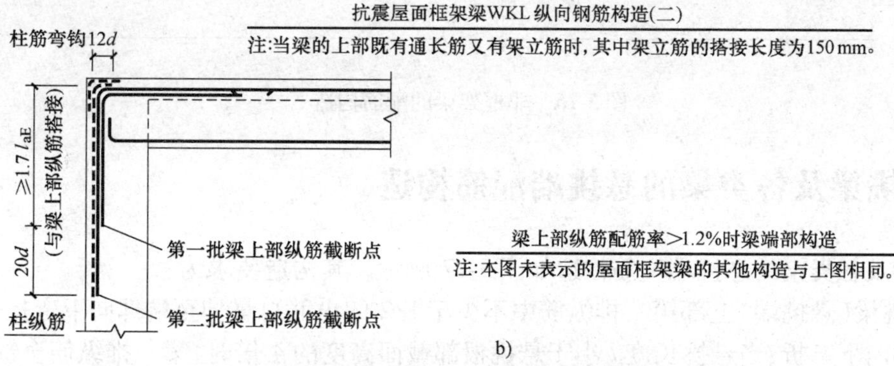

梁上部纵筋配筋率>1.2%时梁端部构造

注：本图未表示的屋面框架梁的其他构造与上图相同。

b)

图3-15　抗震框架屋面梁纵筋构造

a) 弯锚抗震框架　b) 直锚抗震框架

2）梁第一道箍筋离框架柱边缘的距离不大于50mm。

3）抗震框架梁端箍筋加密区范围：一级抗震为≥$2h_b$，且≥500mm（h_b 为梁截面高度）；二、三、四级抗震等级为≥$1.5h_b$ 且≥500mm。

4）箍筋间距：一级抗震为≤$h_b/4$≤$6d$≤100mm；二级抗震等级为≤$h_b/4$≤$8d$≤150mm；三、四级抗震等级为≤$h_b/4$≤$8d$≤100mm。

5）箍筋的最小直径：一级抗震为≥10mm，二、三级抗震为≥8mm，四级抗震为≥6mm。

3.4 非框架梁的配筋构造

非框架梁上部、下部纵筋及箍筋配置如图3-16所示，其构造要求为：

1）上部纵筋在支座处的外伸长度：端部支座为 $l_n/5$（端部支座通常是构造配筋，不需要两排）；当支座为柱、剪力墙、框支梁或深梁时为 $l_n/3$；梁中间支座第一排延伸长度为 $l_n/3$，第二排延伸长度为 $l_n/4$。

2）梁上部纵筋伸入端支座的直锚长度应不小于 $0.4l_a$，向下弯折 $15d$，且应同时满足纵筋在支座内的总锚固长度不小于 l_a。

3）梁上部纵筋贯通中间支座。

4）梁下部纵筋在端、中间支座的锚固长度为：当计算中不利用下部纵向钢筋的强度时，对于带肋钢筋为不小于 $12d$，对于光面钢筋为不小于 $15d$（d 为纵向钢筋直径）。

当计算中需要充分利用下部纵向钢筋的抗拉强度，可采用直线方式或向上90°弯折方式锚固于节点内，直线锚固时的锚固长度不应小于 l_a；弯折锚固时，锚固段的水平投影长度应不小于 $0.4l_a$，竖直投影长度应不小于 $15d$（d 为梁纵向钢筋直径）。

5）箍筋的构造同非抗震框架梁的构造。

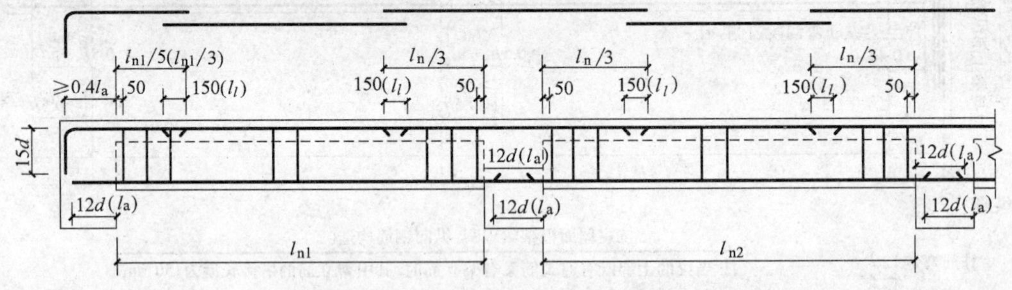

图3-16 非框架梁的配筋构造

3.5 悬挑梁及各类梁的悬挑端配筋构造

悬挑梁及各类梁的悬挑端配筋构造如图3-17所示，其构造要求为：

1）悬挑梁(悬挑端)上部第一排纵筋中不少于1/2的纵筋总量伸至端部向下弯折，其余纵筋在近端部向下弯折；当悬挑长度 l 小于悬挑根部截面高度的4倍时，第一排纵筋全部伸至端部弯折；当悬挑长度 l 大于悬挑根部截面高度的4倍时，将除角筋外的第一排部分纵筋斜弯下，其根数为：第一排根数为3根时，斜弯下1根，第一排纵筋不少于4根时，斜弯下2根。

2）悬挑梁（悬挑端）上部第二排纵筋从支座根部边缘算起的延伸长度为 0.75l；当悬挑梁上部纵筋配置超过两排时，应由设计者注明各排的延伸长度。

3）悬挑梁（悬挑端）上部纵筋在支座的锚固构造：①当悬挑梁上部纵筋伸至柱内侧纵筋净距 25mm 位置时向下弯折，其水平直锚段不小于 0.4l_a，向下竖向弯折 15d；②当悬挑梁上部纵筋伸至柱内不小于 0.5h_c +5d 至柱内侧范围时，其水平直锚段不小于 l_a，向下竖向弯折 5d。

4）悬挑梁下部纵筋伸至柱内长度：对于带肋钢筋为不小于 12d，对于光面钢筋为不小于 15d（d 为纵向钢筋直径）。

5）悬挑梁（悬挑端）箍筋的构造同非框架梁。

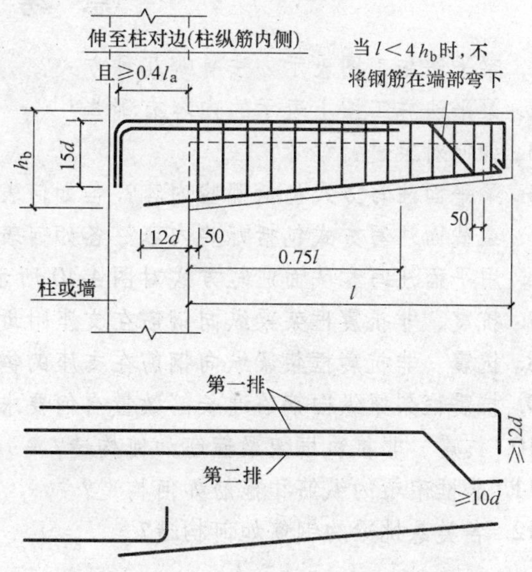

图 3-17　悬挑梁及各类梁的悬挑端配筋构造

3.6　本章小结

1）梁平法施工图设计表示方法有平面注写方式和截面注写方式两种，实际应用时以平面注写方式为主，截面注写方式为辅。

2）平面注写方式是在分标准层绘制的梁平面布置图上，直接注写截面尺寸和配筋的具体数值，包括集中标注和原位标注两部分。集中标注主要表达通用于梁各跨的设计数值，原位标注主要表达梁本跨的设计数值以及修正集中标注中不适用于本跨梁的内容。施工时，原位标注取值优先。

3）集中标注内容有六项：梁编号、截面尺寸、箍筋、上部跨中通常筋或架立筋、侧面构造筋或受扭纵筋、梁顶面相对标高高差。前五项为必注值。第六项为选注值。

4）原位标注的具体内容有四项：梁支座上部纵筋、梁下部纵筋、附加箍筋或吊筋、修正集中标注中某项或某几项不适用于本跨的内容。

5）截面注写方式为在分标准层绘制的梁平面布置图上用截面配筋图表达梁平法施工图的一种。在相同的编号的梁中选择一根梁用剖面号引出配筋图，并在其上注写截面尺寸和配筋；截面注写方式既可单独使用，也可以与平面注写方式结合使用，优先采用平面注写方式。一个设计的梁的标注选择何种注写方式，由设计者自行选择。

6）梁平法施工图设计构造包括非抗震和抗震框架梁、独立梁及悬挑梁的设计构造。非抗震框架梁纵筋分梁上部支座负弯距筋、下部跨中受力纵筋、架立筋和箍筋构造分别满足规范所规定的构造。抗震框架梁抗震通长筋、梁上部支座负弯距筋、下部跨中受力纵筋、架立筋和箍筋构造分别满足规范所规定的抗震构造。

思 考 题

1. 梁平法施工图表示方法有哪几种方式？
2. 梁平法施工图上表示的内容有哪些？
3. 如何对梁进行编号？
4. 梁平面注写方式包括哪些内容？各如何表示？
5. 梁截面注写方式包括哪些内容？各如何表示？
6. 用平面注写和截面注写方式对图 4-40 所示框架梁分别表示梁的平法施工图。
7. 抗震、非抗震框架梁纵向钢筋在支座附近的延伸长度如何确定？
8. 抗震、非抗震框架梁纵向钢筋在支座的锚固长度如何确定？
9. 抗震框架梁纵向钢筋通长筋数量有何要求？
10. 抗震、非抗震框架梁箍筋如何构造？
11. 非框架梁的纵筋和箍筋如何构造？
12. 各类悬挑梁的钢筋如何构造？

第4章　柱施工图设计

本章学习目标

熟悉柱平法施工图必备的内容；
熟悉柱平法施工图的表示方法；
掌握柱的截面注写方式和列表注写方式；
了解抗震和非抗震框架柱与独立基础的锚固构造要求；
了解抗震和非抗震框架柱各节点的构造要求；
熟悉抗震和非抗震框架柱纵筋连接构造；
熟悉抗震和非抗震框架柱箍筋构造。

4.1　柱传统施工图设计

柱传统结构施工图如图4-1所示。

一个完整的柱结构施工图包括分结构层绘制的结构平面图、柱的立面图、截面图和钢筋详图，有时还有柱施工模板图等。

由图4-1可以看出，传统的柱结构施工图设计很繁琐，尤其是节点构造处理复杂。图4-2所示是按平法绘制的柱结构施工图，很多个标准层柱的几何信息和配筋信息在一张图上就全部显示出来了，简单、直接、明了。

平法设计的优点显而易见，下面详细介绍柱平法施工图的设计方法和思路。

4.2　柱平法施工图设计

作为结构施工图的主体之一，柱的平法施工图设计也分为两部分，一部分是结构设计表达方法，一部分是构造详图。本节主要介绍柱结构设计表达方法。

柱平法施工图设计是在平面布置图上采取截面注写方式或列表注写方式表达柱结构设计内容的方法。其设计内容主要包括：柱平面布置图、柱编号、几何信息与配筋信息注写及特殊设计内容的表达等几部分。

4.2.1　柱平面布置图

柱平面布置图可采用“双比例”绘制。“双比例”是指轴网采用一种比例，柱截面轮廓在原位采用另一种比例适当放大绘制的方法。

在用双比例绘制的柱平面布置图上，再采用截面注写方式或列表注写方式，并加注相关

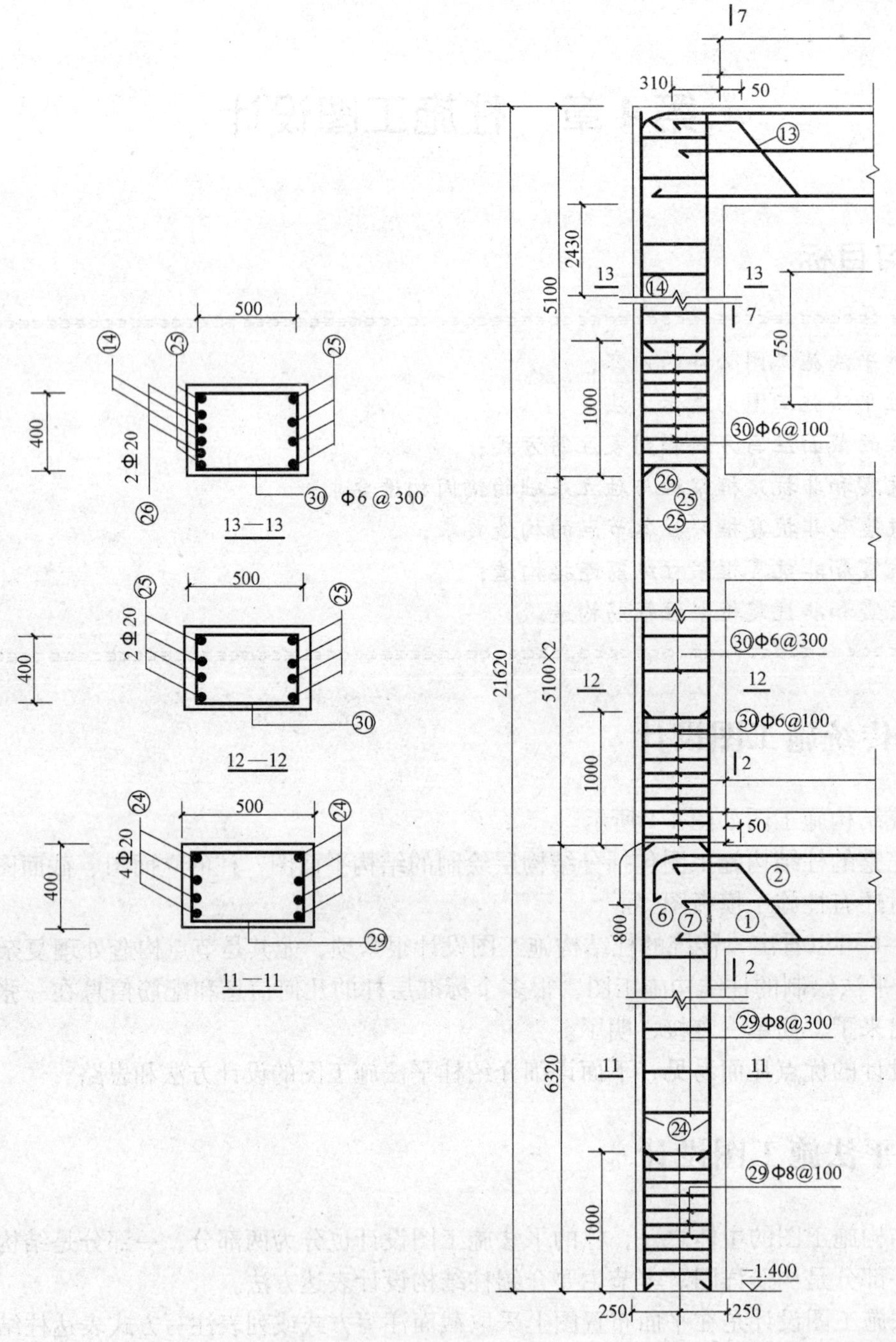

图 4-1　柱传统结构施工图

设计内容后，便构成了柱平法施工图。

柱平法结构平面图上除了采用截面注写方式或列表注写方式所表示的柱的基本信息外，还应有其他的一些必备内容，如楼面标高及层高表、单位等。

（1）楼面标高及层高表　柱平法施工图中要求放入结构层楼面标高及层高表，以便施

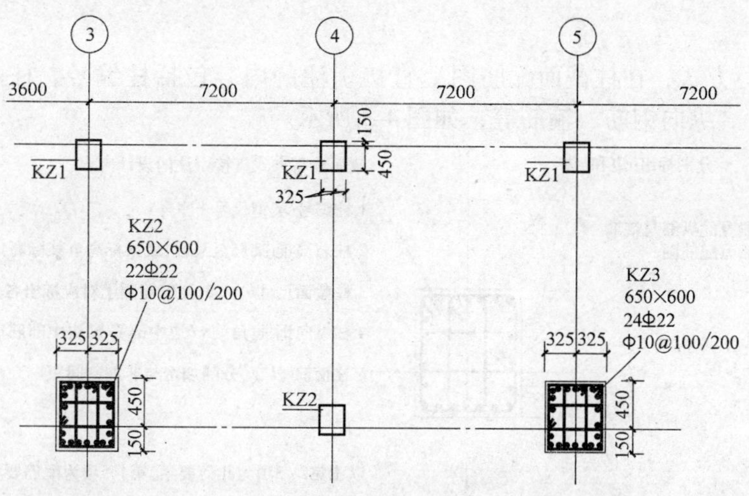

图4-2　柱平法施工图

工人员将注写的柱段高度与该表对照后，明确各柱在整个结构中的竖向定位。例如，注写的柱高范围是“××层—××层”，从表中查出该段柱的下端标高与上端标高；如果注写的是“××标高—××标高”，可从表中查出该段柱的层数。

（2）单位　柱平法施工图中标注的尺寸以 mm 为单位，标高以 m 为单位。

4.2.2　柱编号

根据 GB/T 50105—2001《建筑结构制图标准》的要求，柱平法施工图中各种柱按照表4-1 的规定编号，同时对相应的标准构造详图也标注编号中的相同代号。

表4-1　柱　编　号

柱类型	代号（拼音）	代号（英文）	序号	特　征
框架柱	KJZ	FC	××	柱根部嵌固在基础或地下结构上，并与框架梁刚性连接构成框架
框支柱	KZZ	FFC	××	柱根部嵌固在基础或地下结构上，并与框支梁刚性连接构成框支结构，框支结构以上转换为剪力墙结构
芯柱	XZ	CC	××	设置在框架柱、框支柱、剪力墙核心部位的暗柱
梁上柱	LZ	BC	××	支承或悬挂在梁上的柱
板上柱	BZ	SC	××	支承或悬挂在板上的柱
剪力墙上柱	QZ	WC	××	支承在剪力墙顶部的柱

4.2.3　柱截面几何信息与配筋信息注写

柱截面几何信息主要指柱的截面尺寸及高度等内容。配筋信息主要指柱中纵筋与箍筋的配置情况。柱截面几何信息与配筋信息注写方法有两种：一种是截面注写方式，另一种是列表注写方式。

1. 柱截面注写方式

柱截面注写方式是在相同编号的柱中选择一根柱，将其在原位放大绘制“截面配筋图”，并在其上直接引注几何尺寸和配筋，对于其他相同编号的柱仅需标注编号和偏心尺寸。

采用截面注写方式，在柱截面配筋图上直接引注的内容包括柱编号、柱高（分段起止高度）、截面尺寸、纵向钢筋、箍筋等，如图 4-3 所示。

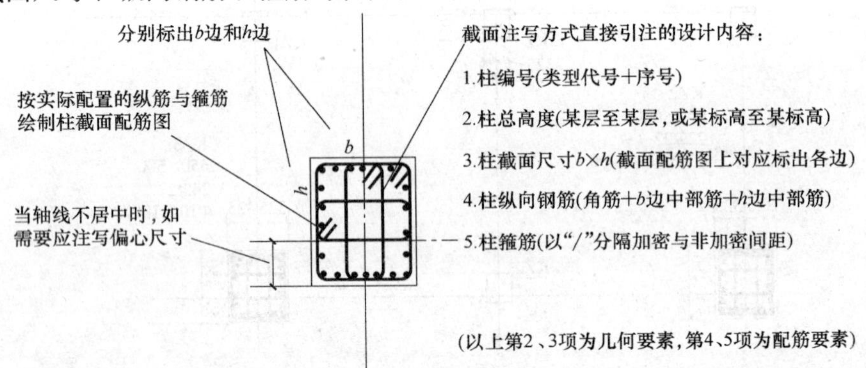

图 4-3　截面注写方式的注写内容

设计时，可按单个柱标准层分别绘制，如图 4-4 所示，也可以将多个标准层合并绘制，如图 4-5 所示。

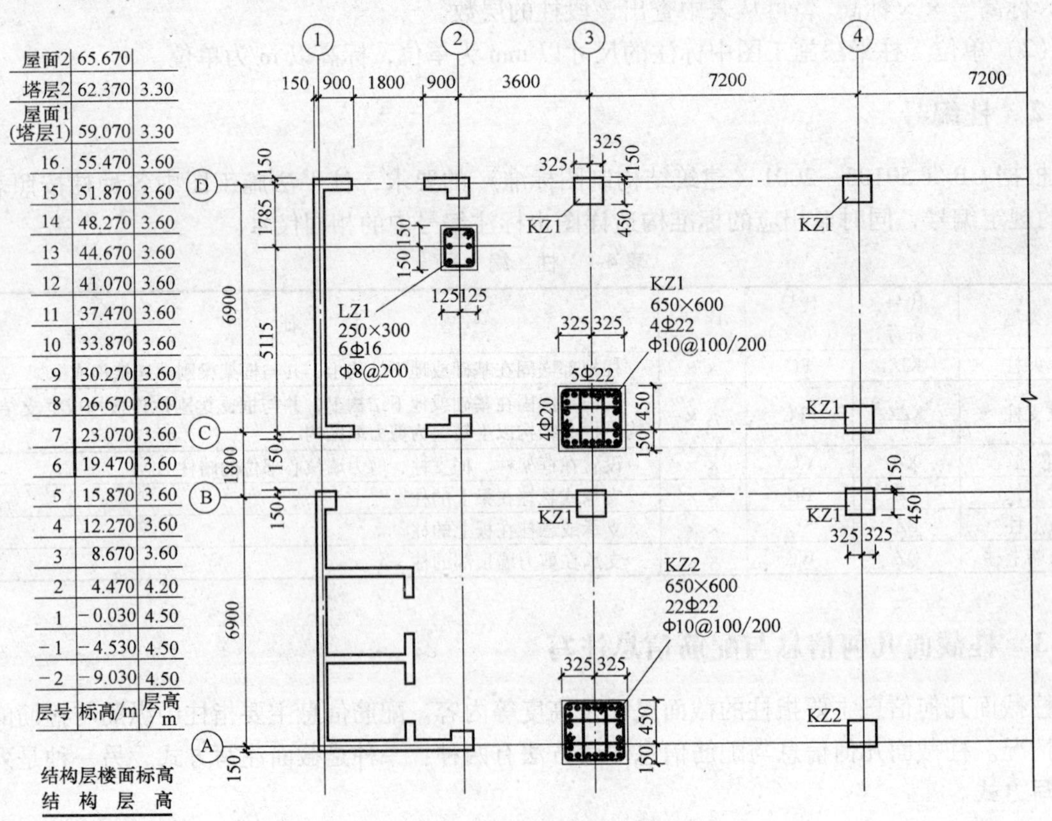

层号	标高/m	层高/m
屋面2	65.670	
塔层2	62.370	3.30
屋面1(塔层1)	59.070	3.30
16	55.470	3.60
15	51.870	3.60
14	48.270	3.60
13	44.670	3.60
12	41.070	3.60
11	37.470	3.60
10	33.870	3.60
9	30.270	3.60
8	26.670	3.60
7	23.070	3.60
6	19.470	3.60
5	15.870	3.60
4	12.270	3.60
3	8.670	3.60
2	4.470	4.20
1	−0.030	4.50
−1	−4.530	4.50
−2	−9.030	4.50

图 4-4　单个标准层截面注写

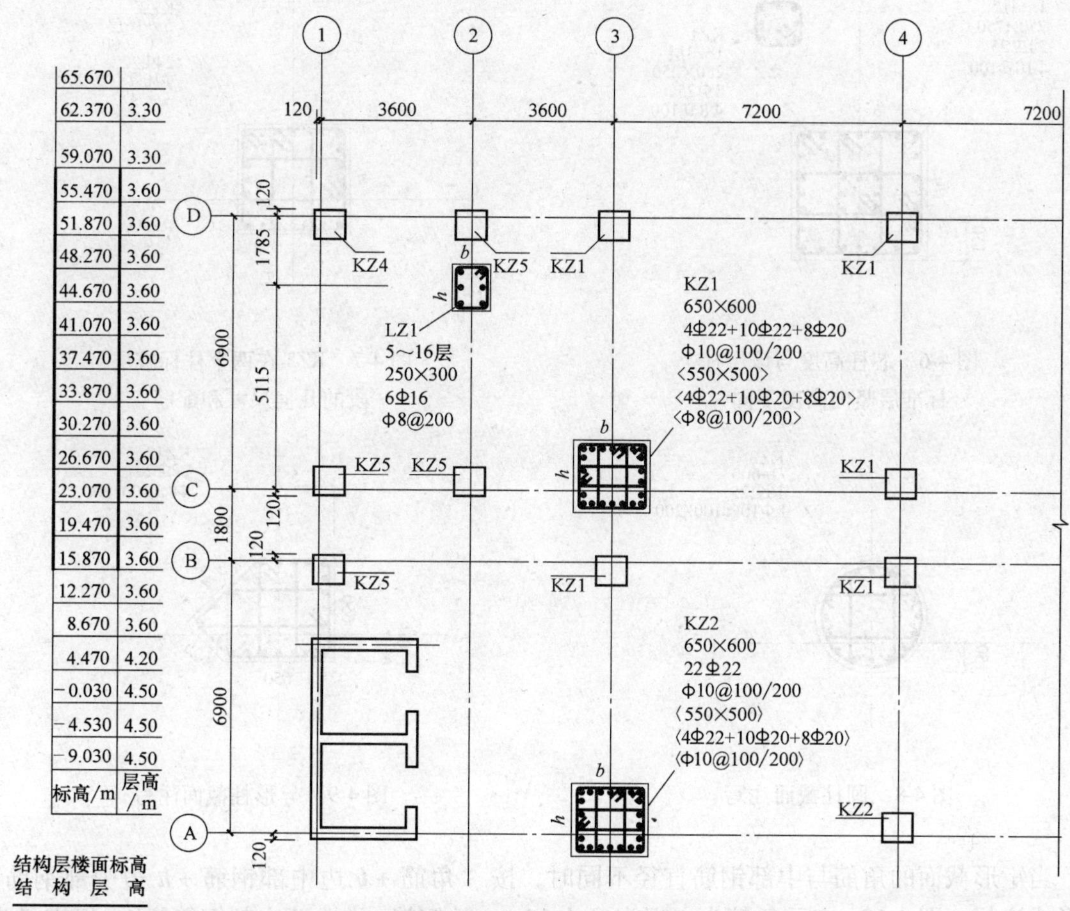

图 4-5　多个标准层截面注写

因柱高通常与标准层竖向各层的总高度相同，所以柱高的注写属于选注内容，即当柱高与该页施工图所表达的柱标准层的竖向总高度不同时才注写，否则不注。

直接引注的一般设计内容如下：

1）注写柱编号，柱编号由柱类型代号和序号组成，见表 4-1。

2）注写柱高（见图 4-6、图 4-7）。

3）注写截面尺寸。矩形截面注写为 $b \times h$：截面的横边为 b（与 x 轴平行），竖边为 h（与 y 轴平行），并应在截面配筋图上标注 b 及 h，以给施工明确指示。圆形截面注写为 $D=\times\times$，例如，图 4-8 表示直径 $D=600$mm 的圆柱。异形柱则需要在截面外围各个方向分别注写对应的尺寸，如图 4-9 所示。

4）纵向钢筋。当纵向钢筋为同一直径时，无论为矩形截面还是圆形截面，均注写全部纵筋。图 4-8 表示均匀分布的 16 根相同直径为 25mm 的钢筋。

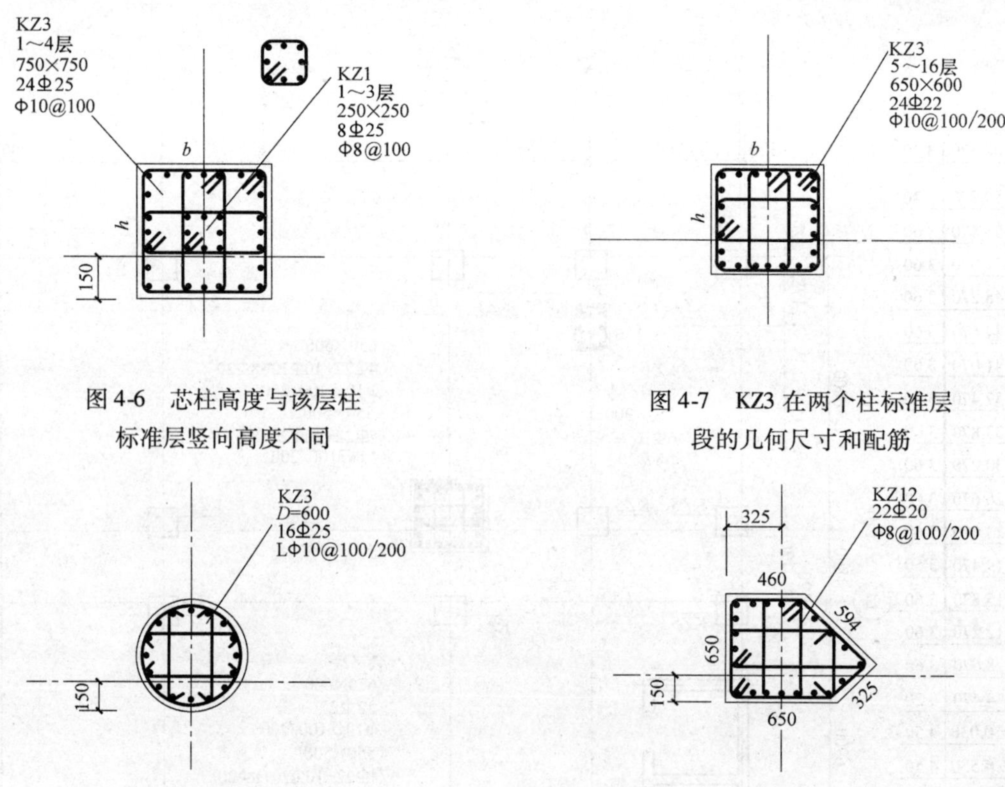

图 4-6 芯柱高度与该层柱标准层竖向高度不同

图 4-7 KZ3 在两个柱标准层段的几何尺寸和配筋

图 4-8 圆柱截面注写

图 4-9 异形柱截面注写

当矩形截面的角筋与中部钢筋直径不同时，按"角筋 + b 边中部钢筋 + h 边中部钢筋"的形式注写。图 4-10a 表示角筋为 4 根直径为 25mm 的钢筋，b 边两中部钢筋为 10 根直径为 22mm 的钢筋，h 边中部钢筋为 10 根直径为 22mm 的钢筋。也可以在直接引注中仅注写角筋，然后在截面配筋图上原位注写中部钢筋，当采用对称配筋时，可仅注写一侧中部钢筋，另一侧不注，如图 4-10b 所示。

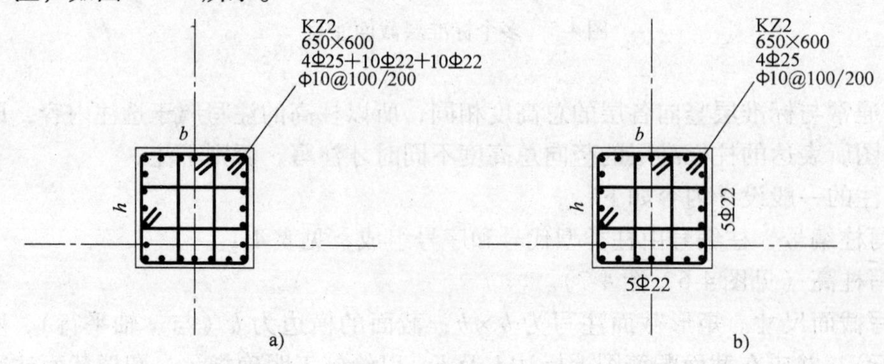

图 4-10 矩形截面柱角筋与中部钢筋不同时标注

异形截面的角筋与中部钢筋直径不同时，按"角筋 + 中部钢筋"的形式注写（见图 4-11a）；也可以在直接引注中注写角筋，然后在截面配筋图上原位注写中部钢筋（见图 4-11b）。

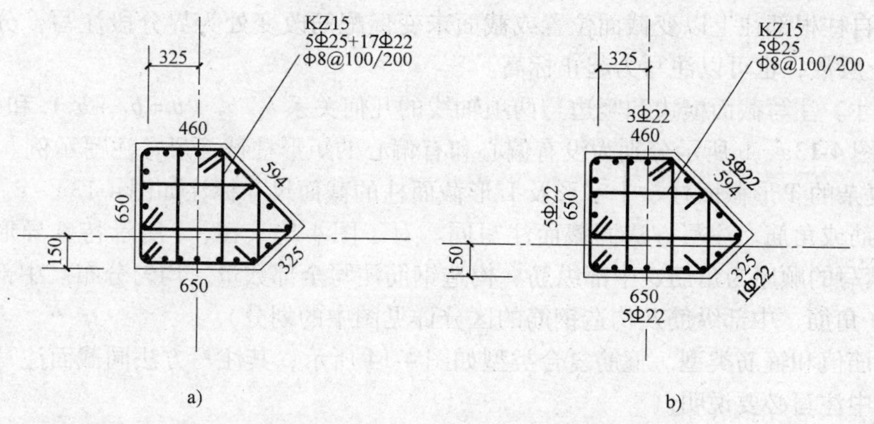

图 4-11　异形截面柱角筋与中部钢筋不同时标注

5）箍筋，包括钢筋级别、直径与间距、肢数及复合方式。当为抗震设计时，用“/”区分箍筋加密区与非加密区长度范围内箍筋的不同间距；当箍筋全长为一种间距时（柱全高加密时），则不使用“/”（见图 4-6）。当圆柱采用螺旋箍筋时，需在箍筋前加“L”（见图 4-8）。

截面注写方式适用于各种结构类型。

2. 列表注写方式

在按适当比例绘制的柱平面布置图上增设柱表，在柱表中注写柱的几何元素与配筋元素就形成了柱列表注写方式平法施工图。

柱表中要注写的内容与截面注写方式相同，包括柱编号、柱高（分段起止高度）、截面几何尺寸（包括柱截面对轴线的偏心情况）、柱纵筋、柱箍筋等。在柱表上部或表中适当位置，还应绘制本设计所采用的柱截面的箍筋类型，图 4-12 为柱表的表头格式实例。

柱表（几何要素：柱号～$b_1/b_2,h_1/h_2$；配筋要素：全部纵筋～箍筋）

柱号	柱高	$b\times h$（圆柱直径 D）	$b_1/b_2,h_1/h_2$	全部纵筋或角筋/b边一侧中部筋/h边一侧中部筋	箍筋，箍筋类型	备注
KZ1	−0.030　−19.470	750×700	375/375, 150/550	24Φ25	Φ10@100/200, 1(5×4)	
	19.470　−37.470	650×600	325/325, 150/450	4Φ22/5Φ22/4Φ20	Φ10@100/200, 1(4×4)	
	37.470　−59.070	550×500	275/275, 150/350	4Φ22/5Φ22/4Φ20	Φ8@100/200, 1(4×4)	

图 4-12　柱表的表头格式

在柱平面布置图上，需要分别在同一编号的柱中选择一个（有时需要选择几个）标注几何参数代号 b_1 与 b_2（b_1、b_2 分别为横边对轴线的距离）。h_1 与 h_2（h_1、h_2 分别为竖边对轴线的距离）。

1）柱编号。与截面标注相同，见表 4-1。

2）柱高。自柱根部往上以变截面位置或截面未变但配筋改变处为界分段注写，分段柱可以注写为起止层数，也可以注写为起止标高。

3）截面尺寸。注写截面横边和竖边与两项轴线的几何关系 b_1/b_2（$b=b_1+b_2$）和 h_1/h_2（$h=h_1+h_2$），图 4-13a、b 所示分别为没有偏心和有偏心的矩形柱截面尺寸注写示例。

截面形状复杂的 T 形截面柱、十字形及 L 形截面柱的截面尺寸标注如图 4-13c ~ e。

4）全部纵筋或角筋。注写方法同截面注写同。对于图 4-13c、d、e 所示特殊异形柱在列表注写法中填写的顺序为角筋、中部纵筋、构造钢筋注写全部数量，均匀分布。中部纵筋填在 b 边栏下（角筋、中部纵筋及构造钢筋的区分详见图中的划分）。

5）箍筋配筋值和箍筋类型。箍筋复合类型如图 4-14 所示，其注写方法同截面注写同。

6）备注栏中注写必要说明。

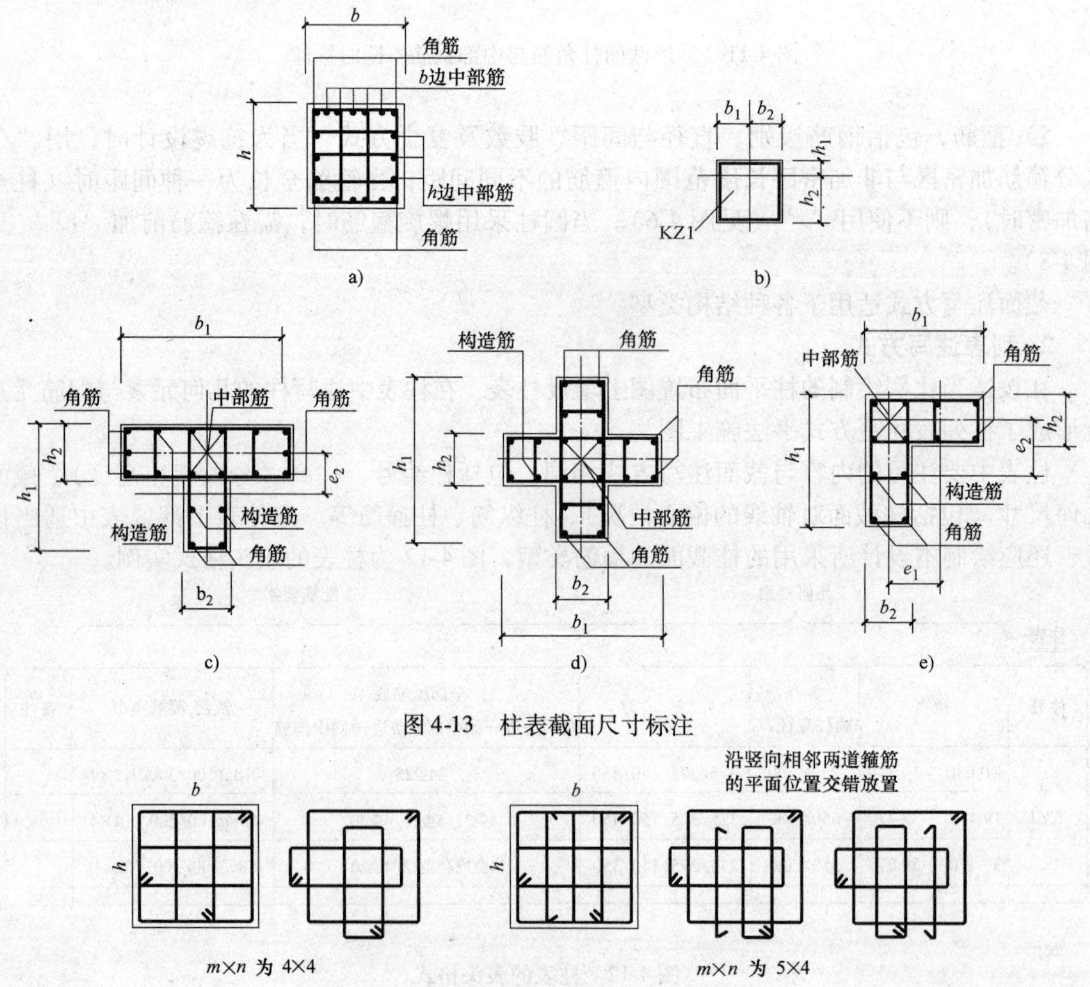

图 4-13　柱表截面尺寸标注

图 4-14　箍筋复合类型

单项工程的柱平法施工图采用列表注写方式通常仅需一张图纸，即可将柱平面布置图上的所有柱从基础顶到柱顶的设计内容集中表达清楚（见图 4-15）。

柱列表注写方式适用于各种柱结构类型。

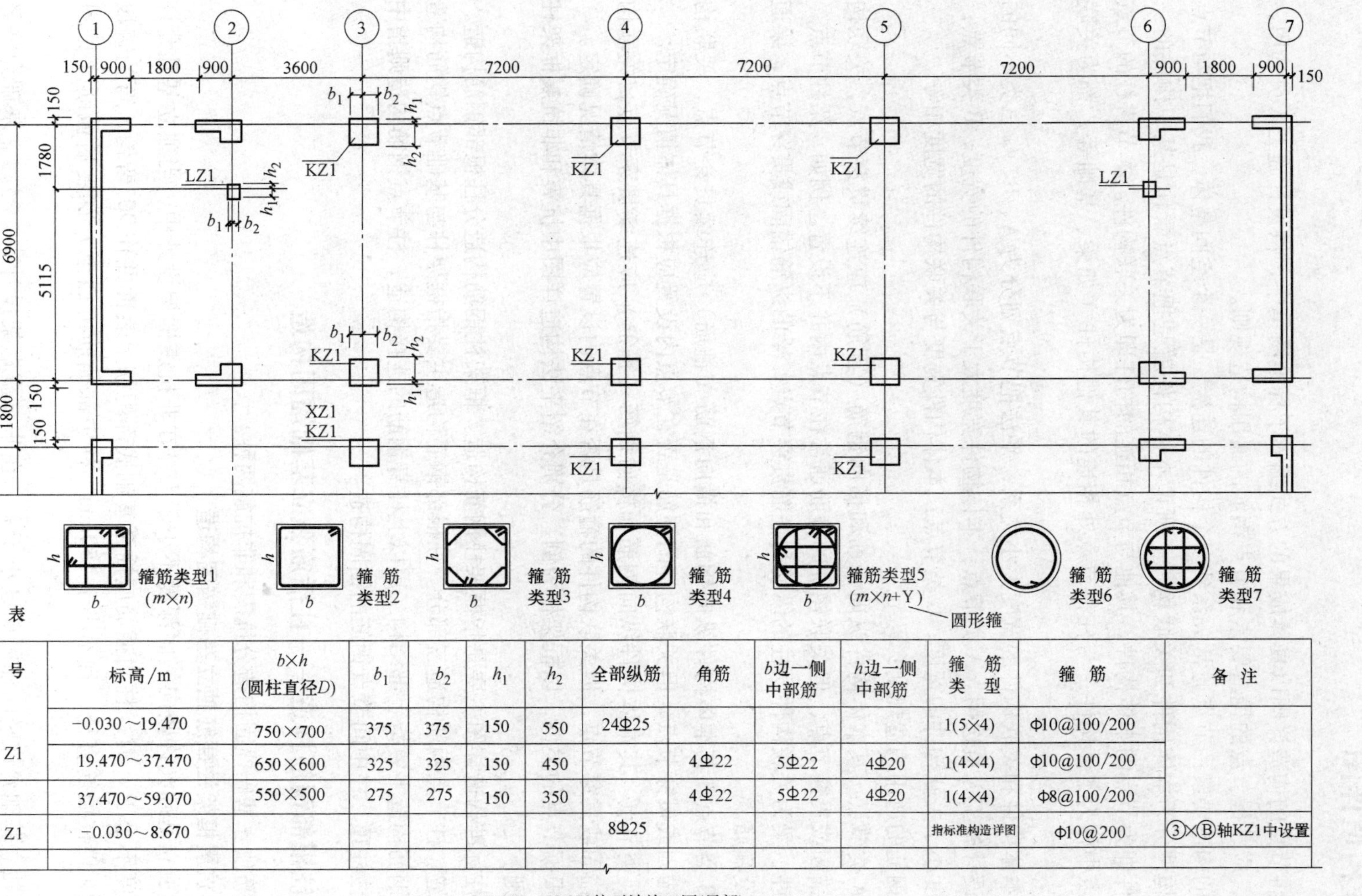

号	标高/m	b×h (圆柱直径D)	b_1	b_2	h_1	h_2	全部纵筋	角筋	b边一侧中部筋	h边一侧中部筋	箍筋类型	箍筋	备注
Z1	−0.030～19.470	750×700	375	375	150	550	24Φ25				1(5×4)	Φ10@100/200	
	19.470～37.470	650×600	325	325	150	450		4Φ22	5Φ22	4Φ20	1(4×4)	Φ10@100/200	
	37.470～59.070	550×500	275	275	150	350		4Φ22	5Φ22	4Φ20	1(4×4)	Φ8@100/200	
Z1	−0.030～8.670						8Φ25				指标准构造详图	Φ10@200	③×Ⓑ轴KZ1中设置

−0.030～59.070柱平法施工图(局部)

图 4-15 列表注写方式

4.3 柱构造详图

平法将节点的构造详图以具体成果的方式编入了标准图集中，供设计施工人员选用，在选用之前，应掌握节点的构造要素和节点钢筋的通用构造规则。

节点的构造要素：节点通常关系到多个构件的连接，是一个空间整体，我们把与节点相连的多个构件分为本体构件和关联构件。所谓本体构件就是把节点看作是某一构件的一部分，该构件即为节点的本体构件，其他与节点相连的构件即为关联构件。本节讲柱的节点构造，在节点中柱为本体构件，与柱在节点处相连的其他构件（如梁、基础等）都为关联构件。

根据本体构件和关联构件的宽度大小关系，平法把节点划分为A、B、C三类不同的节点构造供设计施工人员选用。A类节点：本体构件宽度大于关联构件的宽度；B类节点：本体构件宽度小于关联构件的宽度；C类节点：本体构件宽度与关联构件的宽度相等。

节点钢筋的通用构造规则：

（1）A类节点　其本体构件纵向钢筋和横向钢筋（箍筋）应连续贯穿节点，关联构件的纵筋应锚固或贯穿节点，但关联构件的箍筋通常在节点内并不设置。例如，梁柱节点，柱为本体构件，梁为关联构件，柱的纵筋和箍筋贯穿节点，梁的纵筋锚固或贯穿节点，梁通常不在节点设箍筋。

（2）B类节点　其本体构件纵向钢筋和横向钢筋（箍筋）应连续贯穿节点，关联构件的纵筋应锚固或贯穿节点，但关联构件的箍筋是否在节点内设置应根据具体情况确定。

（3）C类节点　其本体构件纵向钢筋和横向钢筋（箍筋）应连续贯穿节点，关联构件的纵筋应锚固或贯穿节点，但关联构件的箍筋是否在节点内设置应根据具体情况确定。

本节根据节点的类型，以框架柱为例，分别介绍平法构造详图中抗震和非抗震框架柱标准构造规则。

框架柱标准构造详图主要是指框架柱钢筋构造。框架柱钢筋构造分柱根部钢筋构造、柱身钢筋构造、柱节点钢筋构造三部分。柱根部钢筋构造主要指框架柱与基础节点钢筋构造锚固，柱身钢筋构造主要指上部结构二层以上柱身钢筋的连接构造，柱节点钢筋构造则指中柱柱顶、边柱柱顶、柱中间节点钢筋的锚固构造。

4.3.1 柱根部钢筋构造——柱插筋独立基础锚固构造

柱插筋独立基础锚固构造分抗震和非抗震两种。

1. 非抗震框架柱插筋独立基础锚固构造

（1）独立基础允许竖向锚固深度不小于 l_a　在非抗震框架设计中，当独立基础允许竖向锚固深度不小于 l_a 时，柱角插筋应插至基础底部配筋上表面并作90°弯钩，弯钩直段长度不小于6倍柱插筋直径，且不小于150mm，柱中部插筋可插至 l_a 深度后截断（见图4-16）。

（2）独立基础允许竖向锚固深度小于 l_a　在非抗震框架设计中，当独立基础允许竖向锚固深度小于 l_a 时，所有插筋应插至基础底部配筋上表面并做90°弯钩（见图4-17）。与直锚深度（竖直长度）对应的弯钩直段长度 a 见表4-2。

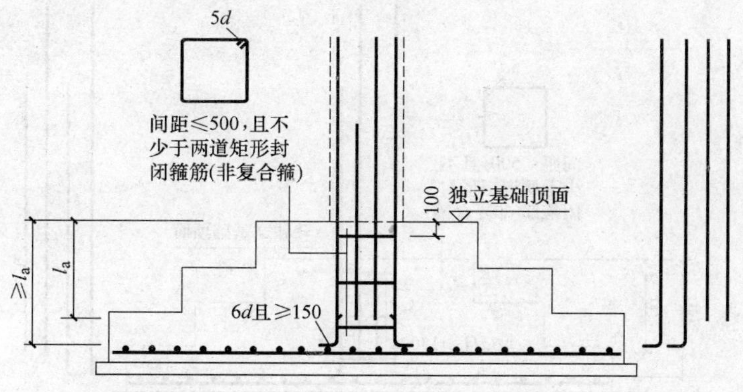

图 4-16　独立基础允许竖向锚固深度不小于 l_a 时的非抗震框架柱插筋锚固构造

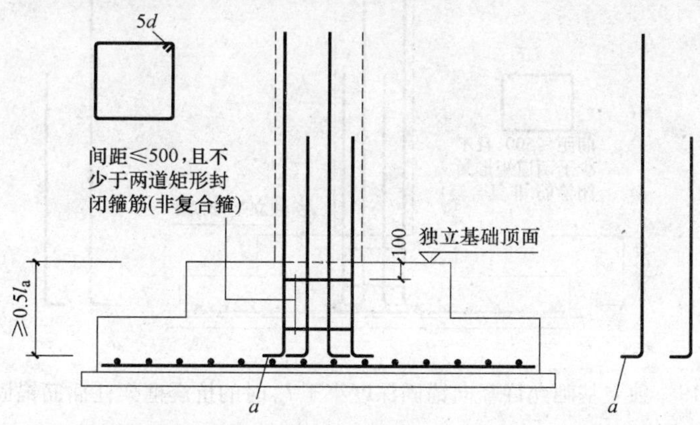

图 4-17　独立基础允许竖向锚固深度小于 l_a 时的非抗震框架柱插筋锚固构造

表 4-2　柱插筋锚固竖直深度与弯钩直段长度对照表

竖直长度/mm	弯钩直段长度 a/mm	竖直长度/mm	弯钩直段长度 a/mm
≥0.5l_a	12d 且≥150	≥0.7l_a	8d 且≥150
≥0.6l_a	10d 且≥150	≥0.8l_a	6d 且≥150

2. 抗震框架柱插筋独立基础锚固构造

（1）独立基础允许竖向锚固深度不小于 l_{aE}　在抗震框架设计中，当独立基础允许竖向锚固深度不小于 l_{aE}时，柱角插筋应插至基础底部配筋上表面并做 90°弯钩，弯钩直段长度不小于6 倍柱插筋直径，且不小于150mm，柱中部插筋可插至 l_{aE}深度后截断，如图4-18 所示。（l_{aE}见附录表 6）

（2）独立基础允许竖向锚固深度小于 l_{aE}　在抗震框架设计中，当独立基础允许竖向锚固深度小于 l_{aE}时，所有插筋应插至基础底部配筋上表面并做 90°弯钩（见图 4-19）；与直锚深度（竖直长度）对应的弯钩直段长度 a 见表 4-3。

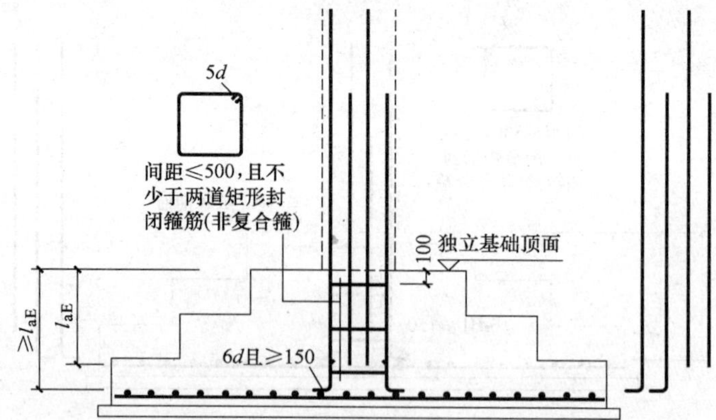

图 4-18　独立基础允许竖向锚固深度不小于 l_{aE} 时的抗震框架柱插筋锚固构造

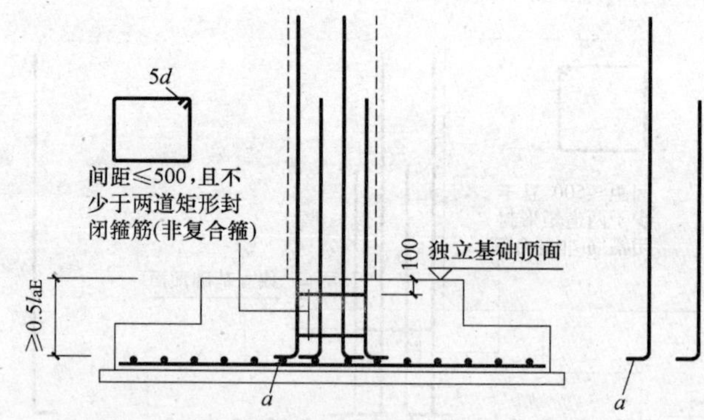

图 4-19　独立基础允许竖向锚固深度小于 l_{aE} 时的抗震框架柱插筋锚固构造

表 4-3　柱插筋锚固竖直深度与弯钩直段长度对照表

竖直长度/mm	弯钩直段长度 a/mm	竖直长度/mm	弯钩直段长度 a/mm
$\geq 0.5l_{aE}$	$12d$ 且≥150	$\geq 0.7l_{aE}$	$8d$ 且≥150
$\geq 0.6l_{aE}$	$10d$ 且≥150	$\geq 0.8l_{aE}$	$6d$ 且≥150

4.3.2　框架柱柱身钢筋构造

框架柱柱身钢筋构造主要指纵筋的连接构造和箍筋的构造。本节分抗震和非抗震两种情况分别介绍。

1. 非抗震框架柱纵向钢筋连接和箍筋构造

（1）非抗震框架柱等截面纵向钢筋连接　框架柱纵向钢筋连接方式有绑扎搭接、机械连接和焊接连接等方式。非抗震框架柱纵向钢筋连接如图 4-20。其构造要求为：

1）优先采用绑扎连接或机械连接。当钢筋直径大于 28mm 时，不宜采用绑扎连接。

2）柱纵向钢筋连接接头应相互错开，在同一截面内的钢筋接头面积百分率：绑扎连接和机械连接不宜大于 50%，焊接不应大于 50%。

3）机械连接焊接接头的类型和质量应符合现行有关规范的要求。

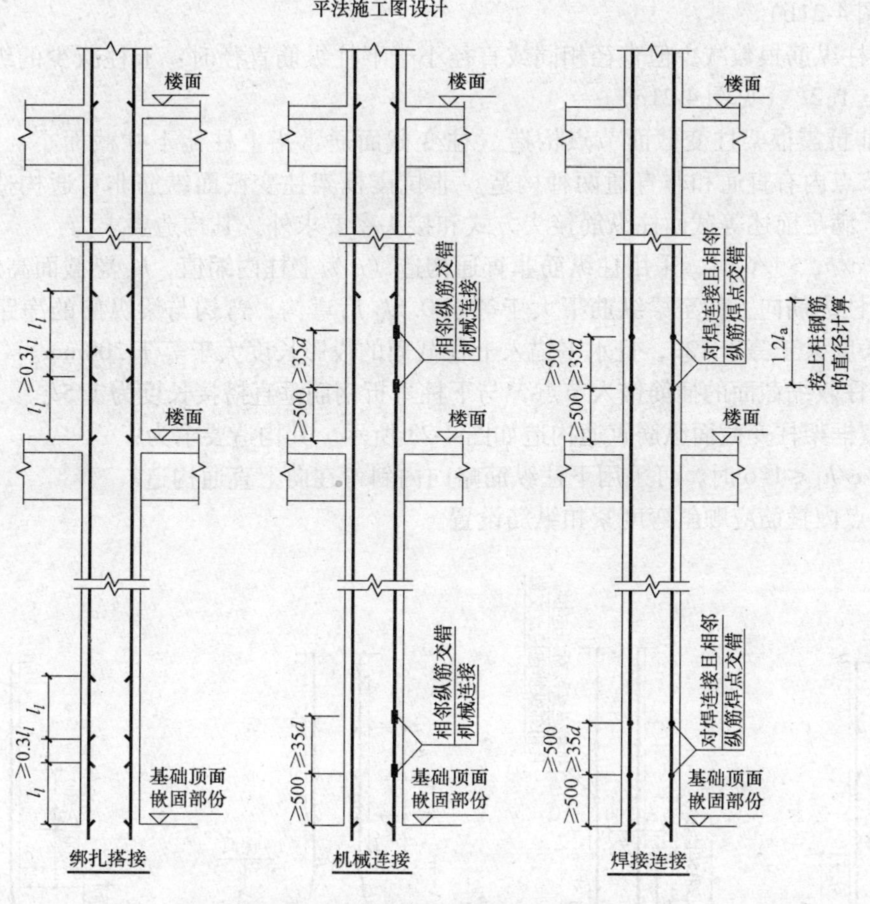

图 4-20　非抗震框架柱纵向钢筋连接

4）搭接连接范围可在除梁柱节点以外的柱身任何部位。机械连接和焊接连接位置应距离梁柱节点不小于500mm。

5）上柱纵筋直径等于或小于下柱纵筋直径，所有纵筋要分两批交错搭接。搭接连接时，应按分批的搭接面积百分比并按较小钢筋直径计算搭接长度 l_l（l_l 详见附录表5）。

6）上柱钢筋根数增加但直径相同或直径小于下层时：上柱增加的纵筋锚入柱梁节点长度 $1.2l_a$（图4-21a）。

7）上柱纵筋直径大于下柱纵筋直径但根数相同，上层纵筋要下穿非连接区，与下层较小直径钢筋

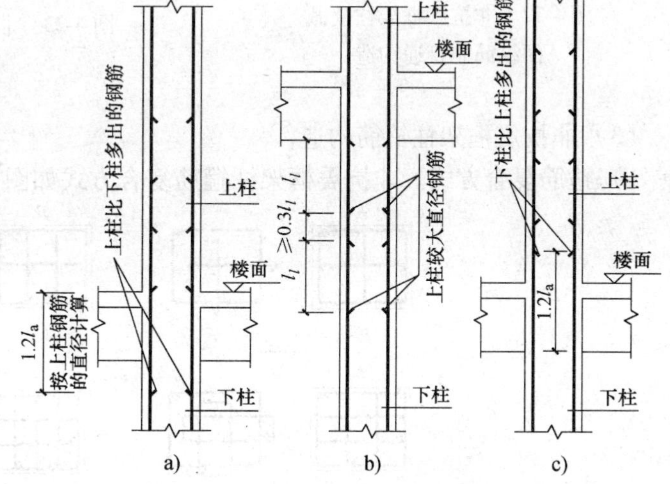

图 4-21　非抗震框架柱上、下层钢筋
根数或直径不同时的连结构造

连接（见图 4-21b）。

8）上柱纵筋根数减少但直径相同或直径小于下柱纵筋直径时：上柱减少的纵筋向上锚入柱梁节点 $1.2l_a$（见图 4-21c）。

（2）非抗震框架柱变截面节点构造　柱变截面通常指上柱比下柱截面小，向内缩进。其纵筋在节点内有直通和非直通两种构造。非抗震框架柱变截面纵筋非直通构造如图 4-22 所示。除了满足前述等截面柱纵筋接头方式和接头率要求外，其构造要求为：

1）当 $c/h_b>1/6$ 时，采用柱纵筋非直通构造（c 为上柱内缩值，h_b 梁截面高度）。

2）下柱纵筋向上伸至梁纵筋下大于等于 $0.5l_a$ 后弯钩，弯钩与梁纵筋的净距为 25mm，弯钩投影长度大于等于 $12d$，且水平锚入上柱截面的投影长度大于等于 200mm。

3）上柱收缩截面的插筋锚入节点，与下柱弯折钢筋垂直搭接长度为 $1.5l_a$。

非抗震框架柱变截面纵筋直通构造如图 4-23 所示。其构造要求为：

1）当 $c/h_b\leqslant1/6$ 时，可采用下柱纵筋略向内斜弯在向上直通构造。

2）节点内箍筋应顺斜弯度紧扣纵筋设置。

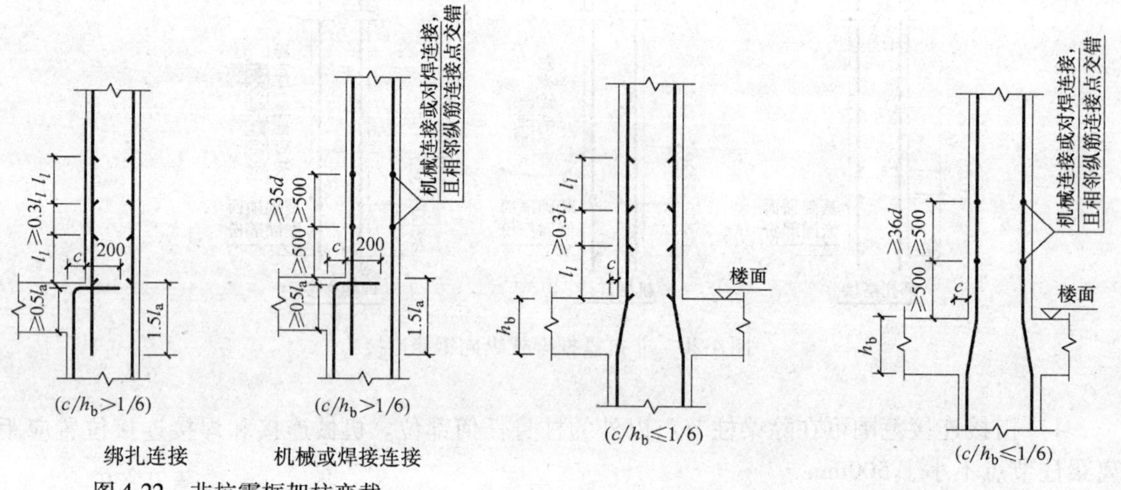

图 4-22　非抗震框架柱变截面纵筋非直通构造

图 4-23　非抗震框架柱变截面纵筋直通构造

（3）非抗震框架柱箍筋构造

1）箍筋复合方式。非抗震框架柱箍筋复合方式如图 4-24 所示，其构造要求为：

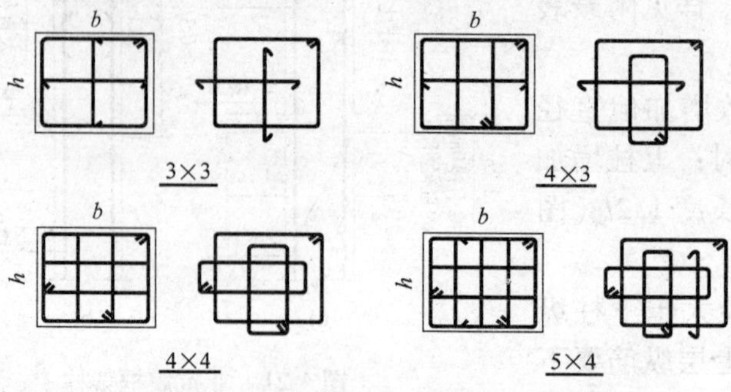

图 4-24　非抗震框架柱箍筋复合方式

①沿复合箍周边箍筋局部重叠不宜多于两层，以复合箍筋最外围的封闭箍为基准，柱内的横向箍紧挨其设置在上（或在下）。

②柱内复合箍可全部采用拉箍，拉筋需同时勾住纵向钢筋和外围封闭箍筋。

③当拉筋设在旁边时，可沿竖向将相邻两道箍筋按其各自平面位置交错放置。

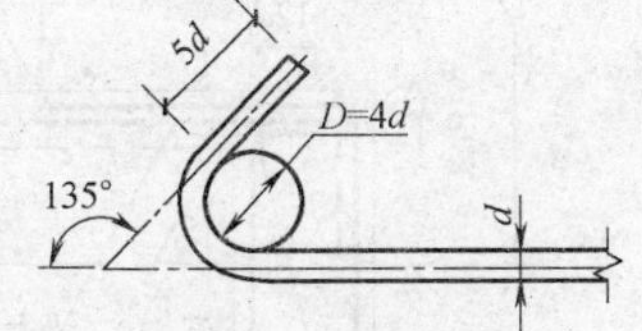

图 4-25　箍筋构造

所有箍筋的弯钩角度应为 135°，箍筋弯钩的直段长度应不小于 $5d$，如图 4-25 所示。

2）箍筋加密区。当非抗震框架柱纵筋采用搭接连接时，应在柱搭接长度范围内按不大于 $5d$（d 为搭接钢筋的较小直径）和不大于 100mm 的间距加密箍筋。非抗震框架柱箍筋加密区如图 4-26 所示。

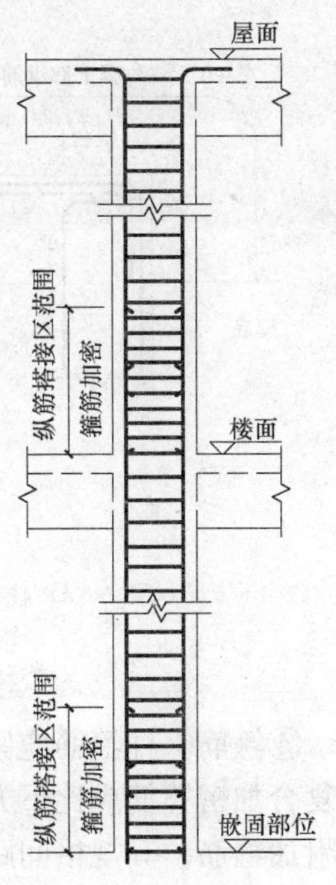

图 4-26　非抗震框架柱箍筋加密区

（4）非抗震框架柱节点构造　节点分为顶节点（边柱和角柱顶、中柱顶）、中间节点，下面主要介绍节点纵筋的锚固及构造。

非抗震框架柱顶层节点分柱外侧纵筋和梁上部纵筋的搭接方式有“纵筋弯折搭接”和“纵筋竖直搭接”两种。“纵筋弯折搭接”有三种不同的做法，“纵筋竖直搭接”有两种不同的做法。

1）非抗震框架柱顶层端节点纵筋弯折搭接构造。构造如图 2-27a、b、c 所示，图 2-27a 适用于一般情况，且柱外侧纵筋配筋率小于等于 1.2% 的情况，图 2-27b 适用于顶层为现浇板，其混凝土强度等级不小于 C20，且板厚不小于 80mm 的情况，图 2-27c 适用于柱外侧纵筋配筋率大于 1.2% 的情况。其构造要求为：

①柱外侧纵筋。当柱外侧纵筋配筋率小于等于 1.2% 时（图 2-28a），柱外侧纵筋（不少于柱外侧纵筋面积的 65%）向上伸至梁上部钢筋下面，水平弯折后向梁内延伸，柱纵筋水平延伸段与梁上部纵筋的净距不小于 25mm，自梁底算起的弯折搭接长度不小于 $1.5l_a$；其余柱的外侧纵筋伸至柱内侧，当水平弯折段位于柱顶部第一层时，伸至柱内边向下弯折 $8d$ 后截断；当水平弯折段位于柱顶部第二层时，伸至柱内边截断。

当顶层为现浇板，其混凝土强度等级不小于 C20，且板厚不小于 80mm 时(图 2-27b)，柱外侧纵筋向上全部伸至梁或板内，水平弯折后向梁内延伸，自梁底算起的弯折搭接长度不小于 $1.5l_a$。

当柱外侧纵筋配筋率大于 1.2% 时（图 2-27c），柱外侧纵筋向上全部伸至梁或板内，水平弯折后向梁内延伸，自梁底算起的弯折搭接长度不小于 $1.5l_a$，分两批截断，截断点之间的距离不小于 $20d$。

②柱内侧纵筋。柱内侧纵筋向上伸至梁上部钢筋之下，当直锚长度不小于 l_{aE} 时，直接截断。当直锚长度小于 l_{aE} 时，朝柱截面内弯钩，弯钩与梁上部纵筋的净距不小于 25mm，弯钩投影长度为 $12d$（d 为柱纵筋直径）。

③梁上部纵筋。梁上部纵筋伸至柱外侧纵筋内侧，弯钩至梁底位置。弯钩与柱外侧的纵筋的净距不小于 25mm。

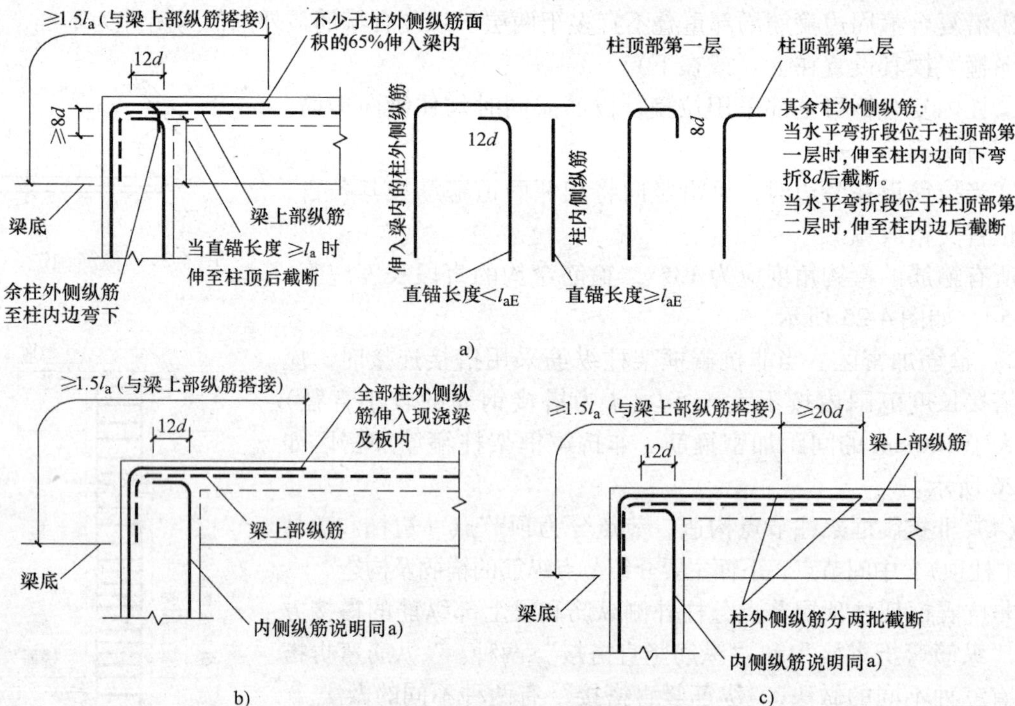

图 4-27　节点纵筋弯折搭接构造

a）柱外侧纵向钢筋配筋率≤1.2%　b）顶层为现浇板，其混凝土强度等级≥C20，板厚≥80mm　c）柱外侧纵向钢筋配筋率＞1.2%

④箍筋。柱箍筋应紧扣柱纵筋绑扎，节点内按柱上端复合加密箍筋布置到顶，最高处一道复合加密箍筋应比下方箍筋稍小；梁上部纵筋在柱顶范围设置附加箍筋，其规格间距与梁端箍筋相同（见图 4-28）。

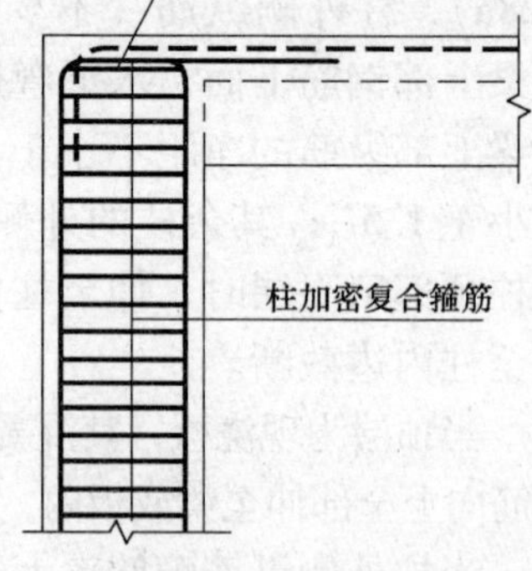

图 4-28　节点箍筋构造

2）非抗震框架柱顶层端节点顶面相平纵筋竖直搭接构造。构造如图 4-29 所示，图 4-29a 适用于梁上部纵筋配筋率小于等于 1.2% 的情况，图 4-29b 适用于梁上部纵筋配筋率大于 1.2% 的情况。

其构造要求为：

①柱外侧纵筋。柱外侧纵筋向上伸至梁上部纵筋下面，水平弯钩为 12d，柱水平弯钩与梁上部纵筋的净距不小于 25mm。

②柱内侧纵筋。柱内侧纵筋向上伸至梁上部纵筋之下，当直锚长度 $a<l_a$ 时，朝柱截面内弯钩，弯钩与梁上部纵筋的净距不小于 25mm，弯钩投影长度为 12d（d 为柱纵筋直径）；当直锚长度≥l_a 时，在柱顶截断。

③梁上部纵筋。梁上部纵筋配筋率小于等于 1.2% 时，梁上部纵筋伸至柱外侧纵筋内侧竖直向下弯折，竖直段与柱外侧纵筋纵搭接长度不小于 1.7l_a，净距不小于 25mm；当梁上部纵筋配筋率大于 1.2% 时，梁上部纵筋伸至柱外侧纵筋内侧竖直向下弯折，竖直段与柱外侧纵筋纵搭接长度不小于 1.7l_a，净距不小于 25mm；分两批截断，截断点之间的距离截断点之间的距离不小于 20d。

④箍筋。柱箍筋应紧扣柱纵筋绑扎，节点内按柱上端复合加密箍筋布置到顶，最高处一道复合加密箍筋应比下方箍筋稍小；梁上部纵筋在柱顶范围设置附加箍筋，其规格间距与梁端箍筋相同（见图 4-26）。

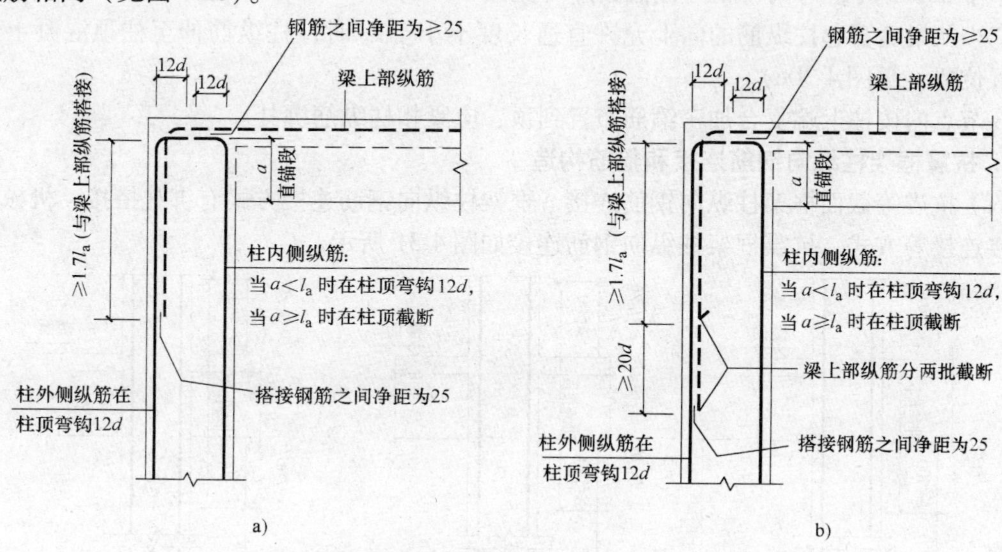

图 4-29　顶节点纵筋竖直搭接构造

a）梁上部纵向钢筋配筋率≤1.2%　b）梁上部纵向钢筋配筋率＞1.2%

3）非抗震框架中柱顶节点构造。非抗震框架中柱纵筋和箍筋构造如图 4-30 所示，分三种不同的情况：图 4-30a 适用于直锚长度小于 l_a 的情况，图 4-30b 适用于直锚长度小于 l_a，顶层为现浇混凝土板，其混凝土强度等级不小于 C20，且板厚不小于 80mm 的情况，图 4-30c 适用于直锚长度不小于 l_a 的情况。

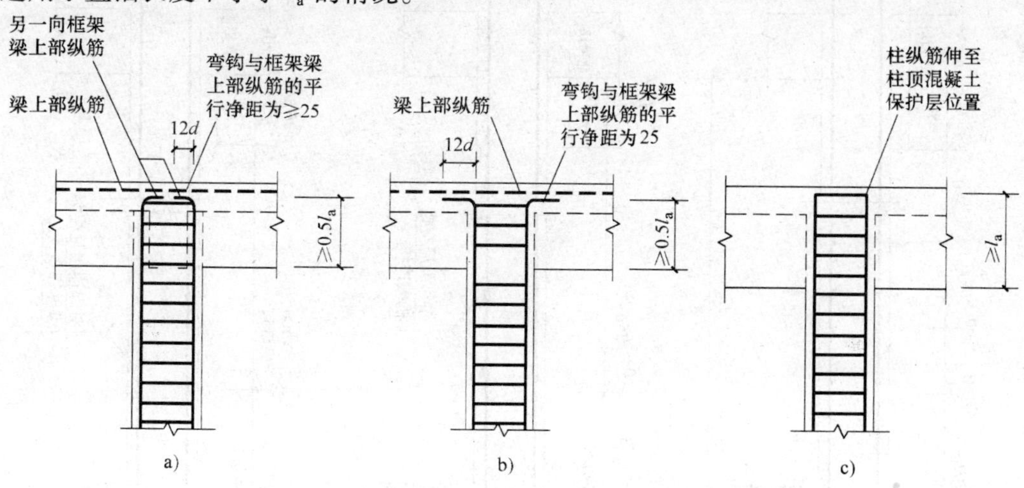

图 4-30　非抗震框架中柱纵筋构造

a）直锚长度＜l_a　b）直锚长度＜l_a，顶层现浇混凝土板的强度等级≥C20，板厚≥80mm　c）直锚长度≥l_a

其构造要求为：

①当从梁底算起柱纵筋的向上允许直通长度小于 l_a 时，下柱纵筋向上伸至梁纵筋之下

大于等于 0. $5l_a$ 后弯钩，弯钩与梁纵筋的净距不小于 25mm；弯钩投影长度为 $12d$（d 为柱纵筋直径）；弯钩可朝向柱截面内（见图 4-30a）。当顶层现浇混凝土板的强度不小于 C20，板厚不小于 80mm 时，弯钩可朝向柱截面外（见图 4-30b）。

②当从梁底算起柱纵筋的向上允许直通长度不小于 l_a 时，柱纵筋伸至柱顶混凝土保护层位置位置（见图 4-30c）。

③节点内按柱上端复合加密箍筋布置到顶，应紧扣柱纵筋绑扎。

2. 抗震框架柱纵向钢筋连接和箍筋构造

（1）抗震等截面框架柱纵向钢筋连接　框架柱纵向钢筋连接方式有绑扎搭接、机械连接和焊接连接等方式，抗震框架柱纵向钢筋连接如图 4-31 所示。

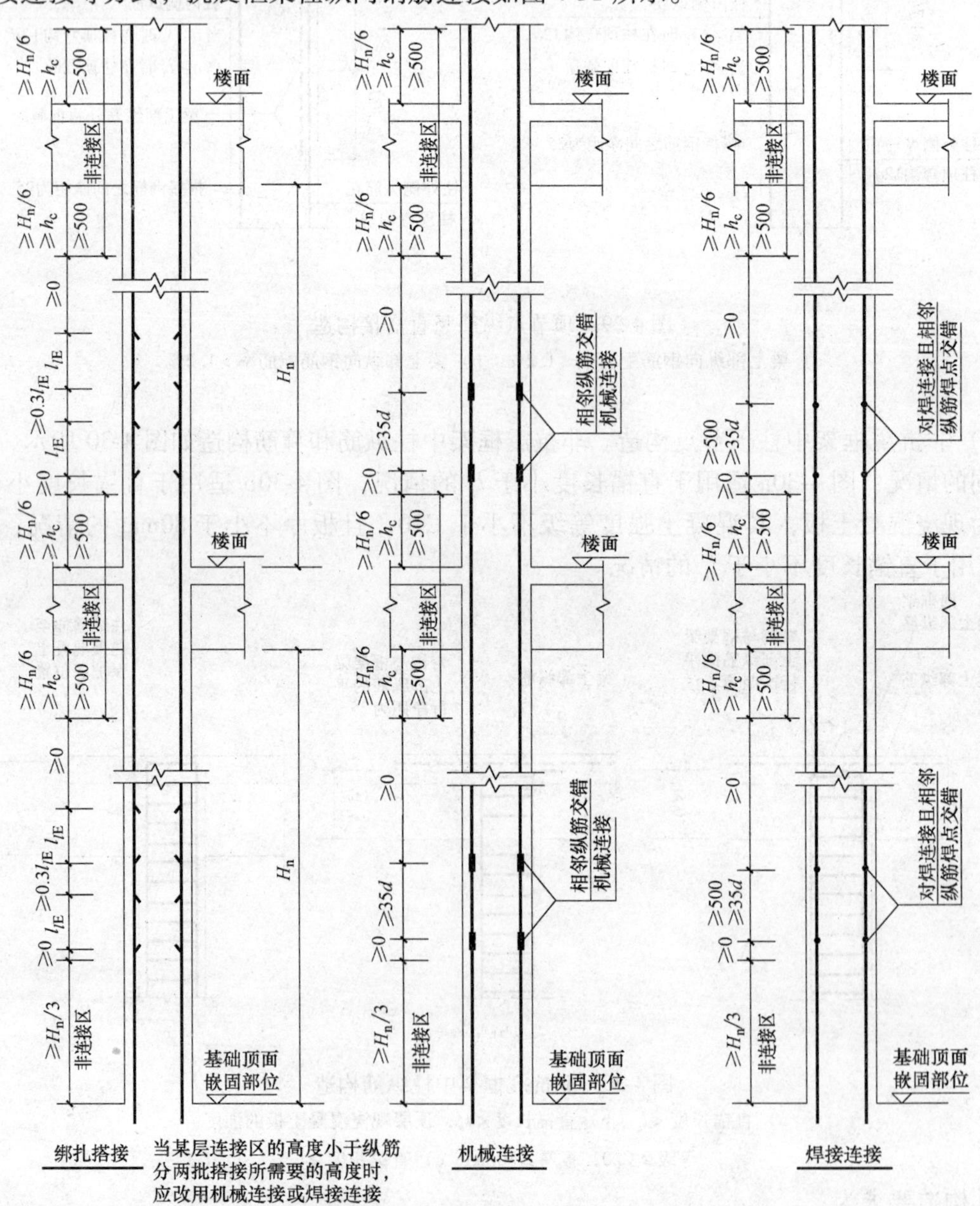

图 4-31　抗震框架柱纵筋连接构造

其构造要求为：

1）搭接连接范围可在除非连接区以外的柱身任意位置连接。

2）优先采用绑扎连接或机械连接。当钢筋直径大于28mm时，不宜采用绑扎连接。

3）上柱纵筋直径等于或小于下柱纵筋直径，所有纵筋要分两批交错搭接。搭接连接应按分批的搭接面积百分比并按较小钢筋直径计算搭接长度 l_{lE}。

4）上柱钢筋根数增加但直径相同或直径小于下层时，上柱增加的纵筋锚入柱梁节点长度 $1.2l_{aE}$（见图4-32a）。

5）上柱纵筋直径大于下柱纵筋直径但根数相同，上层纵筋要下穿非连接区，与下层较小直径钢筋连接（见图4-32b）。

6）上柱纵筋根数减少但直径相同或直径小于下柱纵筋直径时，上柱减少的纵筋向上锚入柱梁节点 $1.2l_{aE}$（见图4-32c）。

7）抗震框架柱的非连接区为：地上一层柱下端非连接区为 $\geqslant H_n/3$；所有柱上端非连接区为 $\geqslant H_n/6$、$\geqslant h_c$，并大于等于500mm（H_n 为柱竖向高度，h_c 为柱截面高度）三控值中的最大值。

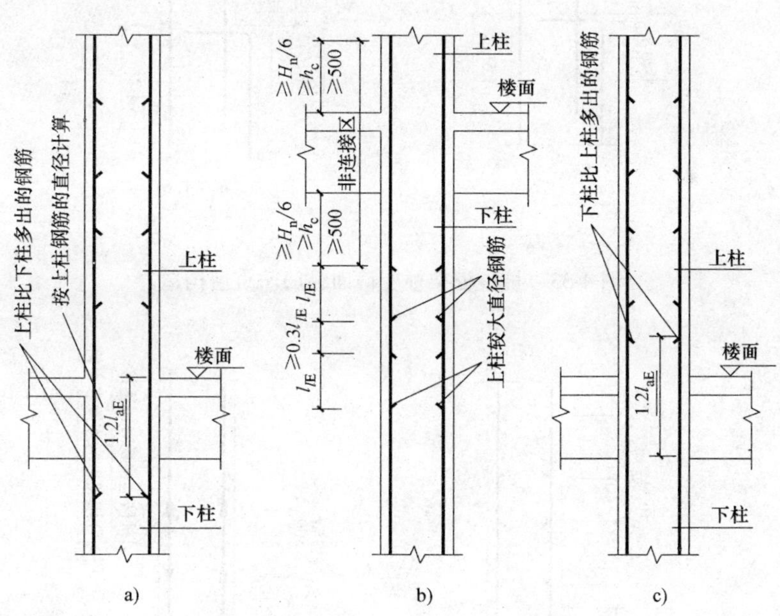

图4-32　抗震框架柱上、下层钢筋根数或直径不同时的连结构造

（2）抗震变截面框架柱纵向钢筋连接　柱变截面通常指上柱比下柱截面小，向内缩进。其纵筋在节点内有直通和非直通两种构造。

1）抗震框架柱变截面纵筋非直通构造。构造如图4-33所示。

其构造要求为：

①当一、二级抗震等级 $c/h_b>1/12$，三、四级抗震等级 $c/h_b>1/6$ 时，应采用柱纵筋非

直通构造。

②下柱纵筋向上伸至梁纵筋下弯钩，弯钩与梁纵筋的净距为25mm，弯钩投影长度不小于12d，且水平锚入上柱截面的投影长度不小于200mm。

③上柱收缩截面的插筋锚入节点，与下柱弯折钢筋垂直搭接长度为1. 5l_{aE}。

④柱节点上下箍筋加密区的计算，下柱采用下柱的H_n和h_c，上柱采用上柱的H_n和h_c。

⑤下柱纵筋弯钩平面如图4-33所示：柱角筋弯折朝向截面中心。

2）抗震框架柱变截面纵筋直通构造。构造如图4-34所示。

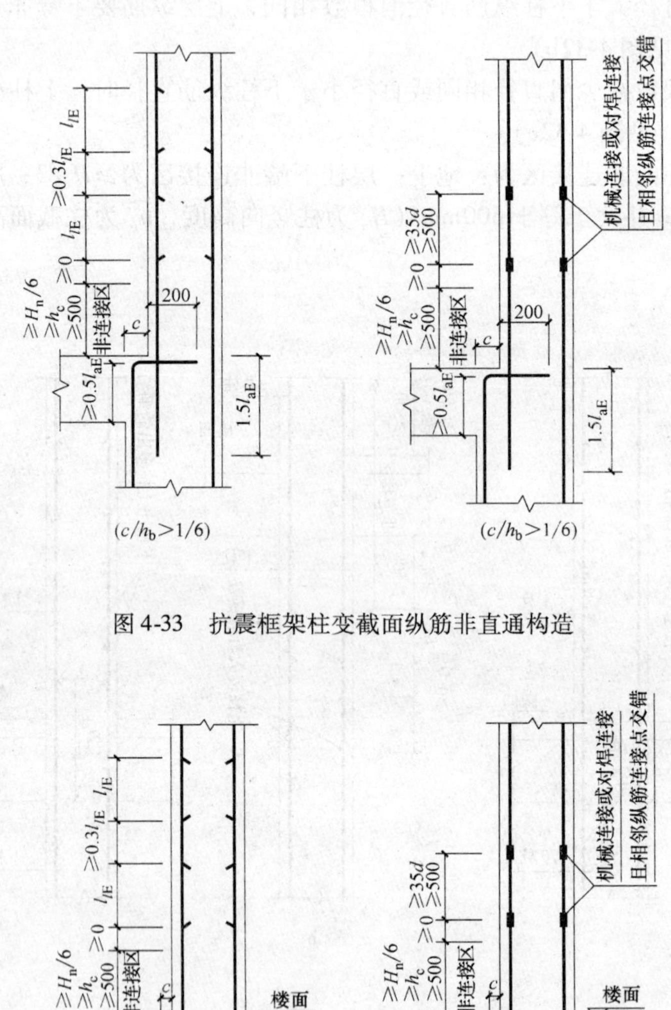

图4-33　抗震框架柱变截面纵筋非直通构造

图4-34　抗震框架柱变截面纵筋直通构造

其构造要求为：

①当一、二级抗震等级 $c/h_b \leqslant 1/12$，三、四级抗震等级 $c/h_b \leqslant 1/6$ 时，可采用下柱纵筋略向内斜弯再向上直通构造。

②节点内箍筋应顺斜弯度紧扣纵筋设置。

③柱节点上下箍筋加密区的计算，下柱采用下柱的 H_n 和 h_c，上柱采用上柱的 H_n 和 h_c。

（3）抗震框架柱箍筋构造

1）箍筋复合方式。抗震框架柱箍筋复合方式同图4-24，所有箍筋的弯钩角度应为135°，箍筋弯钩的直段长度应取不小于10d 与75mm中的较大值（见图4-35）。

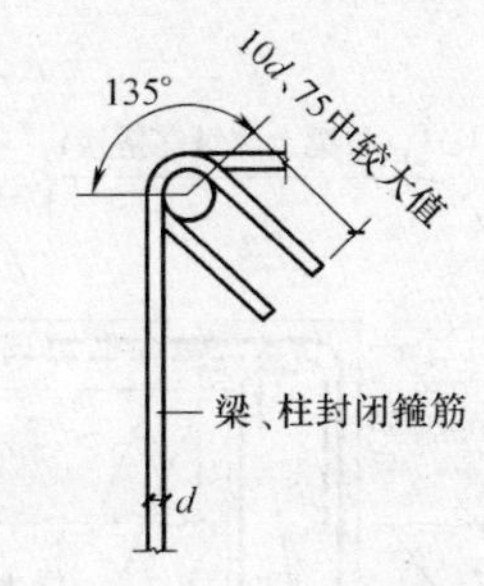

图4-35　抗震柱箍筋端部弯钩构造

2）箍筋加密区。抗震框架柱箍筋加密区范围应在 $\geqslant H_n/6$、$\geqslant h_c$，并大于500mm（H_n 为柱竖向高度，h_c 为柱截面高度）三控值中取最大值（见图4-36）。

应沿柱全高箍筋加密的情况：框架结构中一二级抗震等级的角柱；抗震框架柱；抗震框支柱。抗震框架柱纵筋搭接长度范围箍筋加密构造：当抗震框架柱纵筋采用搭接连接时，应在柱搭接长度范围内按不大于5d（d 为搭接钢筋的较小直径）和不大于100mm的间距加密箍筋。

抗震框架柱箍筋加密区高度取值也可以查阅附录表6。

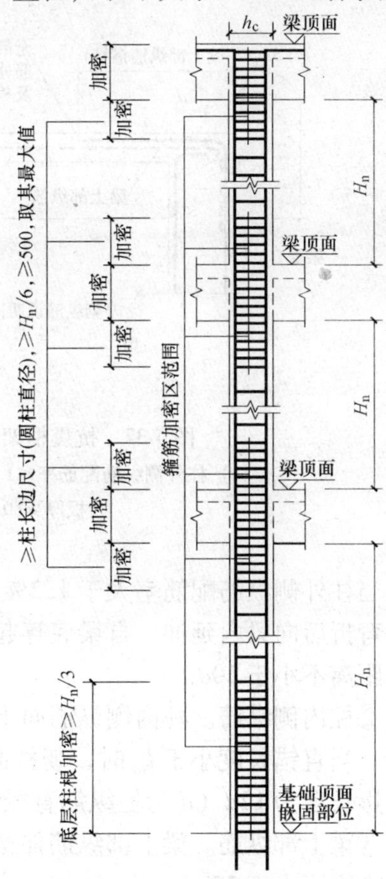

图4-36　抗震柱箍筋加密区

（4）抗震框架柱节点构造　抗震框架柱顶层节点根据柱纵筋上端弯钩与框架梁上部受力纵筋的位置，柱外侧纵筋和梁上部纵筋的搭接方式有纵筋弯折搭接和纵筋竖直搭接两种。纵筋弯折搭接有三种不同的做法，纵筋竖直搭接有两种不同的做法。

1）抗震框架柱顶层端节点纵筋弯折搭接构造。构造如图4-37所示。图4-37a适用于一般情况；图4-37b适用于顶层为现浇板，其混凝土强度等级不小于C20，且板厚不小于80mm的情况；图4-37c适用于柱外侧纵筋配筋率大于1.2%的情况。

其构造要求为：

①柱外侧纵筋。当柱外侧纵筋配筋率小于等于1.2%时（见图4-37a），柱外侧纵筋（不少于柱外侧纵筋面积的65%）向上伸至梁上部钢筋下面，水平弯折后向梁内延伸，柱纵筋水平延伸段与梁上部纵筋的净距不小于25mm，自梁底算起的弯折搭接长度不小于1.5l_{aE}；其余柱的外侧纵筋伸至柱内侧，当水平弯折段位于柱

顶部第一层时，伸至柱内边向下弯折 8d 后截断；当水平弯折段位于柱顶部第二层时，伸至柱内边截断。

当顶层为现浇板，其混凝土强度等级不小于 C20，且板厚不小于 80mm 时（见图 4-37b），柱外侧纵筋向上全部伸至梁或板内，水平弯折后向梁内延伸，自梁底算起的弯折搭接长度不小于 1.5l_{aE}。

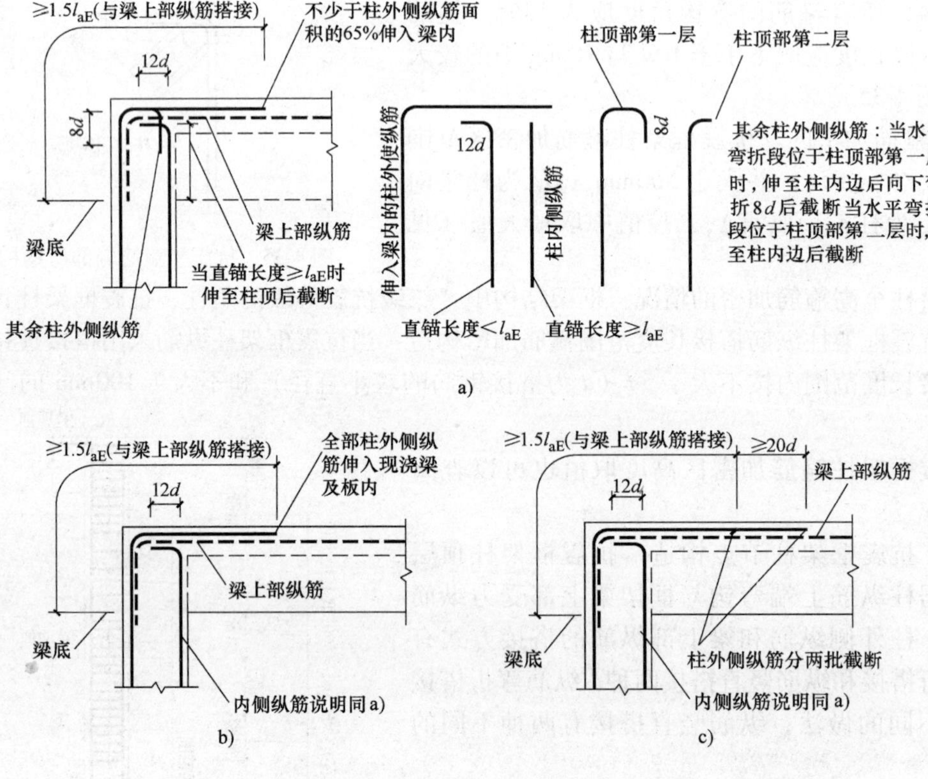

图 4-37　抗震框架柱顶层端节点顶面相平纵筋弯折搭接构造

a）柱外侧纵筋配筋率≤1.2%　b）顶层为现浇板，其混凝土强度等级≥C20，板厚≥80mm　c）柱外侧纵筋配筋率＞1.2%

当柱外侧纵筋配筋率大于 1.2% 时（见图 4-37c），柱外侧纵筋向上全部伸至梁或板内，水平弯折后向梁内延伸，自梁底算起的弯折搭接长度不小于 1.5l_{aE}，分两批截断，截断点之间的距离不小于 20d。

②柱内侧纵筋。柱内侧纵筋向上伸至梁上部钢筋之下，当直锚长度不小于 l_{aE}时，直接截断。当直锚长度小于 l_{aE}时，朝柱截面内弯钩，弯钩与梁上部纵筋的净距不小于 25mm，弯钩投影长度为 12d（d 为柱纵筋直径）。

③梁上部纵筋。梁上部纵筋伸至柱外侧纵筋内侧，弯钩至梁底位置。弯钩与柱外侧的纵筋的净距不小于 25mm。

④箍筋。柱箍筋应紧扣柱纵筋绑扎，节点内按柱上端复合加密箍筋设置到顶，最高处一

道复合加密箍筋应比下方箍筋稍小；梁上部纵筋在柱顶范围设置附加箍筋，其规格间距与梁端箍筋相同（见图4-36）。

2）抗震框架柱顶层端节点纵筋竖直搭接构造。构造如图4-38所示。图4-38a适用于梁上部纵筋配筋率小于等于1.2%的情况，图4-38b适用于梁上部纵筋配筋率大于1.2%的情况。

①柱外侧纵筋。柱外侧纵筋向上伸至梁上部纵筋下面，水平弯钩为$12d$，柱水平弯钩与梁上部纵筋的净距不小于25mm。

②柱内侧纵筋。柱内侧纵筋向上伸至梁上部纵筋之下，朝柱截面内弯钩，弯钩与梁上部纵筋的净距不小于25mm，弯钩投影长度为$12d$（d为柱纵筋直径）。

③梁上部纵筋。梁上部纵筋配筋率小于等于1.2%时，梁上部纵筋伸至柱外侧纵筋内侧竖直向下弯折，竖直段与柱外侧纵筋纵搭接长度不小于$1.7l_{aE}$，净距不小于25mm。当梁上部纵筋配筋率大于1.2%时，梁上部纵筋伸至柱外侧纵筋内侧竖直向下弯折，竖直段与柱外侧纵筋纵搭接长度不小于$1.7l_{aE}$，净距不小于25mm；分两批截断，截断点之间的距离截断点之间的距离不小于$20d$。

④箍筋。柱箍筋应紧扣柱纵筋绑扎，节点内按柱上端复合加密箍筋布置到顶，最高处一道复合加密箍筋应比下方箍筋稍小；梁上部纵筋在柱顶范围设置附加箍筋，其规格间距与梁端箍筋相同。

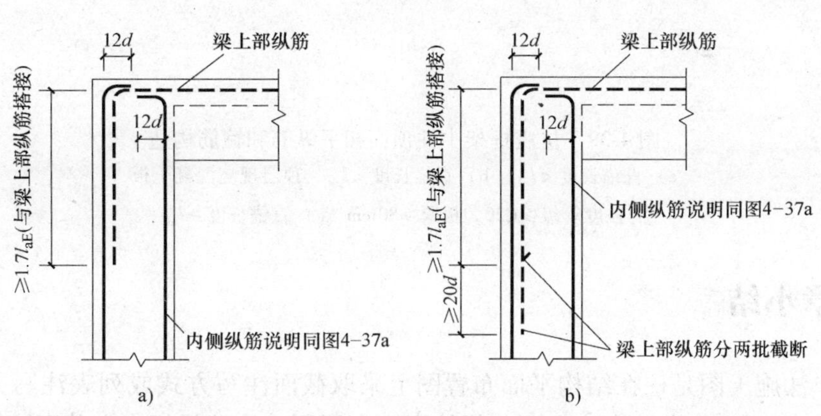

图4-38　抗震框架柱顶层端节点顶面相平纵筋竖直搭接构造

a）梁上部纵筋配筋率≤1.2%　b）梁上部纵筋配筋率>1.2%

3）抗震框架中柱顶面构造。抗震框架中柱顶面纵筋和箍筋构造如图4-39所示。分三种不同的情况：图4-39a适用于直锚长度小于l_{aE}的情况，图4-39b适用于直锚长度小于l_{aE}，顶层为现浇混凝土板，其混凝土强度等级不小于C20，且板厚不小于80mm的情况，图4-39c适用于直锚长度不小于l_{aE}的情况。

其构造要求为：

①当从梁底算起柱纵筋的向上允许直通长度小于l_{aE}时，下柱纵筋向上伸至梁纵筋之下

大于等于0.5l_{aE}后弯钩，弯钩与梁纵筋的净距不小于25mm；弯钩投影长度为12d（d为柱纵筋直径）；弯钩可朝向柱截面内。当顶层现浇混凝土板的强度不小于C20，板厚不小于80mm时，弯钩可朝向柱截面外。

②当从梁底算起柱纵筋的向上允许直通长度不小于l_{aE}时，柱纵筋伸至柱顶混凝土保护层位置。

③节点内按柱上端复合箍设置到顶，应紧扣柱纵筋绑扎。

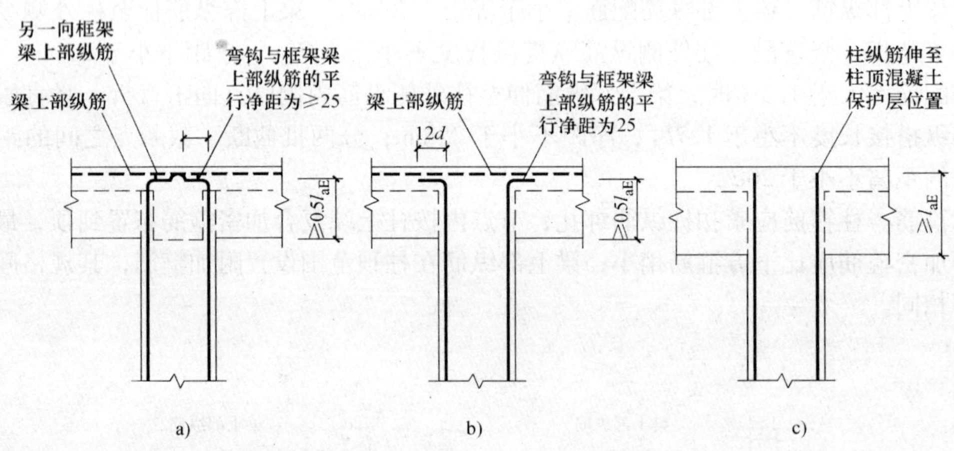

图4-39 抗震框架中柱顶面相平纵筋和箍筋构造

a）直锚长度<l_{aE} b）直锚长度<l_{aE}，顶层现浇混凝土板的强度等级≥C20，板厚≥80mm c）直锚长度≥l_{aE}

4.4 本章小结

1）柱平法施工图是柱在结构平面布置图上采取截面注写方式或列表注写方式表达柱结构设计内容的方法。其设计内容主要包括柱平面布置图、柱编号规定、截面注写方式或列表注写方式、特殊设计内容的表达。

2）柱结构平面布置图一般采用双比例绘制，双比例是指轴网采用一种比例，柱截面轮廓在原位采用另一种比例适当放大绘制的方法。

3）柱截面注写方式，是在相同编号的柱中选择一根柱，将其在原位放大绘制“截面配筋图”，并在其上直接引注几何尺寸和配筋，对于其他相同编号的柱仅需标注编号和偏心尺寸。采用截面注写方式，在柱截面配筋图上直接引注的内容有柱编号、柱高（分段起止高度）、截面尺寸、纵向钢筋和箍筋。截面注写方式适用于各种结构类型。

4）柱列表注写方式需要在按适当比例绘制的柱结构平面布置图上增设柱表，即在柱表中注写柱的几何元素与配筋元素。柱表中要注写的内容与截面注写方式相同，包括柱编号、柱高（分段起止高度）、截面几何尺寸（包括柱截面对轴线的偏心情况）、柱纵筋和柱箍筋。在柱表上部或表中适当位置，还应绘制本设计所采用的柱截面的箍筋类型。它需要分别在同一编号的柱中选择一个（有时需要选择几个）标注几何参数代号 b_1 与 b_2、h_1 与 h_2。

采用列表注写方式，单项工程的柱平法施工图通常仅需一张图纸即可将柱平面布置图上的所有柱从基础顶到柱顶的设计内容集中表达清楚。列表注写方式适用于各种柱结构类型。

5）平法将节点的构造详图以具体成果的方式编入了标准图集中，供设计施工人员选用，在选用之前，应掌握节点的构造要素和节点钢筋的通用构造规则。平法根据本体构件和关联构件的宽度大小，把节点划分为 A、B、C 三类不同的节点构造供设计施工人员选用。柱标准构造详图分柱插筋与独立基础的锚固构造、框架柱柱身钢筋构造分别按抗震和非抗震选用。

6）柱插筋与独立基础的锚固构造分四种情况：独立基础允许竖向锚固深度不小于 l_a 时的非抗震柱插筋锚固构造；独立基础允许竖向锚固深度小于 l_a 时的非抗震柱插筋锚固构造；独立基础允许竖向锚固深度不小于 l_{aE}时的抗震柱插筋锚固构造；独立基础允许竖向锚固深度小于 l_{aE}时的抗震柱插筋锚固构造。

7）框架柱纵向钢筋连接方式有绑扎搭接、机械连接和焊接连接等方式，按抗震和非抗震分别满足不同的构造要求。

8）框架柱箍筋复合方式及箍筋加密区段按抗震和非抗震分别满足不同的构造要求。

9）框架柱柱身纵筋构造按节点所处位置分抗震和非抗震应满足不同的构造要求。

思 考 题

1. 何谓柱平法施工图?
2. 如何绘制柱平法施工图?
3. 柱平法施工图上有哪些必备内容?
4. 如何对柱进行编号?
5. 截面注写方式在柱配筋图上直接引注的内容有哪些?
6. 列表注写方式包括哪些内容？与截面注写方式有何异同?
7. 请分别用截面注写方式和列表注写方式对图 4-40 所示柱进行平法施工图表示。
8. 何谓本体构件？何谓关联构件?
9. 何谓 A 类节点？何谓 B 类节点？何谓 C 类节点？其节点纵横向钢筋应如何构造?
10. 抗震与非抗震框架柱插筋与独立基础锚固构造如何?
11. 抗震与非抗震框架柱顶层端节点如何构造?
12. 抗震与非抗震框架柱顶层中间节点如何构造?
13. 抗震与非抗震框架柱楼层节点如何构造?
14. 抗震与非抗震框架柱纵筋连接构造有何异同?
15. 抗震与非抗震框架柱箍筋构造有何异同?

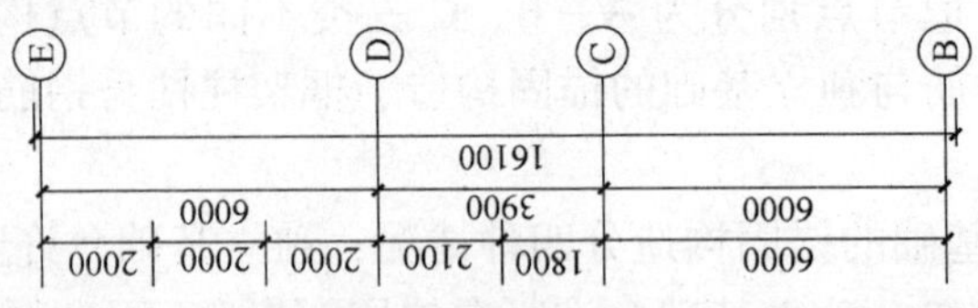

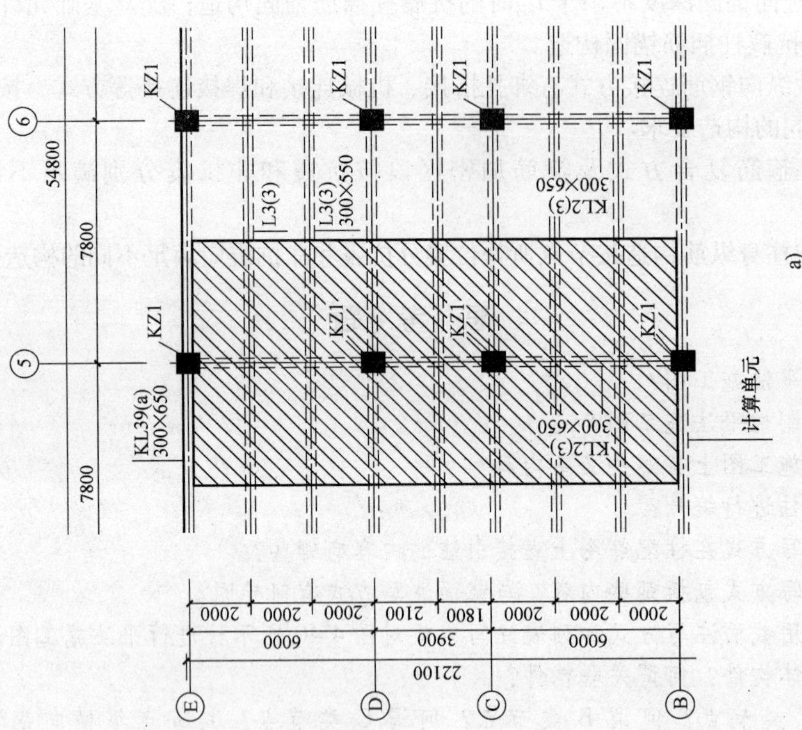

16100
6000
3900
6000
2000
2000
2000
2100
1800
6000
E
D
C
B

5
6
54800
7800
7800
KZ1
KL39(a)
300×650
L3(3)
L3(3)
300×550
KL2(3)
300×650
计算单元
22100
6000
3900
6000
2000
2000
2000
2000
2100
1800
2000
2000
2000
E
D
C
B

a)

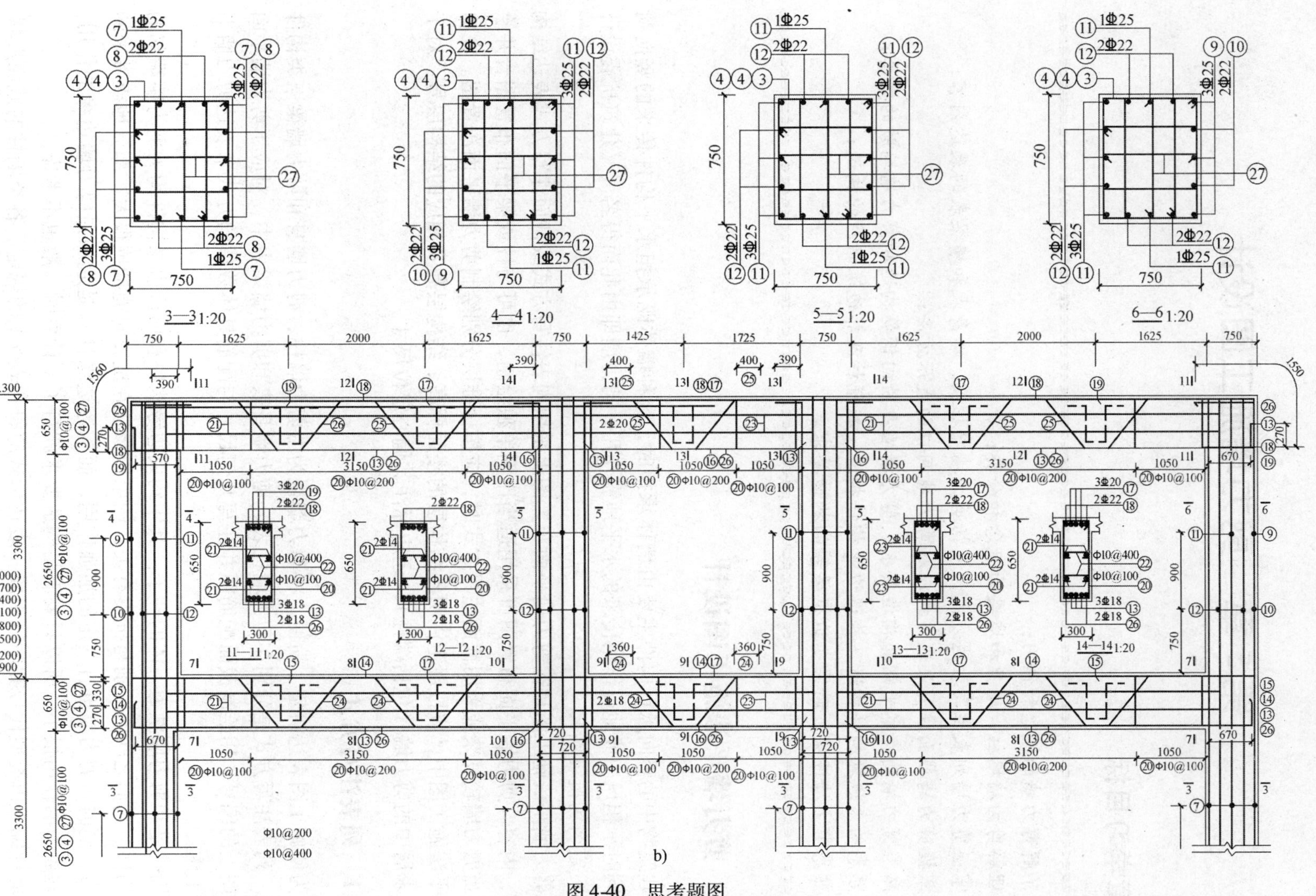

图 4-40　思考题图

a) 标准层结构平面布置图　b) 框架模板及配筋图

第5章　剪力墙施工图设计

本章学习目标

了解剪力墙的概念和作用；
理解剪力墙墙柱、墙身和墙梁的概念和分类；
掌握剪力墙列表注写表达方式，包括剪力墙墙柱表、墙身表和墙梁表的表达内容；
掌握剪力墙截面注写表达方式以及剪力墙洞口的表示方法；
熟悉剪力墙墙身水平钢筋构造要求、剪力墙墙身竖向钢筋构造和剪力墙墙肢的概念；
熟悉约束边缘构件构造、构造边缘构件构造、扶壁柱及非边缘暗柱的构造；
熟悉剪力墙连梁、暗梁、边框梁等的构造要求。

5.1　剪力墙平法施工图设计

建筑物中的竖向承重构件主要由墙体承担时，这种墙体既承担水平构件传来的竖向荷载，同时承担风力或地震作用传来的水平地震作用，剪力墙即由此而得名（《建筑抗震设计规范》定名为抗震墙）。

剪力墙平法施工图是在剪力墙平面布置图上采用列表注写方式或截面注写方式表达结构设计、内容。剪力墙平面布置图可采用适当比例单独绘制，也可与柱或梁平面布置图合并绘制。当剪力墙较复杂或采用截面注写方式时，应按标准层分别绘制剪力墙平面布置图。在剪力墙平法施工图中，应按规定注明各结构层的楼面标高、结构层高及相应的结构层号。对于轴线未居中的剪力墙（包括端柱），还应标注其偏心定位尺寸。

5.1.1　列表注写方式

为使施工图表达清楚、简便，将剪力墙视为由剪力墙柱、剪力墙身和剪力墙梁三类构件构成。列表注写方式是分别在剪力墙柱表、剪力墙身表和剪力墙梁表中，对应于剪力墙平面布置图上的编号，用绘制截面配筋图并注写几何尺寸与配筋具体数值的方式来表达剪力墙平法施工图。

墙柱是和剪力墙融为一体的柱子。其中约束边缘构件和构造边缘构件均为剪力墙端部的加强构件。它们之间的区别与抗震有关：约束边缘柱在抗震时能抵抗很大一部分地震带来的水平力，同时对剪力墙也有一定的加强作用；而构造边缘柱只是起加强剪力墙边缘的作用，它受地震力的作用很小，所以只要满足构造要求就行了，计算时一般也不考虑。

墙柱编号由类型代号和序号组成，表达形式应符合表5-1的规定。各类墙柱的截面形状与几何尺寸等如图5-1所示。翼墙长度小于其厚度3倍时视为无翼墙剪力墙；端柱截面边长小

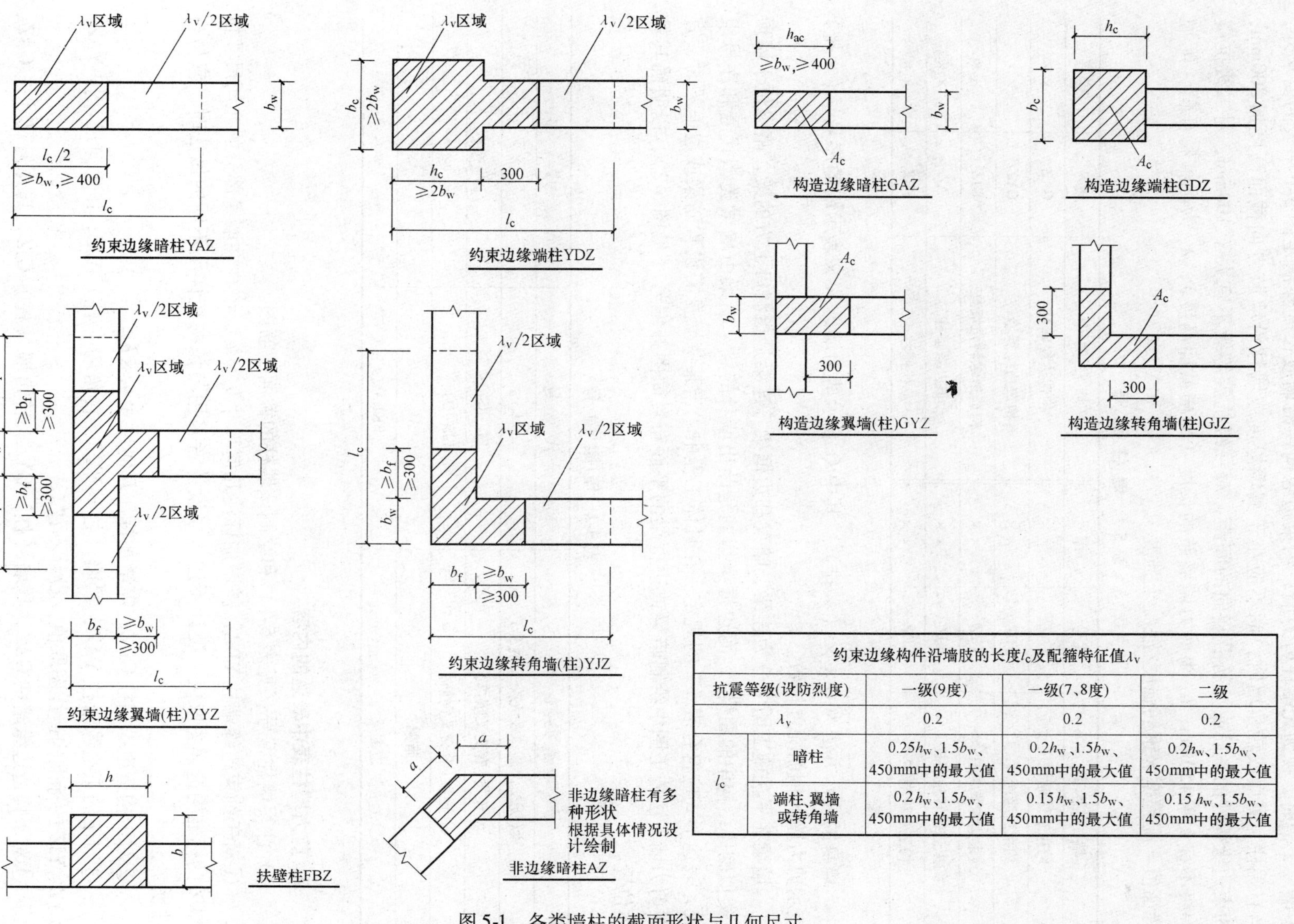

约束边缘构件沿墙肢的长度l_c及配箍特征值λ_v

抗震等级(设防烈度)		一级(9度)	一级(7、8度)	二级
λ_v		0.2	0.2	0.2
l_c	暗柱	$0.25h_w$、$1.5b_w$、450mm中的最大值	$0.2h_w$、$1.5b_w$、450mm中的最大值	$0.2h_w$、$1.5b_w$、450mm中的最大值
	端柱、翼墙或转角墙	$0.2h_w$、$1.5b_w$、450mm中的最大值	$0.15h_w$、$1.5b_w$、450mm中的最大值	$0.15h_w$、$1.5b_w$、450mm中的最大值

图 5-1　各类墙柱的截面形状与几何尺寸

于墙厚2倍时，视为无端柱剪力墙；约束边缘构件沿墙肢长度除满足图5-1中表的要求外，当有端柱、翼墙或转角墙时，尚不应小于翼墙厚度或墙柱沿墙肢方向截面高度加300mm；约束边缘构件的箍筋或拉筋沿竖向的间距，对一级抗震等级不宜大于100mm，对二级抗震等级不宜大于150mm；h_w 为剪力墙墙肢的长度（即横截面高度）；λ_v 为配箍特征值，配箍特征值 = 配箍率 × 钢筋强度/混凝土强度。

表5-1　墙 柱 编 号

墙柱类型	代号	序号	墙柱类型	代号	序号
约束边缘暗柱	YAZ	××	构造边缘暗柱	GAZ	××
约束边缘端柱	YDZ	××	构造边缘翼墙柱	GYZ	××
约束边缘翼墙柱	YYZ	××	构造边缘转角墙柱	GJZ	××
约束边缘转角墙柱	YJZ	××	非边缘暗柱	AZ	××
构造边缘端柱	GDZ	××	扶壁柱	FBZ	××

墙身的表示方法为Q××（×排）：其中Q表示剪力墙，××表示墙的序号，（×排）表示剪力墙的钢筋配置排数。

墙梁在平法施工图中分为连梁、暗梁和边框梁。连梁是指洞口上方的梁，暗梁位于墙顶（类似砌体结构中的圈梁），而边框梁指的是凸出墙身的梁。墙梁由墙梁类型代号和序号组成，表达形式应符合表5-2的规定。在具体工程中，当某些墙身需设置暗梁或边框梁时，宜在剪力墙平法施工图中绘制暗梁或边框梁的平面布置简图并编号（见图5-2），以明确其具体位置。

表5-2　墙 梁 编 号

墙梁类型	代　号	序　号
连梁(无交叉暗撑及无交叉钢筋)	LL	××
连梁(有交叉暗撑)	LL(JC)	××
连梁(有交叉钢筋)	LL(JG)	××
暗梁	AL	××
边框梁	BKL	××

1. 剪力墙柱表中表达的内容

1）注写墙柱编号（见表5-1）和绘制该墙柱的截面配筋图。

①对于约束边缘端柱YDZ，需增加标注几何尺寸 $b_c \times h_c$，该柱在墙身部分的几何尺寸按YDZ的标准构造详图取值，设计不注。当设计者采用与该构造详图不同的做法时，应另行注明。

②对于构造边缘端柱GDZ，需增加标注几何尺寸 $b_c \times h_c$。

③对于约束边缘暗柱YAZ、翼墙（柱）YYZ、转角墙（柱）YJZ，其几何尺寸按YAZ、YYZ、YJZ的标准构造详图取值，设计不注。

④对于构造边缘暗柱GAZ、翼墙（柱）GYZ、转角墙（柱）GJZ，其几何尺寸按GAZ、GYZ、GJZ的标准构造详图取值，设计不注。

⑤对于非边缘暗柱 AZ，需增加标注几何尺寸。

⑥对于扶壁柱 FBZ，需增加标注几何尺寸。

2）注写各段墙柱的起止标高，自墙柱根部往上以变截面位置或截面未变但配筋改变处为界分段注写。墙柱根部标高系指基础顶面标高（如为框支剪力墙结构则为框支梁顶面标高）。

3）注写各段墙柱的纵筋和箍筋，注写值应与在表中绘制的截面配筋图对应一致。纵筋注总配筋值；墙柱箍筋的注写方式与柱箍筋相同。对于约束边缘端柱 YDZ、约束边缘暗柱 YAZ、约束边缘翼墙（柱）YYZ、约束边缘转角墙（柱）YJZ，除注写图 5-1 和相应标准构造详图中所示阴影部位内的箍筋外，尚需注写非阴影区内布置的拉筋（或箍筋）。

2. 剪力墙身表中表达的内容

1）注写墙身编号（含水平与竖向分布钢筋的排数）。

2）注写各段墙身起止标高，自墙身根部往上以变截面位置或截面未变但配筋改变处为界分段注写。墙身根部标高系指基础顶面标高（框支剪力墙结构则为框支梁的顶面标高）。

3）注写水平分布钢筋、竖向分布筋和拉筋的具体数值。注写数值为一排水平分布钢筋和竖向分布钢筋的规格与间距，具体设置几排已注在墙身编号之后。

3. 剪力墙梁表中表达的内容

1）注写墙梁编号，见表 5-2。

2）注写墙梁所在楼层号。

3）注写墙梁顶面标高高差，是指相对于墙梁所在结构层楼面标高的高差值，高于者为正值，低于者为负值，当无高差时不注。

4）注写墙梁截面尺寸 $b \times h$，上部纵筋，下部纵筋和箍筋的具体数值。

5）当连梁设有斜向交叉暗撑时［代号为 LL（JC）××且连梁截面宽度不小于 400mm］，注写一根暗撑的全部纵筋，并标注 ×2 表明有两根暗撑相互交叉，以及箍筋的具体数值（用斜线分隔斜向交叉暗撑箍筋加密区与非加密区的不同间距）。暗撑截面尺寸按构造确定。并按标准构造详图施工，设计不注。

6）当连梁设有斜向交叉钢筋时［代号为 LL（JG）××且连梁截面宽度小于 400mm 但不小于 200mm］，注写一道斜向钢筋的配筋值，并标注 ×2 表明有两道斜向钢筋相互交叉。

施工时应注意：设置在墙顶部的连梁，其箍筋构造和斜向交叉暗撑、斜向交叉钢筋构造与非顶部的连梁有所不同，应按各自相应的构造详图施工。

墙梁侧面纵筋的配置，当墙身水平分布钢筋满足连梁、暗梁及边框梁的梁侧面纵向构造钢筋的要求时，该筋配置同墙身水平分布钢筋，表中不注，施工按标准构造详图的要求即可；当不满足时，应在表中注明梁侧面纵筋的具体数值。图 5-2、图 5-3 所示为采用列表注写方式分别表达剪力墙墙梁、墙身和墙柱的平法施工图示例。

5.1.2 截面注写方式

截面注写方式采用原位注写，在分标准层绘制的剪力墙平面布置图上，采用直接在墙柱、墙身、墙梁上注写截面尺寸和配筋具体数值的方式来表达剪力墙平法施工图（见图 5-4）。

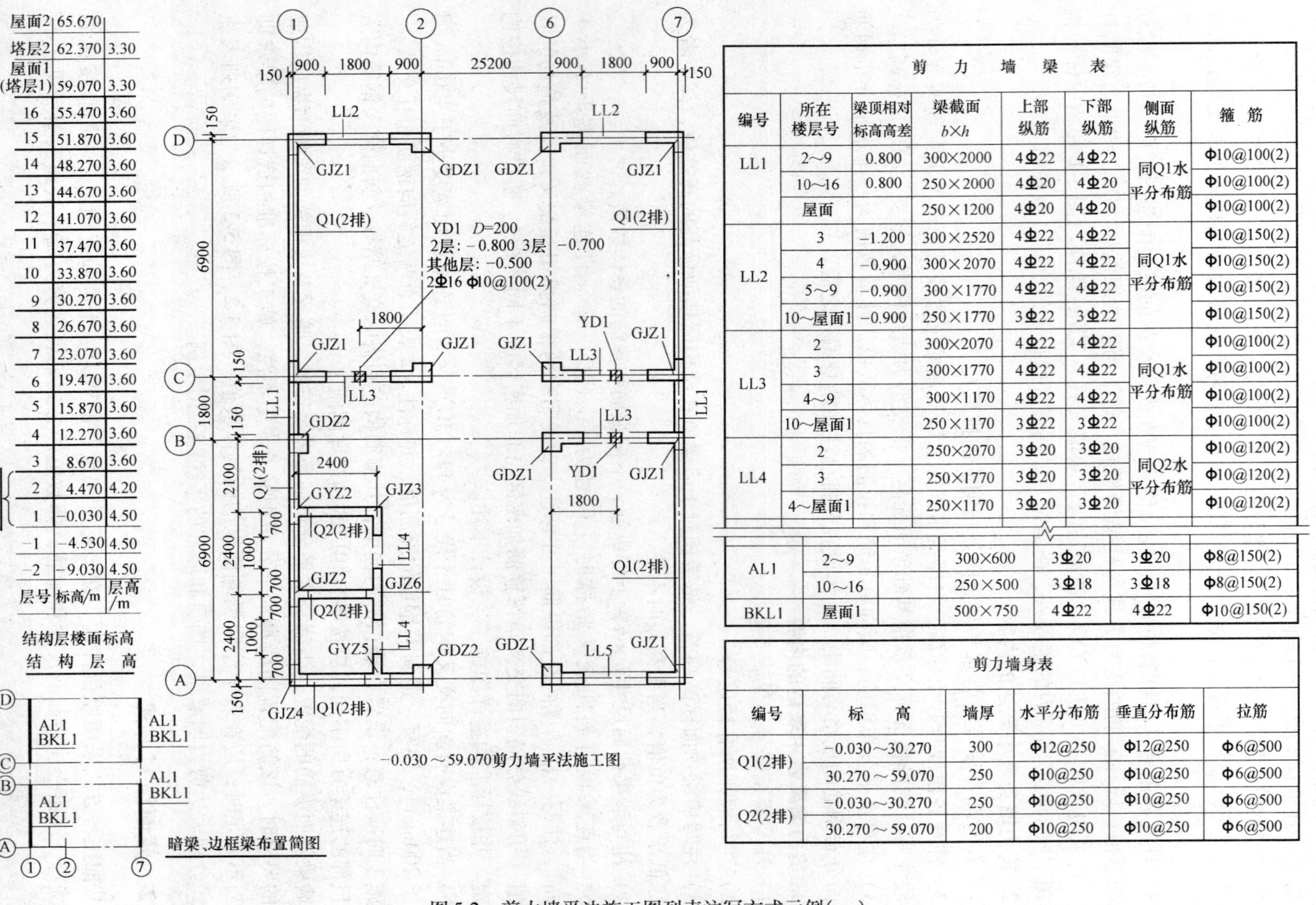

层号	标高/m	层高/m
屋面2	65.670	
塔层2	62.370	3.30
屋面1(塔层1)	59.070	3.30
16	55.470	3.60
15	51.870	3.60
14	48.270	3.60
13	44.670	3.60
12	41.070	3.60
11	37.470	3.60
10	33.870	3.60
9	30.270	3.60
8	26.670	3.60
7	23.070	3.60
6	19.470	3.60
5	15.870	3.60
4	12.270	3.60
3	8.670	3.60
2	4.470	4.20
1	-0.030	4.50
-1	-4.530	4.50
-2	-9.030	4.50

结构层楼面标高
结构层高

剪力墙梁表

编号	所在楼层号	梁顶相对标高高差	梁截面 $b\times h$	上部纵筋	下部纵筋	侧面纵筋	箍筋
LL1	2～9	0.800	300×2000	4⌀22	4⌀22	同Q1水平分布筋	Φ10@100(2)
	10～16	0.800	250×2000	4⌀20	4⌀20		Φ10@100(2)
	屋面		250×1200	4⌀20	4⌀20		Φ10@100(2)
LL2	3	-1.200	300×2520	4⌀22	4⌀22	同Q1水平分布筋	Φ10@150(2)
	4	-0.900	300×2070	4⌀22	4⌀22		Φ10@150(2)
	5～9	-0.900	300×1770	4⌀22	4⌀22		Φ10@150(2)
	10～屋面1	-0.900	250×1770	3⌀22	3⌀22		Φ10@150(2)
LL3	2		300×2070	4⌀22	4⌀22	同Q1水平分布筋	Φ10@100(2)
	3		300×1770	4⌀22	4⌀22		Φ10@100(2)
	4～9		300×1170	4⌀22	4⌀22		Φ10@100(2)
	10～屋面1		250×1170	3⌀22	3⌀22		Φ10@100(2)
LL4	2		250×2070	3⌀20	3⌀20	同Q2水平分布筋	Φ10@120(2)
	3		250×1770	3⌀20	3⌀20		Φ10@120(2)
	4～屋面1		250×1170	3⌀20	3⌀20		Φ10@120(2)
AL1	2～9		300×600	3⌀20	3⌀20		Φ8@150(2)
	10～16		250×500	3⌀18	3⌀18		Φ8@150(2)
BKL1	屋面1		500×750	4⌀22	4⌀22		Φ10@150(2)

剪力墙身表

编号	标高	墙厚	水平分布筋	垂直分布筋	拉筋
Q1(2排)	-0.030～30.270	300	Φ12@250	Φ12@250	Φ6@500
	30.270～59.070	250	Φ10@250	Φ10@250	Φ6@500
Q2(2排)	-0.030～30.270	250	Φ10@250	Φ10@250	Φ6@500
	30.270～59.070	200	Φ10@250	Φ10@250	Φ6@500

图 5-2　剪力墙平法施工图列表注写方式示例(一)

层号	标高/m	层高/m
屋面2	65.670	
塔层2	62.370	3.30
屋面1（塔层1）	59.070	3.30
16	55.470	3.60
15	51.870	3.60
14	48.270	3.60
13	44.670	3.60
12	41.070	3.60
11	37.470	3.60
10	33.870	3.60
9	30.270	3.60
8	26.670	3.60
7	23.070	3.60
6	19.470	3.60
5	15.870	3.60
4	12.270	3.60
3	8.670	3.60
2（底部加强部位）	4.470	4.20
1（底部加强部位）	−0.030	4.50
−1	−4.530	4.50
−2	−9.030	4.50

结构层楼面标高
结构层高

剪力墙柱表

截面	1200；300(250)；600；600			600；600		400；400	300(250)；300(250)；未注明的尺寸按标准构造详图		400；400；按墙上起柱的构造要求施工
编号	GDZ1			GDZ2			GJZ4		
标高	−0.030～8.670	8.670～30.270	(30.270～59.070)	−0.030～8.670	8.670～59.070	59.070～65.670	−0.030～8.670 8.670～30.270	(30.270～59.070)	59.070～65.670
纵筋	22Φ22	22Φ20	(22Φ18)	12Φ25	12Φ22	12Φ20	16Φ22 16Φ20	(16Φ18)	12Φ18
箍筋	Φ10@100	Φ10@100/200	(Φ10@100/200)	Φ10@100	Φ10@100/200	Φ10@100/200	Φ10@150 Φ10@150	(Φ10@200)	Φ8@100

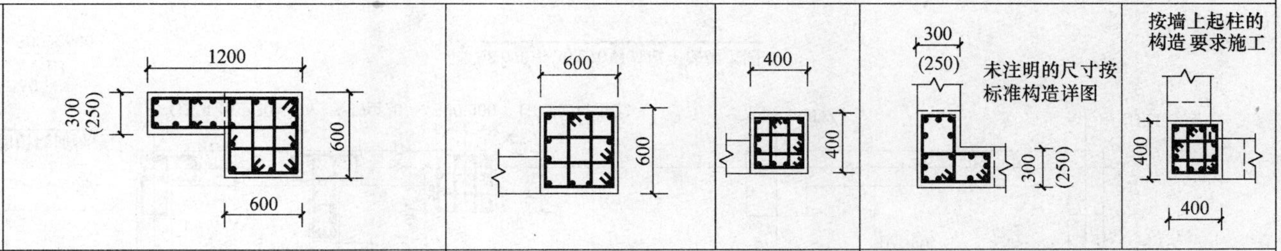

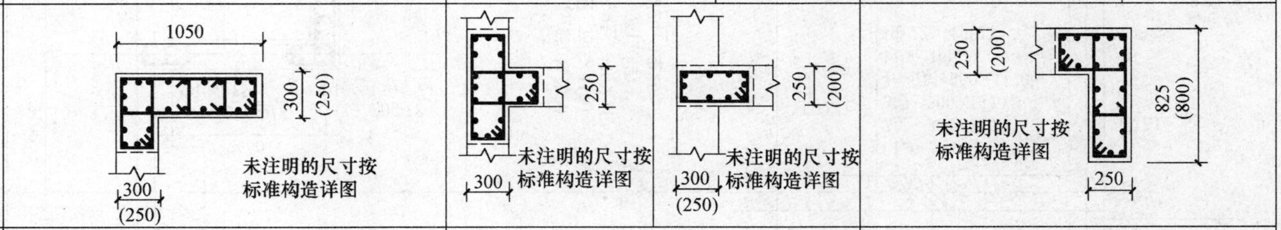

截面	1050；300(250)；300(250)；未注明的尺寸按标准构造详图			300；250；未注明的尺寸按标准构造详图	300(250)；250(200)；未注明的尺寸按标准构造详图	250(200)；825(800)；250；未注明的尺寸按标准构造详图		
编号	GJZ1			GYZ2		GJZ3		
标高	−0.030～8.670	8.670～30.270	(30.270～59.070)	−0.030～8.670	8.670～30.270 (30.270～59.070)	−0.030～8.670	8.670～30.270	(30.270～59.070)
纵筋	24Φ20	24Φ18	(24Φ16)	20Φ20	10Φ18 (10Φ18)	20Φ20	20Φ18	(20Φ18)
箍筋	Φ10@100	Φ10@150	(Φ10@150)	Φ10@100	Φ10@150 (Φ10@150)	Φ10@100	Φ10@100	(Φ10@150)

−0.030～65.670剪力墙平法施工图(部分剪力墙柱表)

图5-3 剪力墙平法施工图列表注写方式示例(二)

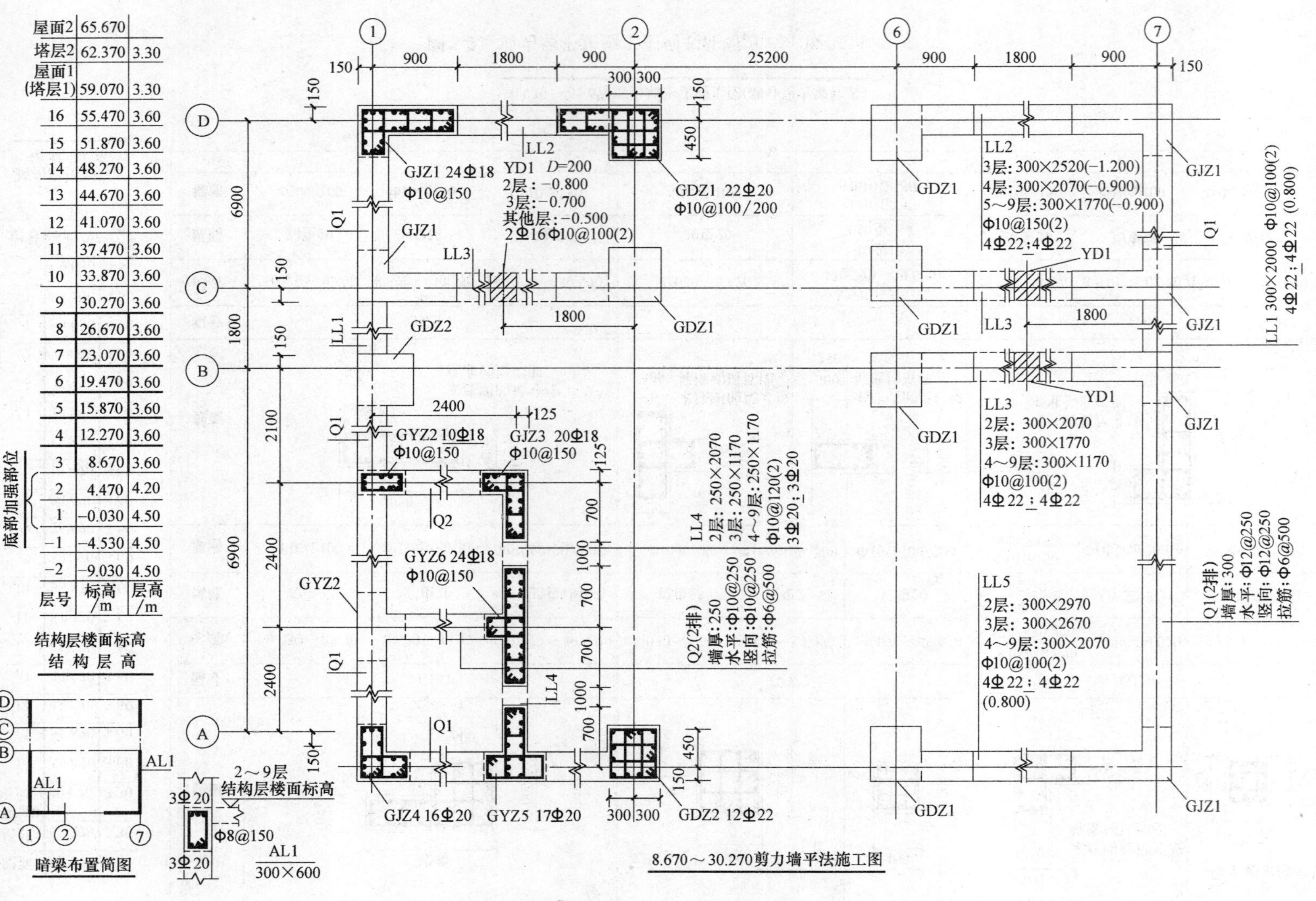

层号	标高/m	层高/m
屋面2	65.670	
塔层2	62.370	3.30
屋面1(塔层1)	59.070	3.30
16	55.470	3.60
15	51.870	3.60
14	48.270	3.60
13	44.670	3.60
12	41.070	3.60
11	37.470	3.60
10	33.870	3.60
9	30.270	3.60
8	26.670	3.60
7	23.070	3.60
6	19.470	3.60
5	15.870	3.60
4	12.270	3.60
3	8.670	3.60
2	4.470	4.20
1	-0.030	4.50
-1	-4.530	4.50
-2	-9.030	4.50

图5-4　剪力墙平法施工图截面注写方式示例

选用适当比例原位放大绘制剪力墙平面布置图，其中对墙柱绘制配筋截面图；对所有墙柱、墙身、墙梁按规定进行编号，并分别在相同编号的墙柱、墙身、墙梁中选择一根墙柱、一道墙身、一根墙梁进行注写，注写方式按以下规定进行：

1）从相同编号的墙柱中选择一个截面，标注全部纵筋及箍筋的具体数值。此外还规定：

①对于约束边缘端柱 YDZ，需增加标注几何尺寸 $b_c \times h_c$。该柱在墙身部分的几何尺寸按 YDZ 的标准构造详图取值，设计不注。

②对于构造边缘端柱 GDZ 需增加标注几何尺寸 $b_c \times h_c$。

③对于约束边缘暗柱 YAZ、翼墙（柱）YYZ、转角墙（柱）YJZ，其几何尺寸按 YAZ、YYZ、YJZ 的标准构造详图取值，设计不注。

④对于构造边缘暗柱 GAZ、翼墙（柱）GYZ、转角墙（柱）GJZ，其几何尺寸按 GAZ、GYZ、GJZ 的标准构造详图取值，设计不注。

⑤对于非边缘暗柱 AZ，需增加标注几何尺寸。

⑥对扶壁柱 FBZ 需增加标注几何尺寸。

2）从相同编号的墙身中选择一道墙身，按顺序引注的内容为：墙身编号（应包括注写在括号内墙身所配置的水平与竖向分布钢筋的排数）、墙厚尺寸，水平分布钢筋、竖向分布钢筋和拉筋的具体数值。

3）从相同编号的墙梁中选择一根墙梁，按顺序引注的内容为：

①当连梁无斜向交叉暗撑时，注写：墙梁编号、墙梁截面尺寸 $b \times h$、墙梁箍筋、上部纵筋、下部纵筋和墙梁顶面标高高差的具体数值。

②当连梁设有斜向交叉暗撑时，还要以 JC 打头附加注写一根暗撑的全部纵筋，并标注 ×2 表明有两根暗撑相互交叉，以及箍筋的具体数值（用斜线分隔斜向交叉暗撑箍筋加密区与非加密区的不同间距）。交叉暗撑的截面尺寸按构造确定，并按标准构造详图施工，设计不注。

当连梁设有斜向交叉钢筋时，还要以 JG 打头附加注写一道斜向钢筋的配筋值，并标注 ×2 表明有两道斜向钢筋相互交叉。

当墙身水平分布钢筋不能满足连梁、暗梁及边框梁的梁侧面纵向构造钢筋的要求时，应补充注明梁侧面纵筋的具体数值，注写时，以大写字母 G 打头，接续注写直径与间距。图 5-4 所示为采用截面注写方式表达的剪力墙平法施工图示例。

5.1.3　剪力墙洞口的表示方法

无论采用列表注写方式还是截面注写方式，剪力墙上的洞口均可在剪力墙平面布置图上原位表达（见图 5-2 和图 5-4）。洞口的具体表示方法如下：在剪力墙平面布置图上绘制洞口示意图，并标注洞口中心的平面定位尺寸；在洞口中心位置引注，包括洞口编号、洞口几何尺寸、洞口中心相对标高、洞口每边补强钢筋四项内容。具体规定如下：

（1）洞口编号　矩形洞口为 JD××，圆形洞口为 YD××，（××）为序号。

（2）洞口几何尺寸　矩形洞口为洞宽×洞高（$b \times h$），圆形洞口为洞口直径 D。

（3）洞口中心相对标高　指相对于结构层楼（地）面标高的洞口中心高度。当其高于结构层楼面时为正值，低于结构层楼面时为负值。

（4）洞口每边补强钢筋 分以下几种不同情况：

1）当矩形洞口的洞宽、洞高均不大于800mm时，如果设置构造补强纵筋，即洞口每边加钢筋）大于等于2⌽12且不小于同向被切断钢筋总面积50%，本项免注。

例如，JD3 400×300＋3.100，表示3号矩形洞口，洞宽400mm，洞高300mm，洞口中心距本结构层楼面3100mm，洞口每边补强钢筋按构造配置。

2）当矩形洞口的洞宽、洞高均不大于800mm时，如果设置补强纵筋大于构造配筋，此项注写洞口每边补强钢筋的数值。

例如，JD2 400×300＋3.100 3⌽14，表示2号矩形洞口，洞宽400mm，洞高300mm，洞口中心距本结构层楼面3100mm，洞口每边补强钢筋为3⌽14。

3）当矩形洞口的洞宽大于800mm时，在洞口的上、下需设置补强暗梁，此项注写为洞口上、下每边暗梁的纵筋与箍筋的具体数值（在标准构造详图中，补强暗梁梁高一律定为400mm，施工时按标准构造详图取值，设计不注。当设计者采用与该构造详图不同的做法时，应另行注明）；当洞口上、下边为剪力墙连梁时，此项免注；洞口竖向两侧按边缘构件配筋，亦不在此项表达。

例如，JD5 1800×2100＋1.800 6⌽20 ⌽8@150，表示5号矩形洞口，洞宽1800mm，洞高2100mm，洞口中心距本结构层楼面1800mm，洞口上下设补强暗梁，每边暗梁纵筋为6⌽20，箍筋为⌽8@150。

4）当圆形洞口设置在连梁中部1/3范围（且圆洞直径不应大于1/3梁高）时，需注写在圆洞上下水平设置的每边补强纵筋与箍筋。

5）当圆形洞口设置在墙身或暗梁、边框梁位置，且洞口直径不大于300mm时，此项注写洞口上下左右每边布置的补强纵筋的数值。

6）当圆形洞口直径大于300mm，但不大于800mm时，其加强钢筋在标准构造详图中系按照圆外切正六边形的边长方向布置（参考对照相应的标准构造详图），设计仅需注写六边形中一边补强钢筋的具体数值。

5.2 剪力墙构造详图

5.2.1 剪力墙墙身水平钢筋构造

剪力墙墙身水平钢筋构造如图5-5所示。括号内为非抗震纵筋搭接和锚固长度，所示拉筋应与剪力墙每排的竖向筋和水平筋绑扎在一起。剪力墙钢筋配置若多于两排，中间排水平筋端部构造同内侧钢筋。

5.2.2 剪力墙墙身竖向钢筋构造

剪力墙墙身竖向钢筋构造如图5-6所示。端柱、小墙肢的竖向钢筋与箍筋构造与框架柱相同，其中抗震竖向钢筋构造，非抗震纵向钢筋构造，抗震箍筋构造，非抗震箍筋构造详见第4章的相应构造详图。所谓墙肢是指两根连梁之间的墙，这是为了与墙体开小洞口区别，不是指任何洞边到洞边的墙，若干片墙肢连在一起就构成一个墙段。所谓小墙肢是指截面高度不大于截面厚度3倍的矩形截面独立墙肢。

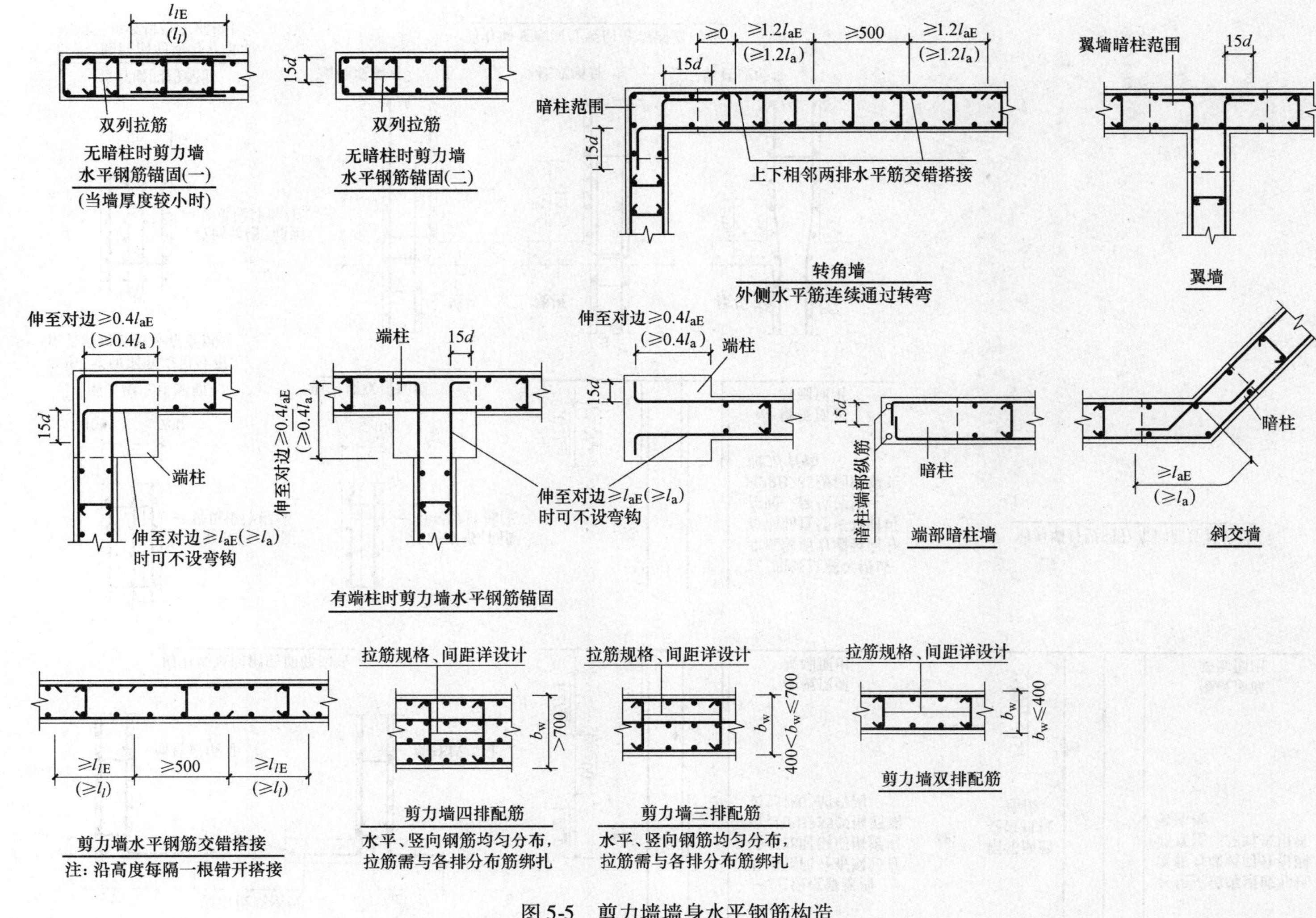

图 5-5　剪力墙墙身水平钢筋构造

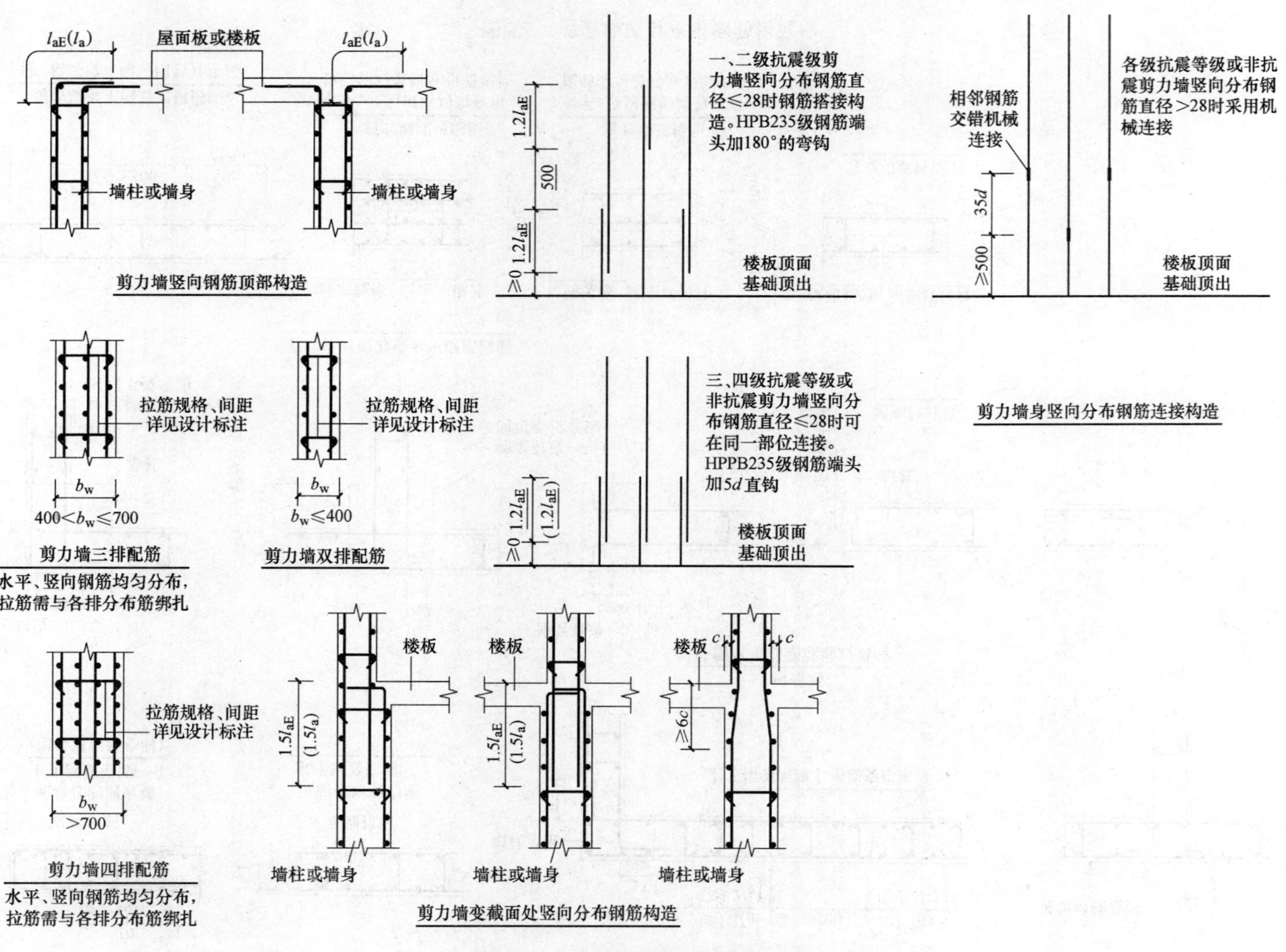

图 5-6　剪力墙墙身竖向钢筋构造

5.2.3 约束边缘构件的构造

约束边缘构件，如暗柱 YAZ、端柱 YDZ、翼墙柱 YYZ、转角墙柱 YJZ 的构造如图 5-7 所示。本图的剪力墙约束边缘构件，仅用于一、二级抗震设计的剪力墙底部加强部位及其以上一层墙肢（见具体工程的相关构件代号）。几何尺寸 l_c 按 5-7 图中规定取值，h_w 为剪力墙墙肢的长度；b_w、b_f、h_c、b_c 的意义见本图标注，其具体数值见设计标注。

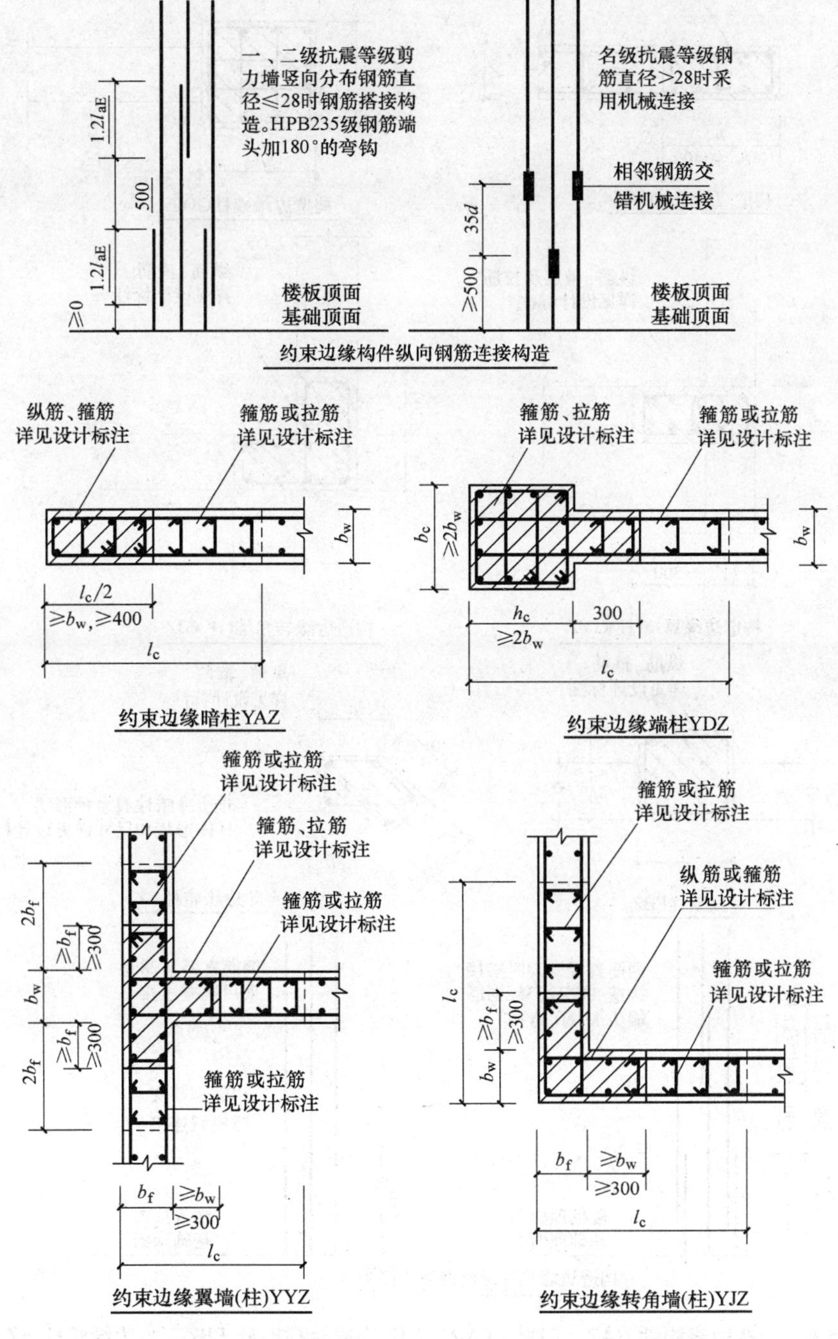

图 5-7 约束边缘构件 YAZ、YDZ、YYZ、YJZ 的构造

5.2.4 构造边缘构件及扶壁柱、非边缘暗柱的构造

构造边缘构件（如暗柱 GAZ、端柱 GDZ、翼墙（柱）GYZ、转角柱）、扶壁柱 FBZ 及非边缘暗柱 AZ 的构造如图 5-8 所示。

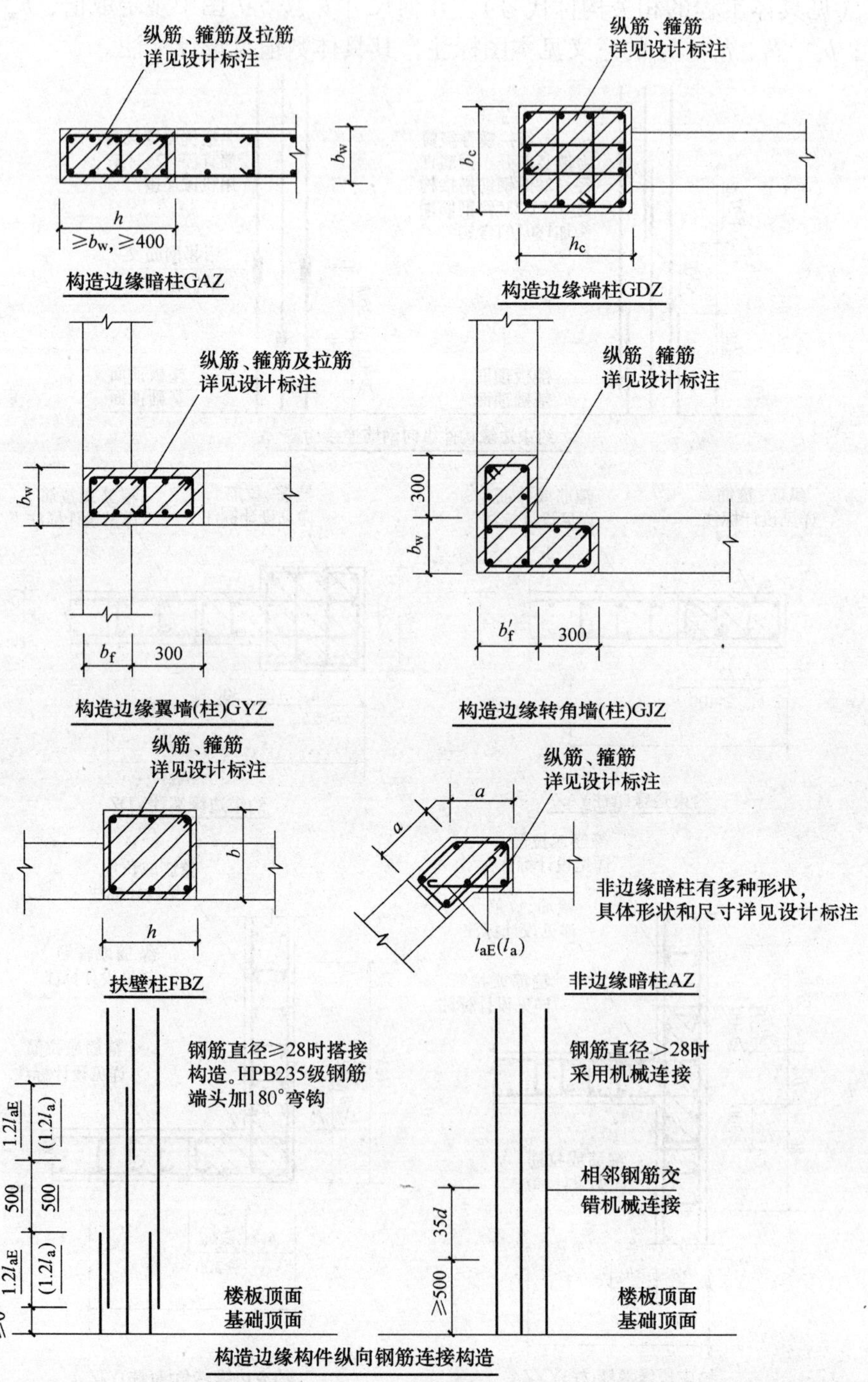

图 5-8 构造边缘构件 GAZ、GDZ、GYZ、GJZ 构造；扶壁柱 FBZ、非边缘暗柱 AZ 构造

5.2.5 剪力墙连梁、暗梁及边框梁的配筋构造

剪力墙连梁的构造如图 5-9 所示。要点为：

1）括号内为非抗震连梁纵筋锚固长度。l_a 和 l_{aE} 取值及箍筋、拉筋弯钩构造应符合前述相关要求。箍筋的封闭位置可位于矩形截面的任意一角。

2）当端部洞口连梁的纵向钢筋在端支座的直锚长度不小于 l_{aE}（l_a）时，可不必往上（下）弯锚；当端部支座为小墙肢时，连梁纵向钢筋锚固与框架梁纵筋锚固相同。

3）洞口范围内的连梁箍筋详见具体工程设计。连梁的侧面筋即为剪力墙配置的水平分布筋。

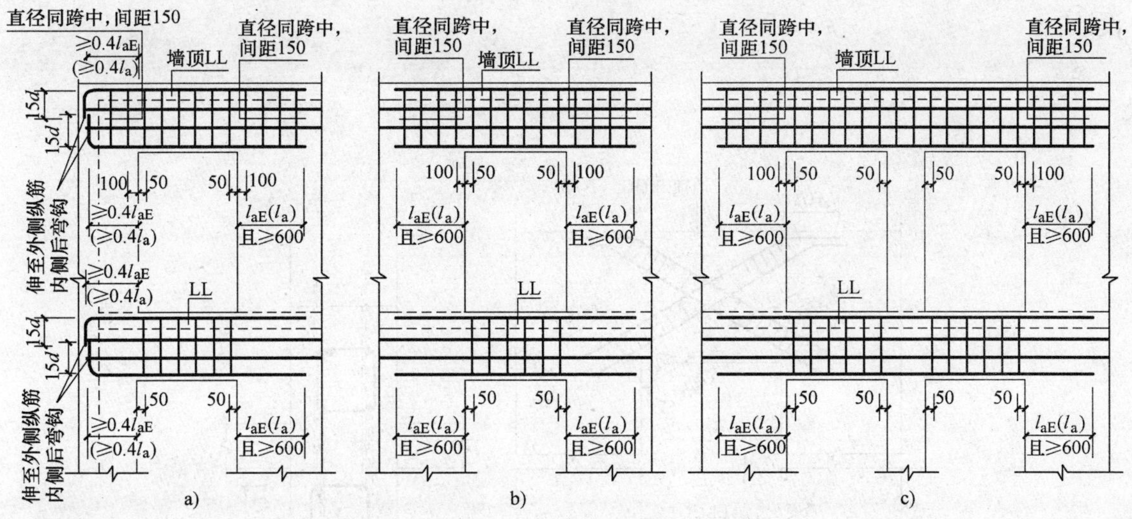

图 5-9 连梁的配筋构造

a）墙端部洞口连梁 b）单洞口连梁（单跨） c）双洞口连梁（双跨）

边框梁、暗梁和连梁的侧面纵筋和拉筋构造如图 5-10 所示。当设计未注写时，侧面构

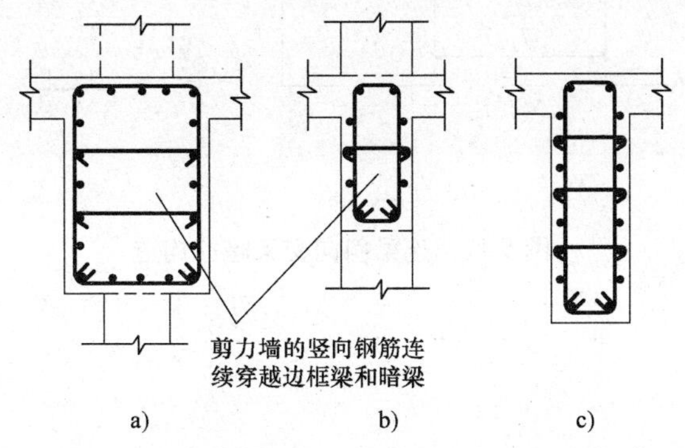

图 5-10 边框梁、暗梁和连梁侧面纵筋和拉筋构造

a）边框梁 b）暗梁 c）连梁

造纵筋同剪力墙水平分布筋；拉筋直径：当梁宽不大于350mm时为6mm，梁宽大于350mm时为8mm，拉筋间距为两倍箍筋间距，竖向沿侧面水平筋隔一拉一。

应当注意的是当连梁截面高度大于700mm时，侧面纵向钢筋直径应不小于10mm，间距应不大于200mm；当跨高比不大于2.5时，侧面构造纵筋的面积配筋率不小于0.3%。

5.2.6 剪力墙连梁斜向交叉暗撑构造和斜向交叉钢筋构造

剪力墙连梁斜向交叉暗撑和斜向交叉钢筋构造如图5-11、图5-12所示。括号内为非抗震斜向交叉暗撑及斜向交叉构造钢筋的纵筋锚固长度。连梁斜向交叉暗撑的纵筋与箍筋规格，以及斜向交叉钢筋的规格详见具体工程设计。斜向交叉暗撑的箍筋加密要求适用于抗震设计。

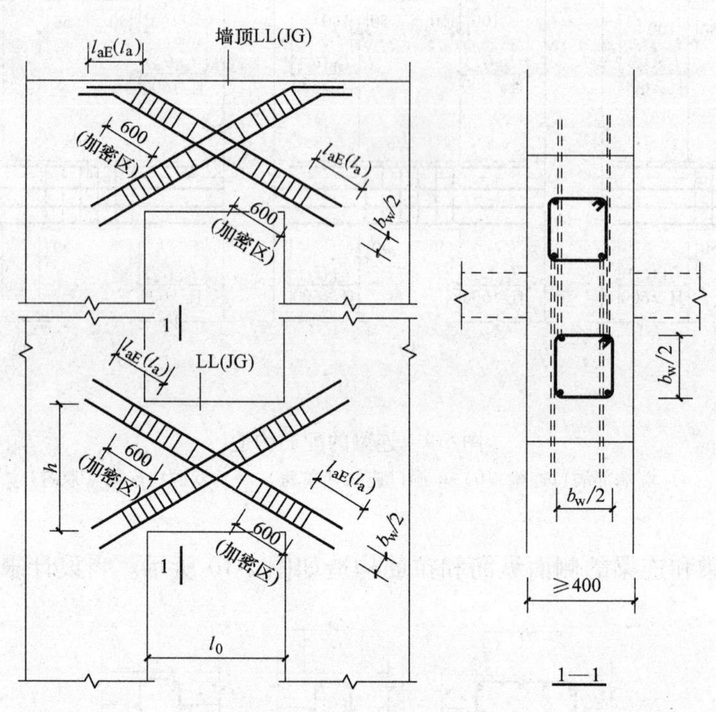

图5-11　连梁斜向交叉暗撑构造

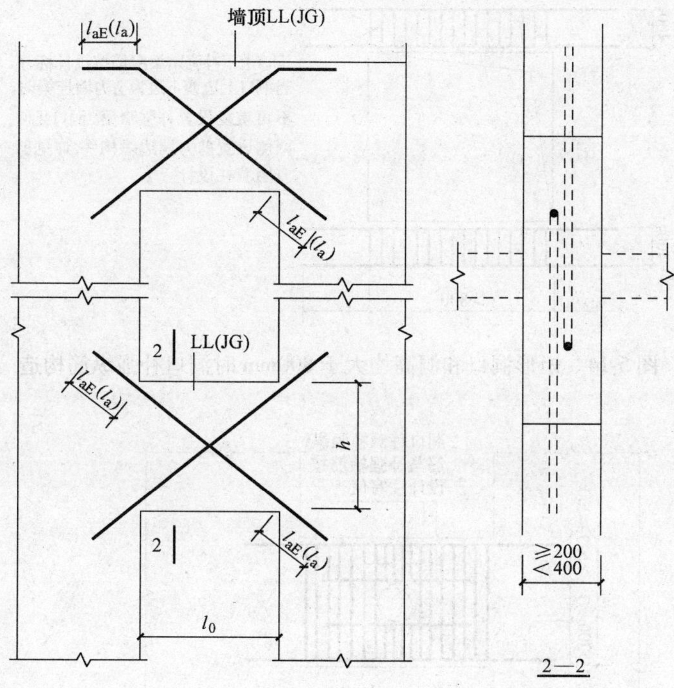

图 5-12　连梁斜向交叉钢筋构造

5.2.7　剪力墙洞口补强构造

矩形洞口和圆形洞口补强钢筋构造如图 5-13 ~ 图 5-15 所示。

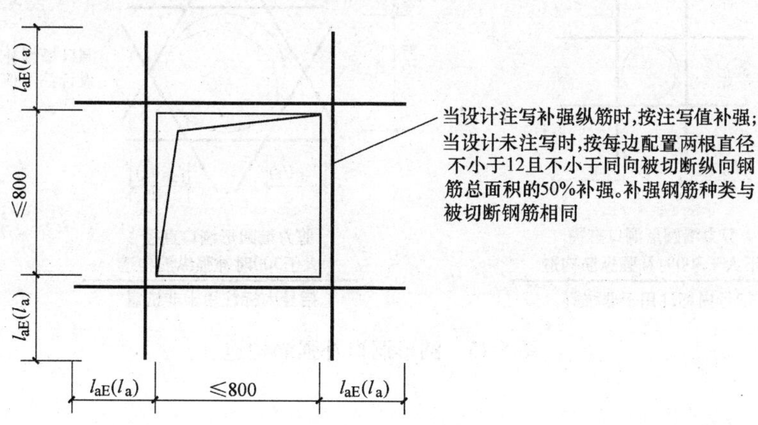

图 5-13　矩形洞口和洞高均不大于 800mm 时洞口补强纵筋构造

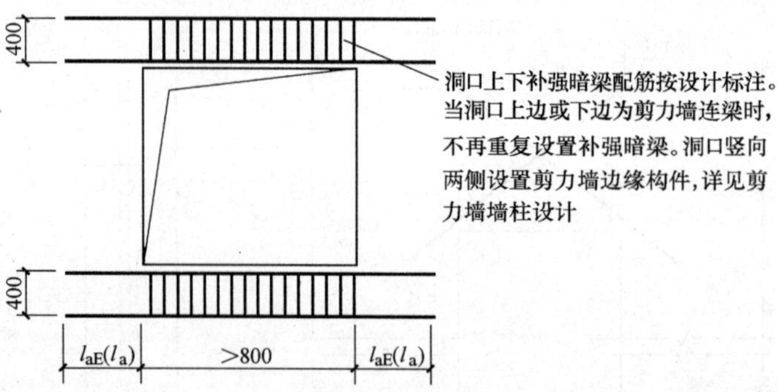

图 5-14　矩形洞口和洞高均大于 800mm 时洞口补强纵筋构造

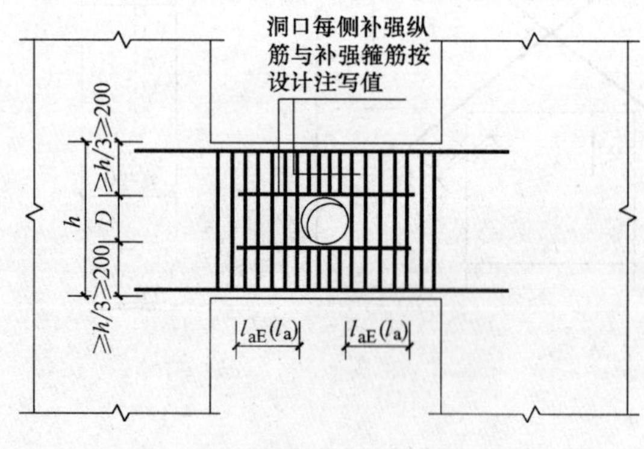

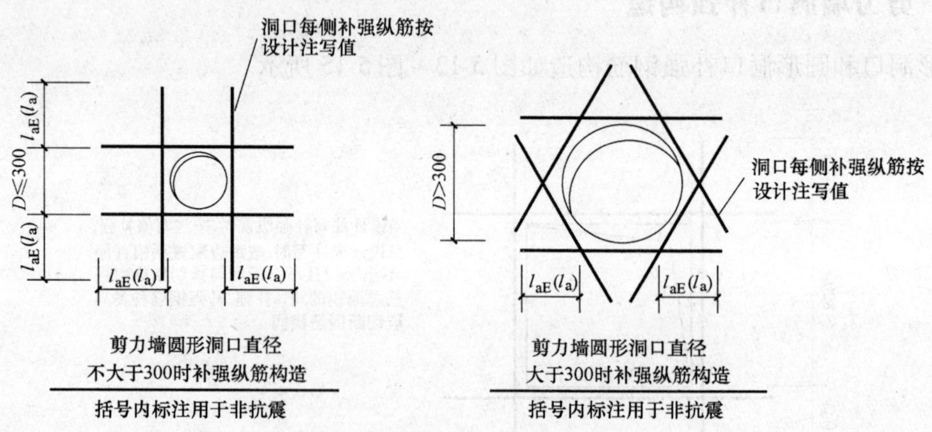

图 5-15　圆形洞口补强筋构造

5.3　本章小结

1）剪力墙平法施工图是在剪力墙平面布置图上采取列表注写方式或截面注写方式表达剪力墙结构设计内容的方法。剪力墙的列表注写方式包括剪力墙柱表、墙身表和墙梁表。墙柱表中的注写内容有墙柱编号、墙柱的截面配筋图、各段墙柱的起止标高、各段墙柱的纵向钢筋和箍筋。墙身表中的注写内容有墙身编号、各段墙身起止标高、水平分布钢筋、竖向分布筋和拉筋。剪力墙梁表中的注写内容有注写墙梁编号、墙梁所在楼层号、墙梁顶面标高高差、墙梁截面尺寸等。

2）剪力墙的截面注写方式直接在墙柱、墙身、墙梁上注写截面尺寸和配筋具体数值。如对墙柱就从相同编号的柱中选择一个截面，标注全部纵筋及箍筋的具体数值；对墙身我们按顺序引注墙身编号、墙厚尺寸、水平分布钢筋、竖向分布钢筋和拉筋的具体数值；对墙梁一般从相同编号的墙梁中选择一根，按顺序引注墙梁编号、墙梁截面尺寸、墙梁箍筋、上部纵筋、下部纵筋和墙梁顶面标高高差的具体数值。另外我们还要掌握矩形洞口和圆形洞口的标注方法。

3）剪力墙的平法施工标准构造详图包括剪力墙墙身水平钢筋构造、剪力墙墙身竖向钢筋构造、约束边缘构件构造、构造边缘构件构造、墙梁的构造、斜向交叉钢筋构造和洞口补强钢筋构造等。

思 考 题

1. 什么是剪力墙？在平法制图规则中，剪力墙可视为由哪几类构件构成？
2. 墙柱的概念是什么？它可分为哪几类？各有什么区别？
3. 剪力墙平法施工图中Q××（×）表示的意义是什么？
4. 墙身表中表达的内容有哪些？
5. 墙梁可以分为哪几类？它们是怎么区分的？
6. 剪力墙洞口的表示方法是怎样的？
7. 平法施工图中标注 JD3 500×400 +3.100 3⌀18 表示的意义是什么？
8. 墙肢的概念是什么？
9. 试结合剪力墙单跨单洞口连梁的构造详图，说明其构造要点。

第6章　独立基础、条形基础、桩基承台施工图设计

本章学习目标

掌握独立基础平法施工图设计的基本内容；
掌握独立基础平面注写方式和截面注写表达方式；
掌握条形基础平面注写方式和截面注写表达方式；
掌握桩基承台平面注写方式和截面注写表达方式；
掌握基础连梁与地下框架制图规则；
熟悉部分构造详图。

在建筑物的设计和施工中，地基和基础占有很重要的地位，它对建筑物的安全使用和工程造价有着很大的影响，因此，独立基础、条形基础、桩基承台等平法施工图是设计与施工的桥梁，是准确传递设计意图、保证基础施工质量的有力工具。

独立基础、条形基础、桩基承台以及基础连梁和地下框架梁结构平面的坐标方向同柱平法施工图设计，其尺寸和配筋在平面布置图上的表示方法以平面注写方式为主，以截面注写方式为辅；其上各类基础构件的平面位置、尺寸和配筋，在基础平面布置图上直接表示；所有的基础构件应按制图规则进行编号，编号中应含有类型代号（其主要作用是指明所选用的标准构造详图，在标准构造详图上，通过代号使详图与平法施工图中相同构件构成完整的基础施工图设计）；对于复杂的工业与民用建筑，当需要时应增加模板、基坑、留洞和预埋件等平面图或必要的详图。

独立基础、条形基础、桩基承台施工图应注明基础底面基准标高以及 ±0.000 的绝对标高；对于独立基础、条形基础，底面基准标高为覆盖地基的基础垫层（包括防水层）的顶面标高，对于桩基承台，底面基准标高为覆盖桩间土表面的垫层（包括防水层）的顶面标高；当具体工程的全部基础底面基准标高相同时，基础底面基准标高即为基础底面标高，当基础底面基准标高不同时，应取多数相同的底面基准标高为基础底面基准标高，对其他少数不同者，应按具体规则注明其与基准标高的相对正负尺寸。

在同一单项工程中，标高的确定方式必须统一，以保证地基与基础、柱与墙、梁、板、楼梯等构件按照统一的竖向定位关系进行标注；为施工查阅方便，应将统一的结构层楼（地）面标高与结构层高和基础底面基准标高分别注写在基础、柱、墙、梁等各类构件的平法施工图中。

为确保施工人员准确无误地按平法施工图进行施工，在具体工程的结构设计总说明中，应注明所选用平法标准图的图集号；注明采用平法设计的独立基础、条形基础、桩基承台所采用的混凝土强度等级和钢筋级别，以确定与其相关的受拉钢筋的最小锚固长度及最小搭接

长度等；当设置后浇带时，注明后浇带的位置、浇灌时间和后浇混凝土的强度等级以及配合比等特殊要求；注明构件所处的环境类别，例如，当环境类别为“二 a”或“二 b”，对基础构件的混凝土保护层厚度有特殊要求时应予以说明；对受力钢筋的混凝土保护层厚度、钢筋搭接和锚固长度，除在结构施工图中另有注明者外，均应按标准构造详图中的有关构造规定执行。

6.1 独立基础平法施工图设计

独立基础又称为单独基础，有柱下独立基础和墙下独立基础两种，独立基础是柱基础的主要形式，该类型的基础多用于荷载较大的柱基，要求地基为承载力较大的均质地基。本节仅说明从构造形式上分的普通独立基础（包括刚性基础和柔性基础）和杯口基础（为方便立柱子，在基础上面留有洞口，该类基础称为杯口基础）。

为使图样与上部结构对应，在绘制独立基础平面布置图时，应将独立基础平面与基础所支承的柱一起绘制；可选择平面注写或截面注写表达方式，或采用两种注写方式联合标注；如设置基础连梁，可根据图面的疏密情况，将基础连梁与基础平面布置图一起绘制，或将基础连梁布置图单独绘制。

在独立基础平面布置图上，应标注基础定位尺寸；当独立基础的柱中心线或杯口中心线与建筑轴线不重合时，应标注其偏心尺寸；对编号相同且定位尺寸相同的基础，可仅选择一个进行标注。

6.1.1 独立基础编号

设计时须首先对独立基础进行编号，这样阅读图样时通过编号就能掌握设计中独立基础包含的一些基本内容。具体的独立基础编号规则见表 6-1。

设计中可根据独立基础的类型及形状选择合适的代号，代号加上序号即为独立基础的编号，包含有基础的类型及截面形状信息在内。

表 6-1 独立基础编号

类型	基础底板截面形状	代号	序号	说　明
普通独立基础	阶形	DJ_J	××	1. 单阶截面即为平板独立基础 2. 坡形截面基础底板可为四坡、三坡、双坡及单坡
	坡形	DJ_P	××	
杯口独立基础	阶形	BJ_J	××	
	坡形	BJ_P	××	

在设计时应注意，当独立基础截面形状为坡形时，其坡面应采用能保证混凝土浇筑、振捣密实的较缓坡度；当采用较陡坡度时，应要求施工采用在基础顶部坡面加模板等措施，以确保独立基础的坡面浇筑成型、振捣密实。

6.1.2 独立基础的平面注写方式

独立基础的平面注写方式，分为集中标注和原位标注两部分内容。

1. 集中标注

在基础平面图上集中引注内容包括必注内容和选注内容，必注内容为基础编号、截面竖向尺寸、配筋三项；选注内容为当基础底面标高与基础底面基准标高不同时的相对标高高差和必要的文字注解。

对于素混凝土普通独立基础（刚性基础）的集中标注，除无基础配筋内容外，其形式、内容与钢筋混凝土普通独立基础相同。

独立基础集中标注的具体内容：

（1）注写独立基础编号（必注内容，见表6-1） 独立基础底板的截面形状通常有两种：阶形截面编号加下标“J”，如 BJ_J ××、DJ_J01；坡形截面编号加下标“P”，如 DJ_P ××、BJ_P ××。

（2）注写独立基础截面竖向尺寸（必注内容） 下面按普通独立基础和杯口独立基础分别进行说明。

1）普通独立基础。注写 $h_1/h_2/\cdots\cdots$，各阶尺寸自下而上用“/”分隔顺写，具体标注为：当基础为阶形截面时（见图6-1），普通独立基础 DJ_J ××的竖向尺寸注写为300/300/400时，表示 $h_1=300\text{mm}$，$h_2=300\text{mm}$，$h_3=400\text{mm}$，基础底板总厚度为1000mm。

当基础为坡形截面时，注写为 h_1/h_2（见图6-2），如普通独立基础 DJ_P ××的竖向尺寸注写为350/300时，表示 $h_1=350\text{mm}$，$h_2=300\text{mm}$，基础底板总厚度为650mm。

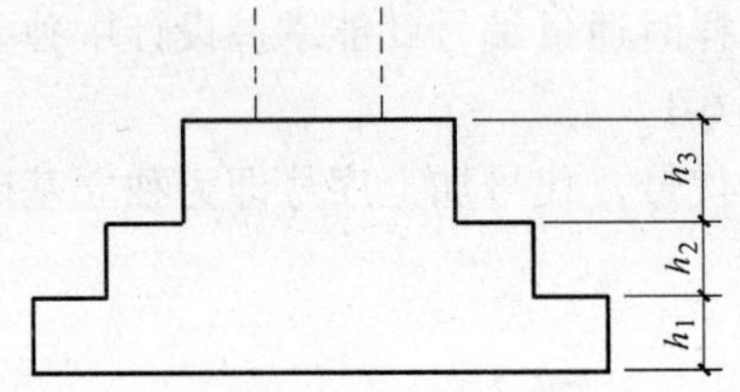

图6-1 阶形截面普通独立基础竖向尺寸

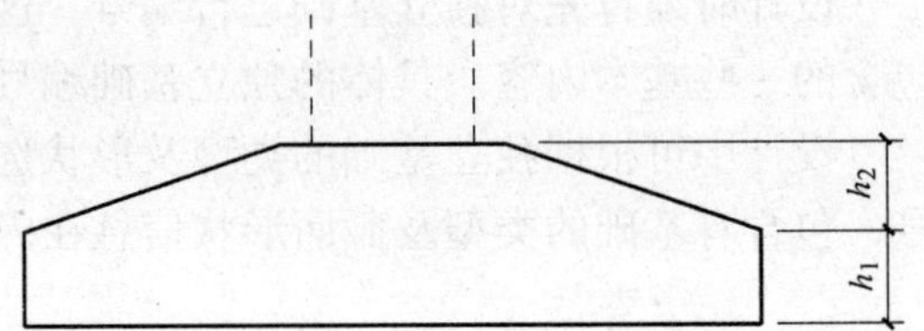

图6-2 坡形截面普通独立基础竖向尺寸

2）杯口独立基础。当基础为阶形截面时，其竖向尺寸分两组，一组表达杯口内，另一组表达杯口外，两组尺寸以“，”号分隔，注写为 a_0/a_1，$h_1/h_2/\cdots\cdots$，其含义如图6-3～图6-6所示，其中杯口深度 a_0 为柱插入杯口的尺寸加50mm。

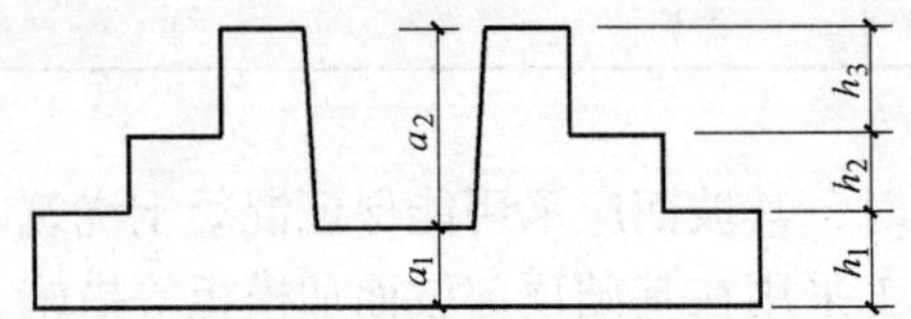

图6-3 阶形截面杯口独立基础竖向尺寸（一）

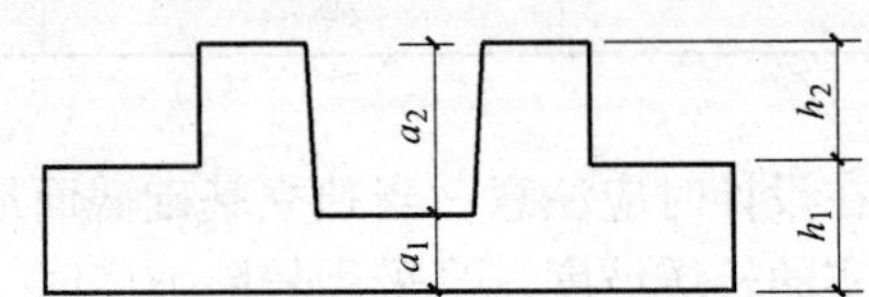

图6-4 阶形截面杯口独立基础竖向尺寸（二）

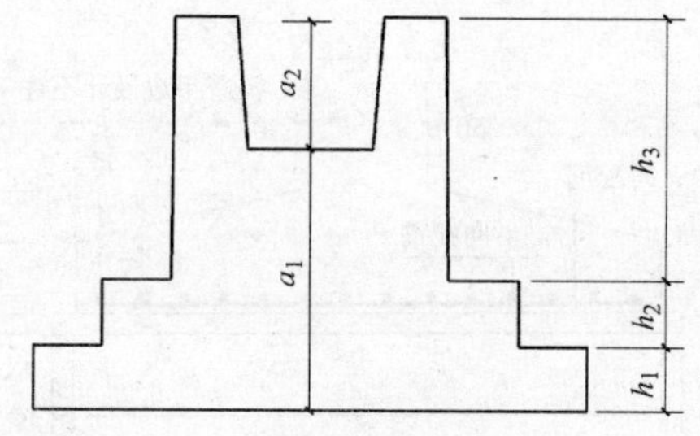

图 6-5　高杯口独立基础竖向尺寸（一）

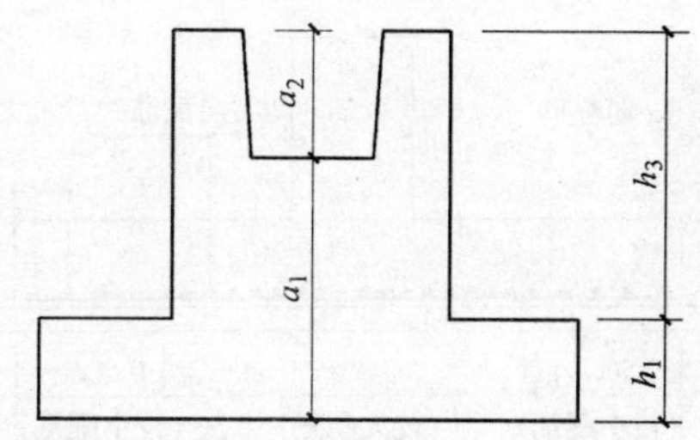

图 6-6　高杯口独立基础竖向尺寸（二）

当基础为坡形截面时，注写为 a_0/a_1 ，$h_1/h_2/h_3$……，其含义如图 6-7 和图 6-8 所示。

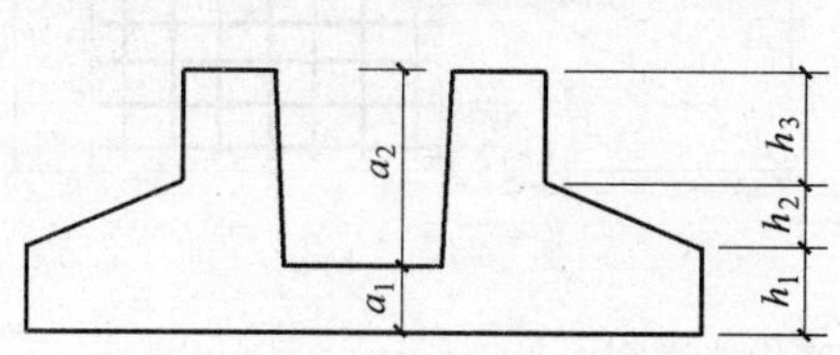

图 6-7　坡形截面杯口独立基础竖向尺寸

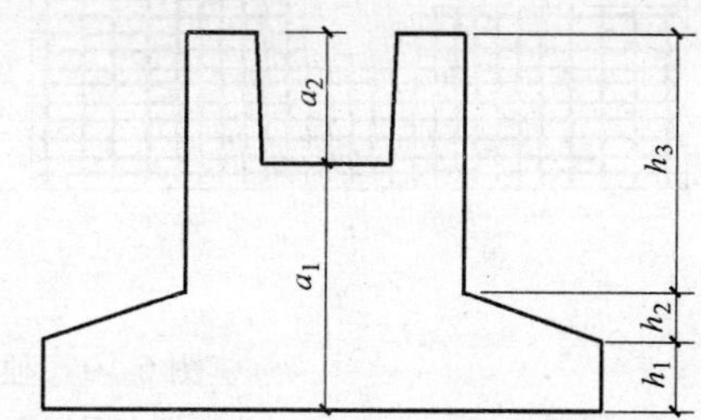

图 6-8　坡形截面高杯口独立基础竖向尺寸

（3）注写独立基础配筋（必注内容）

1）注写独立基础底板配筋。普通独立基础和杯口独立基础的底部双向配筋注写：以 B 代表各种独立基础底板的底部配筋；x 向配筋以 X 打头、y 向配筋以 Y 打头注写；如果两向配筋相同时，则以 X&Y 打头注写；当圆形独立基础采用双向正交配筋时，以 X&Y 打头注写；当采用放射状配筋时以 Rs 打头，先注写径向受力钢筋（间距以径向排列钢筋的最外端度量），并在“/”后注写环向配筋；当矩形独立基础底板底部的短向钢筋采用两种配筋值时，先注写较大配筋，在“/”后再注写较小配筋。

例如，当（矩形）独立基础底板配筋标注为：

B：X⏀16@150

　　Y⏀16@200

表示基础底板底部配置 HRB335 级钢筋，x 向直径为⏀16，分布间距 150mm；y 向直径为⏀16，分布间距 200mm，如图 6-9 所示。

当柱下独立基础为单阶形或为坡形截面，且其平面为矩形时，根据内力分布情况，可考虑将短向配筋采用两种配筋值（加强柱扩散范围强度），其中较大配筋设置在长边中部，分布范围等于基础短向尺寸；较小配筋设置在基础长边两端，各端分布范围均为基础长边与短边长度差的 1/2，如图 6-10 所示。

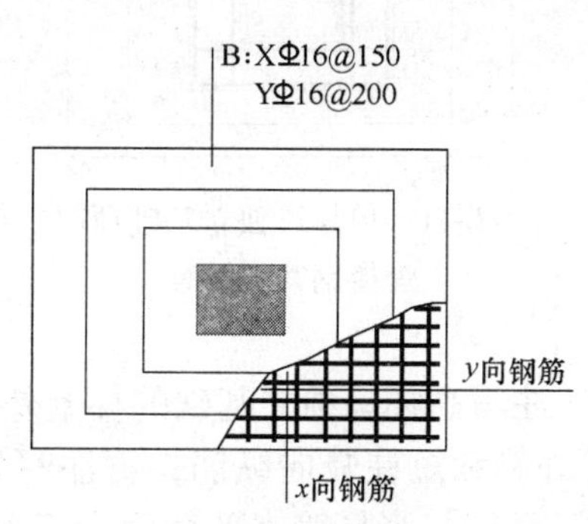

图 6-9　独立基础底板底部双向配筋示意

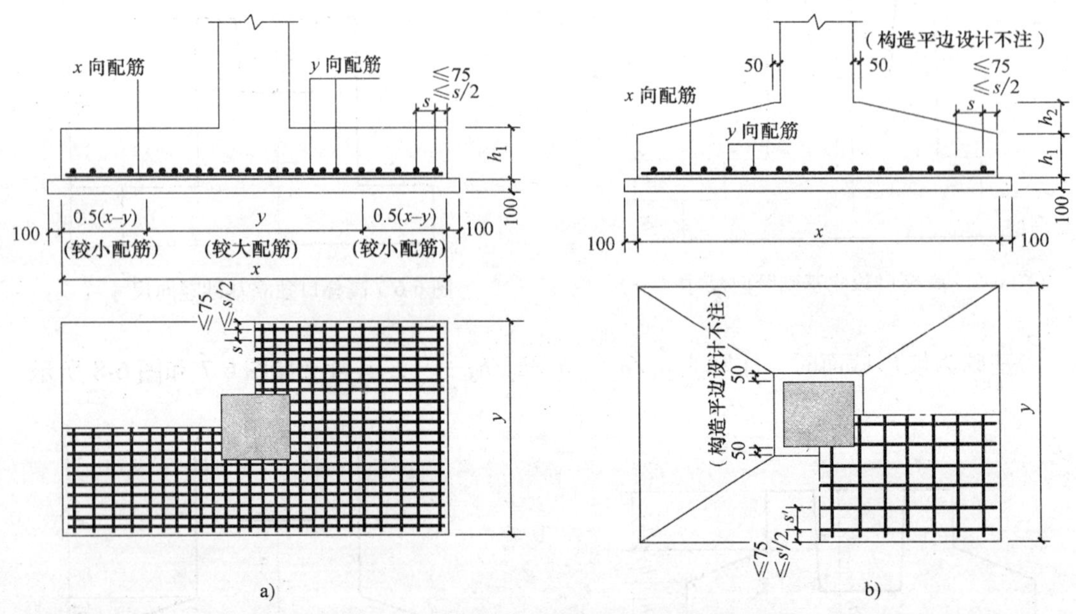

图 6-10 独立基础底板配筋构造详图

a）短向采用两种配筋 b）同向采用一种配筋

2）注写杯口独立基础顶部焊接钢筋网。以 Sn 打头引注杯口顶部焊接钢筋网的各边钢筋。高杯口独立基础应配置顶部钢筋网；非高杯口独立基础是否配置，应根据具体工程情况确定。

例如，当杯口独立基础顶部钢筋网标注为 Sn2 ⌽ 14，表示杯口顶部每边配置 2 根 HRB335 级直径为⌽ 14 的焊接钢筋网，如图 6-11 所示。当双杯口独立基础顶部钢筋网标注为：Sn2 ⌽ 16，表示杯口每边和双杯口中间杯壁的顶部均配置 2 根 HRB335 级直径为⌽ 16 的焊接钢筋网，如图 6-12 所示。

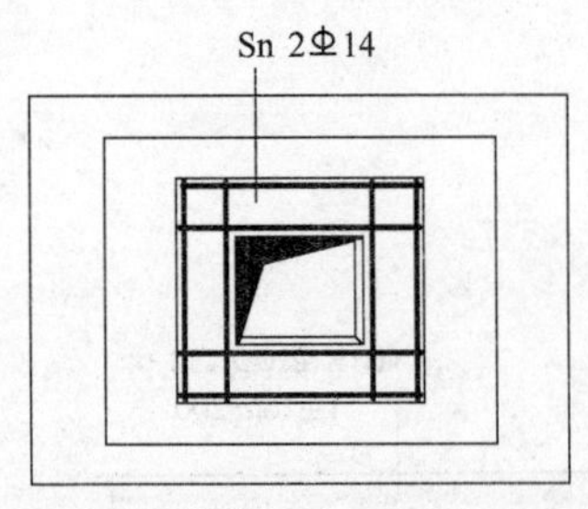

图 6-11 单杯口独立基础顶部焊接钢筋网示意

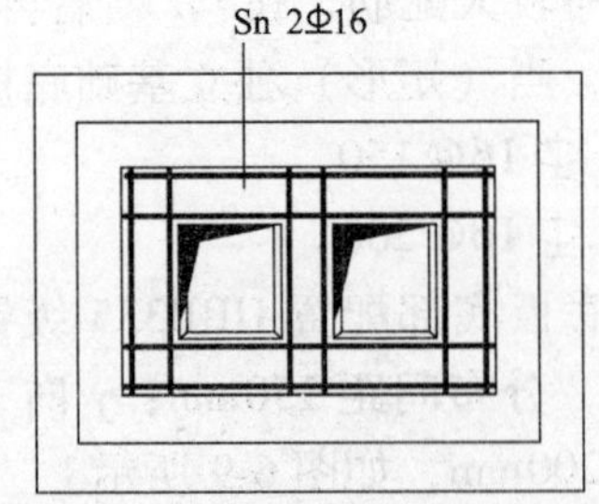

图 6-12 双杯口独立基础顶部焊接钢筋网示意

3）注写高杯口独立基础的杯壁外侧和短柱配筋。以 O 代表杯壁外侧和短柱配筋，先注写杯壁外侧和短柱竖向纵筋，再注写横向箍筋，即“角筋/长边中部筋/短边中部筋，箍筋（两种间距）”；当杯壁水平截面为正方形时，注写为“角筋/x 边中部筋/y 边中部筋，箍筋（两种间距）”。

例如，图 6-13 所示高杯口独立基础的杯壁外侧和短柱配筋标注为 O：4 ⌀20/⌀16@220/⌀16@200，Φ10@150/300，表示高杯口独立基础的杯壁外侧和短柱配置 HRB400 级竖向钢筋和 HPB235 级箍筋。其竖向钢筋为：4 ⌀20 角筋、⌀16@220 长边中部筋和⌀16@200 短边中部筋；其箍筋为Φ10，杯口范围间距 150mm，短柱范围间距 300mm（抗震设防烈度为 8 度及以上时取 150mm）。

对于双高杯口独立基础的杯壁外侧配筋，注写形式与单高杯口相同，施工区别在于杯壁外侧配筋为同时环住两个杯口的外壁配筋，如图 6-14 所示。

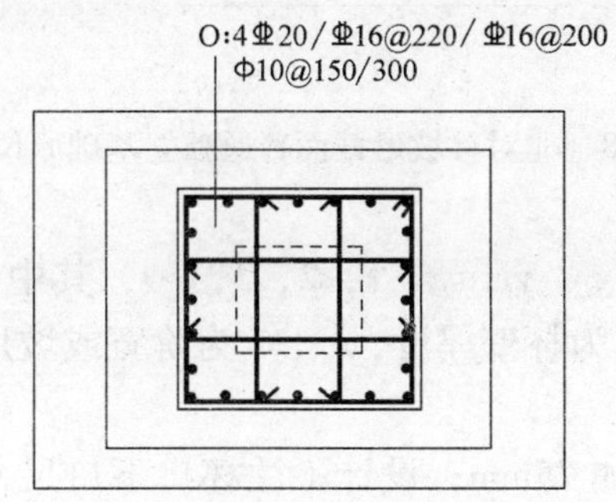

图 6-13 高杯口独立基础杯壁配筋示意

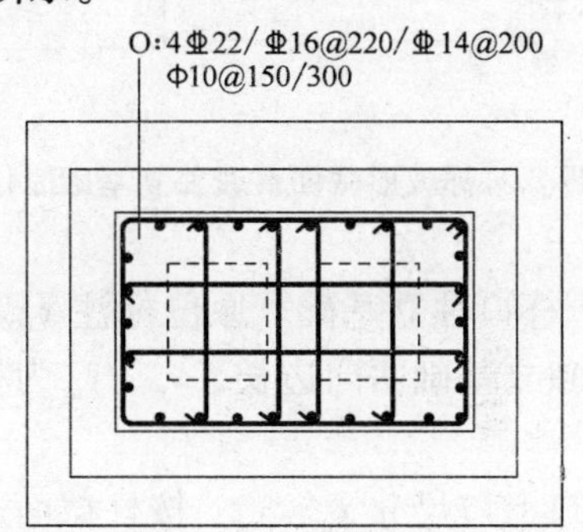

图 6-14 双高杯口独立基础杯壁配筋示意

（4）注写基础底面相对标高高差（选注内容） 当独立基础的底面标高与基础底面基准标高不同时，应将独立基础底面相对标高高差注写在“（）”内。

（5）必要的文字注解（选注内容） 当独立基础的设计有特殊要求时，宜增加必要的文字注解。例如，基础底板配筋长度是否采用减短方式等，可在该项内注明。

2. 原位标注

钢筋混凝土和素混凝土独立基础的原位标注，是在基础平面布置图上标注独立基础的平面尺寸。对相同编号的基础，可选择一个进行原位标注；当平面图形较小时，可将所选定进行原位标注的基础按双比例适当放大；其他相同编号者仅注编号。下面将按不同类型基础叙述原位标注表达形式：

（1）矩形独立基础

1）普通独立基础。原位标注 x、y，x_c、y_c（或圆柱直径 d_c），x_i、y_i，$i=1，2，3，\cdots$，其中，x、y 为普通独立基础两向边长，x_c、y_c 为柱截面尺寸，x_i、y_i 为阶宽或坡形平面尺寸。具体不同类型独立基础如图 6-15 ~ 图 6-18 所示。

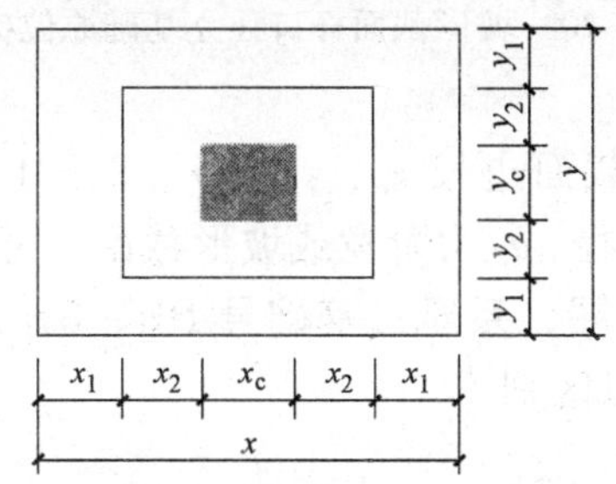

图 6-15 对称阶形截面普通独立基础原位标注

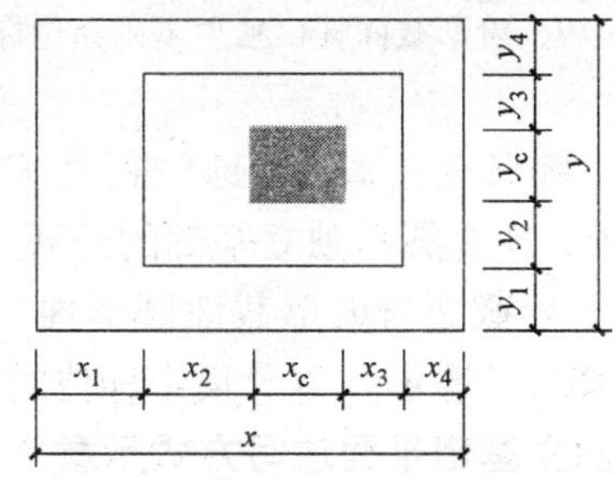

图 6-16 非对称阶形截面普通独立基础原位标注

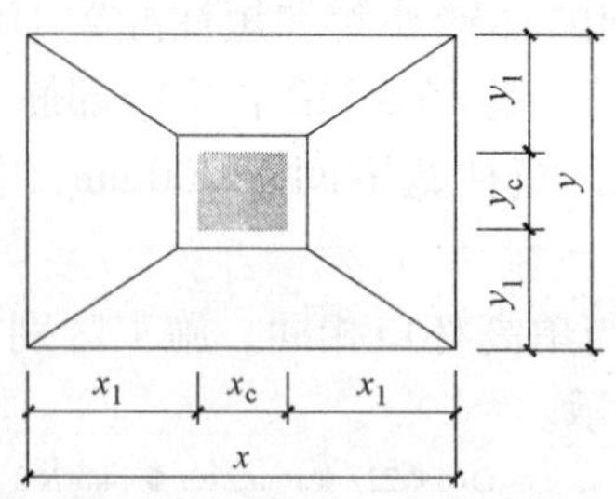

图 6-17　对称坡形截面普通独立基础原位标注

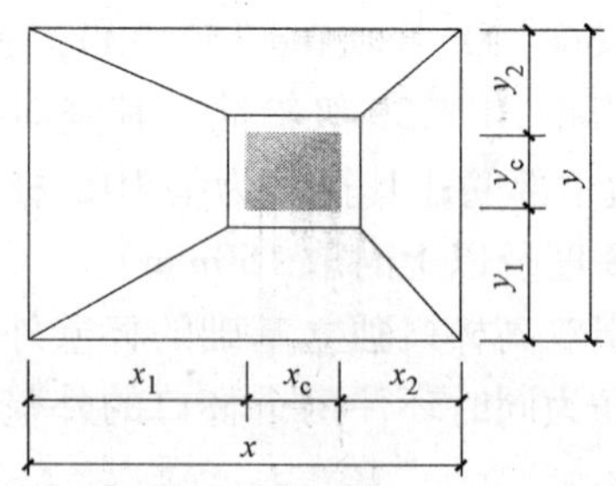

图 6-18　非对称坡形截面普通独立基础原位标注

2）杯口独立基础。原位标注 x、y，x_u、y_u，t_i，x_i、y_i，$i=1，2，3，\cdots$，其中，x、y 为杯口独立基础两向边长，x_u、y_u 为杯口上口尺寸，t_i 为杯壁厚度，x_i、y_i 为阶宽或坡形截面尺寸。

杯口上口尺寸 x_u、y_u，按柱截面边长两侧双向各加75mm；设计不注杯口下口尺寸，其为插入杯口的相应柱截面边长尺寸每边各加50mm。

阶形截面杯口独立基础的原位标注如图 6-19 所示，高杯口独立基础的原位标注与杯口独立基础完全相同。

坡形截面杯口独立基础的原位标注如图 6-20 所示，高杯口独立基础的原位标注与杯口独立基础完全相同。

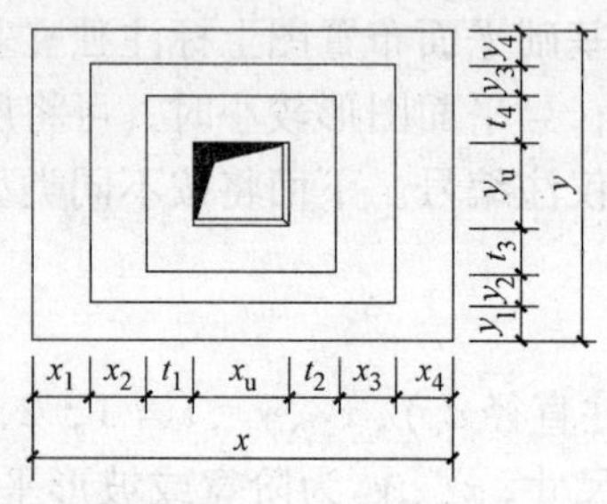

图 6-19　阶形截面杯口独立基础原位标注

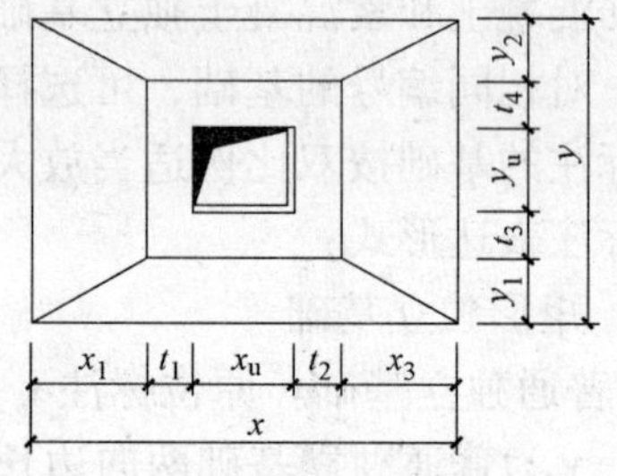

图 6-20　坡形截面杯口独立基础原位标注

（2）圆形独立基础　原位标注 D，d_c（或矩形柱截面边长 x_c、y_c），b_i，$i=1，2，3，\cdots$。其中，D 为圆形独立基础的外环直径，d_c为圆柱直径，b_i 为阶宽或坡形截面尺寸（见图 6-21）。阶形截面与坡形截面圆形独立基础底板的平面图，系通过基础号 DJ_J、BJ_J（阶形）和 DJ_P、BJ_P（坡形）以及集中标注的截面竖向尺寸加以区别。

3. 独立基础平面注写方式示意

普通独立基础采用平面注写方式的集中标注和原位标注综合表达，如图 6-22 所示。

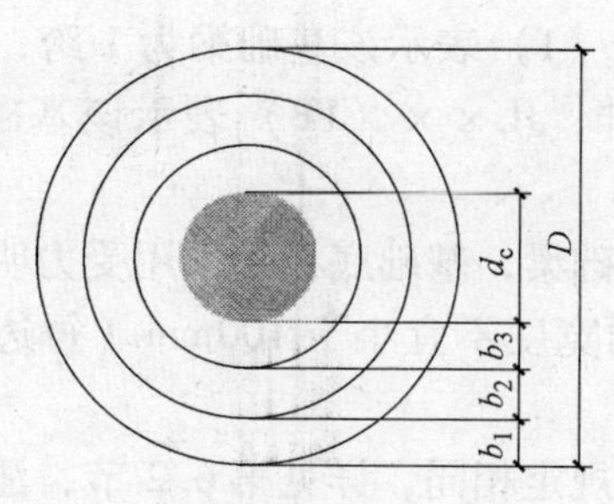

图 6-21　阶形截面圆形独立基础原位标注

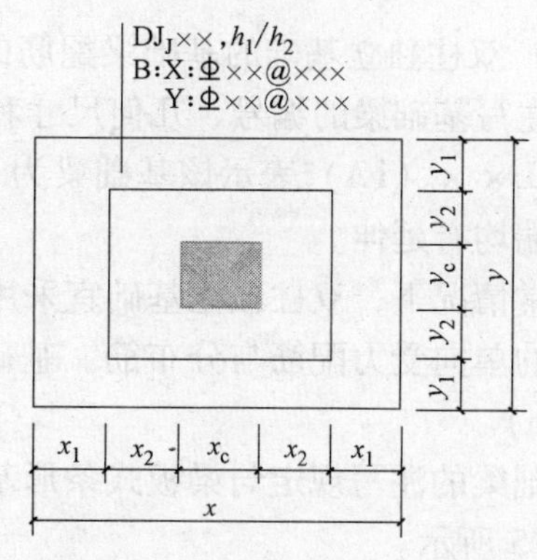

图 6-22　普通独立基础平面注写方式设计表达示意

杯口独立基础采用平面注写方式的集中标注和原位标注综合表达，如图 6-23 所示。在图 6-23 中，集中标注的第三、四行内容，是表达高杯口独立基础杯壁外侧的竖向纵筋和横向箍筋；当为非高杯口独立基础时，集中标注通常为第一、二、五行的内容。

4. 多柱独立基础平面注写

多柱独立基础的编号、几何尺寸和配筋的标注方法与单柱独立基础相同。当为双柱独立基础且柱距离较小时，通常仅配置基础底部钢筋；当柱距离较大时，除基础底部配筋外，尚需在两柱间配置基础顶部钢筋或设置基础梁；当为四柱独立基础时，通常可设置两道平行的基础梁，并在两道基础梁之间配置基础顶部钢筋。多柱独立基础顶部配筋和基础梁的注写方法如下：

（1）双柱独立基础底板顶部配筋的注写　双柱独立基础的顶部配筋，通常对称分布在双柱中心线两侧，注写为“T：双柱间纵向受力钢筋/分布钢筋”。当纵向受力钢筋在基础底板顶面非满布时，应注明其总根数。例如，T: 10 Φ 18@ 100/Φ 10@ 200（非满布）表示独立基础顶部配置 HRB335 级纵向受力钢筋，直径为Φ 18 设置 10 根，间距 100mm；分布筋 HPB235 级，直径为Φ 10，分布间距 200mm，如图 6-24 所示。

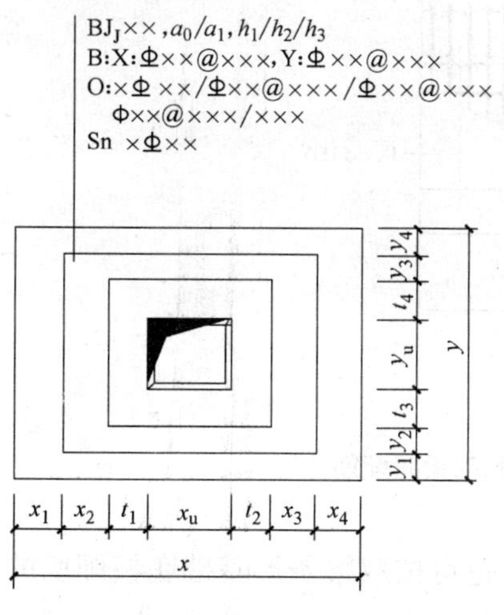

图 6-23　杯口独立基础平面注写方式设计表达示意

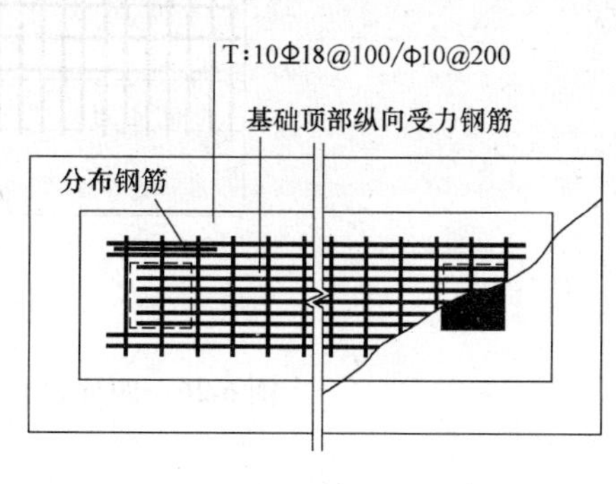

图 6-24　双柱独立基础顶部配筋示意

（2）双柱独立基础的基础梁配筋的注写　当双柱独立基础为基础底板与基础梁相结合时，应注写基础梁的编号、几何尺寸和配筋。如 JL××（1）表示该基础梁为 1 跨，两端无延伸；JL××（1A）表示该基础梁为 1 跨，一端有延伸；JL××（1B）表示该基础梁为 1 跨，两端均有延伸。

通常情况下，双柱独立基础宜采用端部有延伸的基础梁，基础底板则采用受力明确、构造简单的单向受力配筋与分布筋。基础梁宽度比柱截面宽度不宜小于 100mm（每边宽不小于 50mm）。

基础梁的注写规定与梁板式条形基础的基础梁注写规定相同，详见第 6.2 节，注写方式如图 6-25 所示。

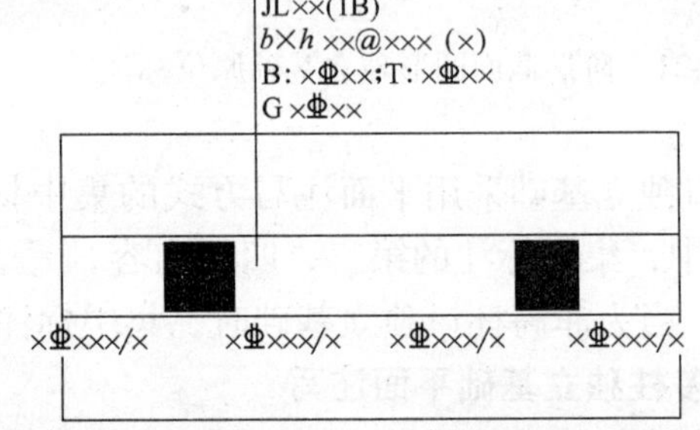

图 6-25　双柱独立基础的基础梁配筋注写示意

（3）双柱独立基础的底板配筋的注写　双柱独立基础底板配筋的注写，可以按条形基础底板的注写规定（详见第 6.3 节的相关内容），也可以按独立基础底板的注写规定。

（4）配置两道基础梁的四柱独立基础底板顶部配筋的注写　当四柱独立基础已设置两道平行的基础梁时，根据内力需要可在双梁之间及梁的长度范围内配置基础顶部钢筋，注写为“T：梁间受力钢筋/分布钢筋”，例如，T：Φ16@120/Φ10@200 表示在四柱独立基础顶部两道基础梁之间配置 HRB335 级受力钢筋，直径为Φ16，间距 120mm；分布筋 HPB 235 级，直径为Φ10，分布间距 200mm，如图 6-26 所示。

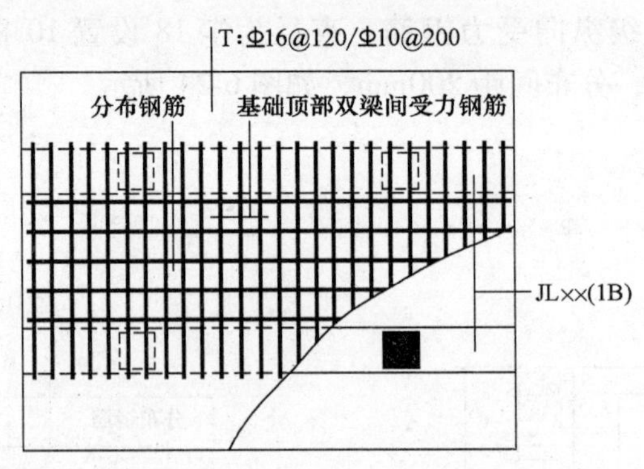

图 6-26　四柱独立基础底板顶部基础梁间配筋注写

平行设置两道基础梁的四柱独立基础底板配筋，也可按双梁条形基础底板配筋的注写规定注写。

采用平面注写方式表达的独立基础设计施工图如图 6-27 所示。

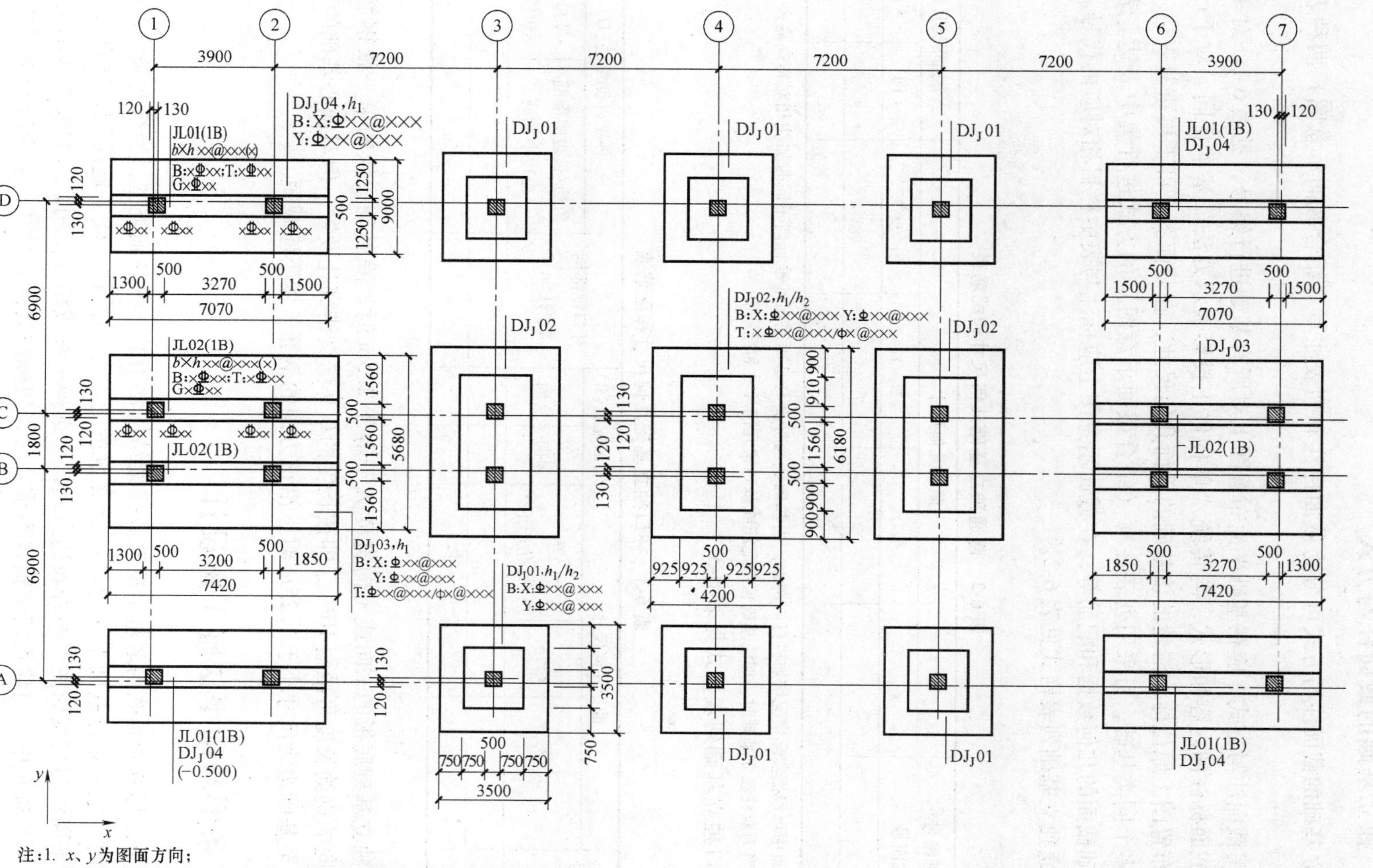

注：1. x、y为图面方向；

2. 基础底面基准标高(m)：−×. ×××；±0.000的绝对标高(m)：×××. ×××。

图 6-27　采用平面注写方式表达的独立基础设计施工图

6.1.3 独立基础的截面注写方式

独立基础的截面注写方式可分为截面标注和列表注写（结合截面示意图）两种表达方式。

采用截面注写方式，应在基础平面布置图上对所有基础进行编号，见表6-1。对单个基础进行截面标注的内容和形式，与传统“单构件正投影表示方法”基本相同。对于已在基础平面布置图上原位标注清楚的该基础的平面几何尺寸，在截面图上可不再重复表达。

对多个同类基础，可采用列表注写（结合截面示意图）的方式进行集中表达。表中内容为基础截面的几何数据和配筋等，在截面示意图上应标注与表中栏目相对应的代号。

普通独立基础列表格式见表6-2。

表6-2 普通独立基础几何尺寸和配筋表

基础编号/截面号	截面几何尺寸				底部配筋(B)	
	x、y	x_c、y_c	x_i、y_i	h_1/h_2 ……	x向	y向

注：表中可根据实际情况增加栏目。例如，当基础底面标高与基础底面基准标高不同时加注相对标高高差；再如，当为双柱独立基础时，加注基础顶部配筋或基础梁几何尺寸和配筋等。

杯口独立基础列表格式见表6-3。

表6-3 杯口独立基础几何尺寸和配筋表

基础编号/截面号	截面几何尺寸				底部配筋(B)		杯口顶部钢筋网(Sn)	杯壁外侧配筋(O)	
	x、y	x_c、y_c	x_i、y_i	a_0、a_1，$h_1/h_2/h_3$ ……	x向	y向		角筋/长边中部筋/短边中部筋	杯口箍筋/短柱箍筋

当独立基础底板的x向或y向宽度大于等于2.5m时，除基础边缘的第一根钢筋外，x向或y向的钢筋长度可减短10%，即按长度的0.9倍交错绑扎设置，但对偏心基础的某边自柱中心至基础边缘尺寸小于1.25m时，沿该方向的钢筋长度不应减短。

6.2 条形基础平法施工图设计

柱下条形基础是软弱地基上框架或排架结构常用的一种基础类型，当绘制条形基础平面布置图时，应将条形基础平面与基础所支承的上部结构的柱、墙一起绘制；同独立基础一样，有平面注写与截面注写两种表达方式，可选择一种或结合使用，当梁板式基础梁中心或板式条形基础板中心与建筑定位轴线不重合时，应标注其偏心尺寸；对于编号相同的条形基础，可仅选择一个进行标注。

条形基础从整体上可分为梁板式和板式两类。梁板式条形基础适用于钢筋混凝土框架结构、框架-剪力墙结构、框支结构和钢结构，平法施工图将梁板式条形基础分解为基础梁和条形基础底板分别进行表达。板式条形基础适用于钢筋混凝土剪力墙结构和砌体结构，平法施工图仅表达条形基础底板。当墙下设有基础圈梁时，再加注基础圈梁的截面尺寸和配筋。

6.2.1 条形基础编号

条形基础编号分为基础梁、基础圈梁编号和条形基础底板编号，具体偏号规定见表6-4和表6-5。

表6-4 条形基础梁编号

类型	代号	序号	跨数及有否外伸
基础梁	JL	××	(××)端部无外伸；(××A)一端有外伸；(××B)两端有外伸
基础圈梁	JQL	××	同上

注：基础圈梁仅需集中引注，标注方式与基础梁的集中标注相同。

表6-5 条形基础底板编号

类型	基础底板截面形状	代号	序号	跨数及有否外伸
条形基础底板	坡形	TJB_P	××	(××)端部无外伸 (××A)一端有外伸 (××B)两端有外伸
	阶形	TJB_J	××	

注：条形基础通常采用坡形截面或单阶形截面。

6.2.2 基础梁的平面注写方式

基础梁的平面注写方式分集中标注和原位标注两部分内容。

1. 基础梁的集中标注

基础梁的集中标注包含必注内容和选注内容，必注内容为基础梁编号、截面尺寸、配筋三项，选注内容为当基础梁底面标高与基础底面基准标高不同时的相对标高高差及必要的文字注解。

（1）基础梁编号（必注内容） 基础梁按表6-4的规定编号。

（2）基础梁截面尺寸（必注内容） 注写 $b \times h$，表示梁截面宽度与高度。当为加腋梁时，用 $b \times h\mathrm{Y}c_1 \times c_2$ 表示，其中 c_1 为腋长，c_2 为腋高。

（3）基础梁配筋（必注内容）

1）基础梁箍筋。当具体设计仅采用一种箍筋间距时，注写钢筋级别、直径、间距与肢数（箍筋肢数写在括号内，下同）；当具体设计采用两种或多种箍筋间距时，用“/”分隔不同箍筋的间距及肢数，按照从基础梁两端向跨中的顺序注写。当设计为两种不同箍筋时，先注写第1段箍筋（在前面加注箍筋道数），在斜线后再注写第2段箍筋（不再加注箍筋道数）。

例如，10Φ16@150/250（4）表示配置两种HRB235级箍筋，直径均为Φ16，从梁两端起向跨内按间距150mm设置10道，梁其余部位的间距为250mm，均为4肢箍。

例如，10Ф16@100/9Ф16@150/Ф16@200（6）表示配置三种HRB400级箍筋，直径Ф16，从梁两端起向跨内按间距100mm设置10道，再按间距150mm设置9道，梁其余部位的间距为200mm，均为6肢箍。

在施工时应注意：在两向基础梁相交位置，无论该位置上有无框架柱，均应有一向截面较高的基础梁箍筋贯通设置；当两向基础梁等高时，则选择跨度较小的基础梁的箍筋贯通设置，当两向基础梁等高且跨度相同时，则任选一向基础梁的箍筋贯通设置。

2）基础梁底部、顶部及侧面纵向钢筋。梁底部贯通纵筋以B打头，且不应少于梁底部受力钢筋总截面面积的1/3。可在跨中1/3跨度范围内采用搭接连接、机械连接或对焊连接，当跨中所注根数少于箍筋肢数时，需要在跨中增设梁底部架立筋以固定箍筋，采用“+”将贯通纵筋与架立筋相联，架立筋注写在加号后面的括号内；

梁顶部贯通纵筋以T打头；可在距柱根1/4跨度范围内采用搭接连接，或在柱根附近采用机械连接或对焊连接，且应严格控制接头百分率。

当梁底部或顶部贯通纵筋多于一排时，用“/”将各排纵筋自上而下分开。

例如，B：4⌀28；T：12⌀28 7/5表示梁底部配置贯通纵筋为4⌀28，梁顶部配置贯通纵筋上一排为7⌀28，下一排为5⌀28，共12⌀28。

梁两侧面对称设置的纵向构造钢筋的总配筋值以大写字母G打头，当梁腹板净高$h_w \geq$ 450mm时，根据需要配置。

例如，G8⌀14表示梁每个侧面配置纵向构造钢筋4⌀14，共配置8⌀14。

（4）基础梁底面相对标高高差（选注内容） 当条形基础的底面标高与基础底面基准标高不同时，将条形基础底面相对标高高差注写在“（）”内。

（5）必要的文字注解（选注内容） 当基础梁的设计有特殊要求时，宜增加必要的文字注解。

2. 基础梁的原位标注

基础梁原位标注涉及到下面四项内容：基础梁端或梁在柱下区域的底部全部纵筋的原位注写，基础梁的附加箍筋或（反扣）吊筋的原位注写，基础梁外伸部位的变截面高度尺寸的原位注写和原位注写修正内容。

（1）基础梁端或梁在柱下区域的底部全部纵筋（包括底部非贯通纵筋和已集中注写的底部贯通纵筋） 当梁端或梁在柱下区域的底部纵筋多于一排时，用“/”将各排纵筋自上而下分开；当同排纵筋有两种直径时，用“+”将两种直径的纵筋相连；当梁中间支座或梁在柱下区域两边的底部纵筋配置不同时，须在支座两边分别标注；当梁中间支座两边的底部纵筋相同时，可仅在支座的一边标注；当梁端（柱下）区域的底部全部纵筋与集中注写过的底部贯通纵筋相同时，可不再重复进行原位标注。

设计时如果对底部一平（柱下两边的梁底部在同一个平面上）的梁支座（柱下）两边的底部非贯通纵筋采用不同配筋值时，应先按较小一边的配筋值选配相同直径的纵筋贯穿支座，再将较大一边的配筋差值选配适当直径的钢筋锚入支座，避免造成支座两边大部分钢筋直径不相同的不合理配置结果。

施工及预算方面应当注意：当底部贯通纵筋经原位注写修正，出现两种不同配置的底部贯通纵筋时，应在两毗邻跨中配置较小一跨的跨中连接区域进行连接（即配置较大一跨的底部贯通纵筋须延伸至毗邻跨的跨中连接区域）。

（2）基础梁的附加箍筋或（反扣）吊筋 当两向基础梁十字交叉，但交叉位置无柱时，应根据抗力需要设置附加箍筋或（反扣）吊筋。

将附加箍筋或（反扣）吊筋直接画在平面图十字交叉梁中刚度较大的条形基础主梁上，原位直接引注总配筋值（附加箍筋的肢数注在括号内），当多数附加箍筋或（反扣）吊筋相同时，可在条形基础平法施工图上统一注明，少数与统一注明值不同时，可在原位直接引注。

（3）基础梁外伸部位的变截面高度尺寸　当基础梁外伸部位采用变截面高度时，在该部位原位注写 $b \times h$，h_1/h_2，h_1 为根部截面高度，h_2 为尽端截面高度。

（4）原位注写修正内容　当在基础梁上集中标注的某项内容（如截面尺寸、箍筋、底部与顶部贯通纵筋或架立筋、梁侧面纵向构造钢筋、梁底面相对标高高差等）不适用于某跨或某外伸部位时，将其修正内容原位标注在该跨或该外伸部位，**施工时原位标注取值优先**。

当在多跨基础梁的集中标注中已注明加腋，而该梁某跨根部不需要加腋时，则应在该跨原位标注无 $Yc_1 \times c_2$ 的 $b \times h$，以修正集中标注中的加腋要求。

6.2.3　条形基础底板的平面注写方式

条形基础底板的平面注写方式分集中标注和原位标注两部分内容。

1. 条形基础底板集中标注

必注内容包括条形基础底板编号、截面竖向尺寸、配筋三项；选注内容包括条形基础底板底面相对标高高差、必要的文字注解两项。选注内容要求与独立基础要求相同，不再赘述。

素混凝土条形基础底板的集中标注，除无底板配筋内容外，其形式、内容与钢筋混凝土条形基础底板相同。

（1）条形基础底板编号（必注内容）　按表 6-5 的规定编号。条形基础底板向两侧的截面形状通常有两种：①阶形截面，编号加下标“J”，如 TJB_J ××（××）；②坡形截面，编号加下标“P”，如 TJB_P ××（××）。

（2）注写条形基础底板截面竖向尺寸（必注内容）

1）当条形基础底板为坡形截面时，注写为 h_1/h_2，如图 6-28 所示。

例如，当条形基础底板为坡形截面 TJB_P ××，其截面竖向尺寸注写为 300/250 时，表示 h_1 = 300mm，h_2 = 250mm，基础底板总厚度为 550mm。

2）当条形基础底板为阶形截面时，如图 6-29 所示。例如，当条形基础底板为阶形截面 TJB_J ××，其截面竖向尺寸注写为 300 时，表示 h_1 = 300mm，且为基础底板总厚度。上例及图 6-29 所示为单阶条形基础，当为多阶条形基础时，各阶尺寸自下而上以“/”分隔顺写。

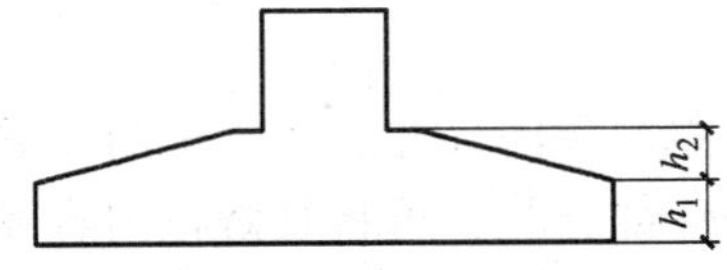

图 6-28　条形基础底板坡形截面竖向尺寸

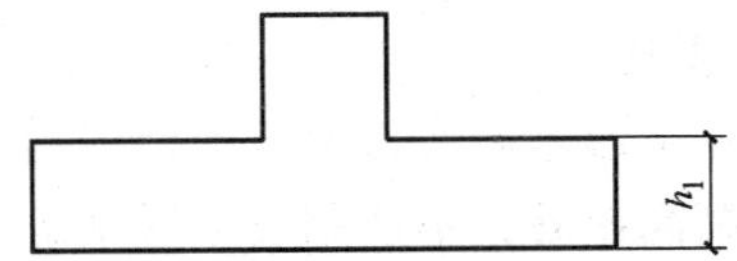

图 6-29　条形基础底板阶形截面竖向尺寸

(3) 条形基础底板底部及顶部配筋（必注内容） 条形基础底板底部的横向受力钢筋以 B 打头；条形基础底板顶部的横向受力钢筋以 T 打头；在注写时用“/”分隔条形基础底板的横向受力钢筋与构造配筋。

例如，在图 6-30 中，B：Φ14@150/Φ8@250 表示条形基础底板底部配置 HRB335 级横向受力钢筋，直径为Φ14，分布间距 150mm；配置 HPB235 级构造钢筋，直径为Φ8，分布间距 250mm。

当为双梁（或双墙）条形基础底板时，除在底板底部配置钢筋外，一般尚需在两根梁或两道墙之间的底板顶部配置钢筋，其中横向受力钢筋的锚固从梁的内边缘（或墙边缘）起算（见图 6-31）。

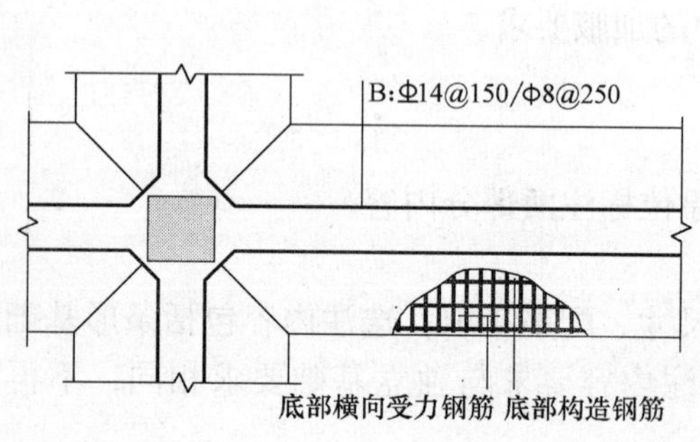

图 6-30 条形基础底板底部配筋示意

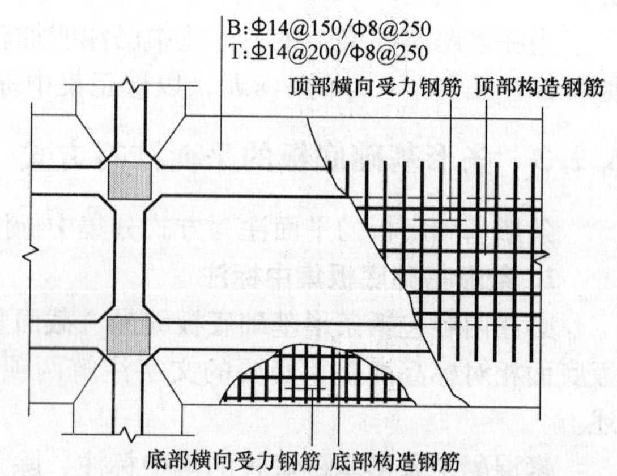

图 6-31 双梁条形基础底板顶部配筋示意

2. 条形基础底板原位标注

条形基础底板的平面尺寸，原位标注 b，b_i，$i=1$，2，…，其中，b 为基础底板总宽度，b_i 为基础底板台阶的宽度。当基础底板采用对称于基础梁的坡形截面或单阶形截面时，b_i 可不注（见图 6-32）。

素混凝土条形基础底板的原位标注，与钢筋混凝土条形基础底板的原位标注形式、内容相同。对于相同编号的条形基础底板，可仅选择一个进行标注。

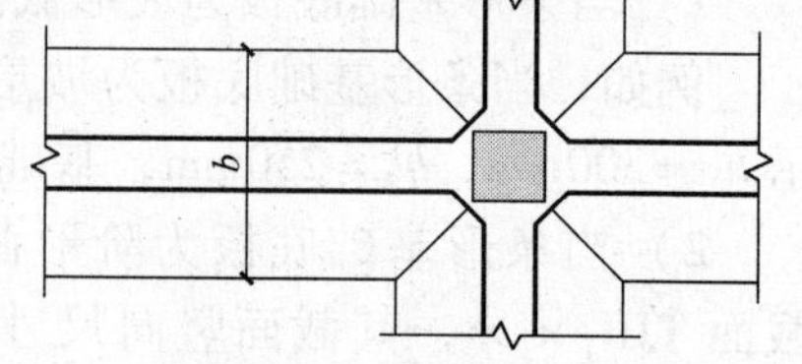

图 6-32 条形基础底板平面尺寸原位标注

梁板式条形基础存在双梁共用同一基础底板、墙下条形基础也存在双墙共用同一基础底板的情况，当为双梁或为双墙且两梁或两墙荷载差别较大时，条形基础两侧可取不同的宽度，实际宽度可以原位标注的基础底板两侧非对称的不同台阶宽度 b_i 表达。

当在条形基础底板上集中标注的某项内容，如底板截面竖向尺寸、底板配筋、底板底面相对标高高差等，不适用于条形基础底板的某跨或某外伸部分时，可将其修正内容原位标注在该跨板或该板外伸部位，施工时“原位标注取值优先”。

采用平面注写方式表达的条形基础设计施工图如图 6-33 所示。

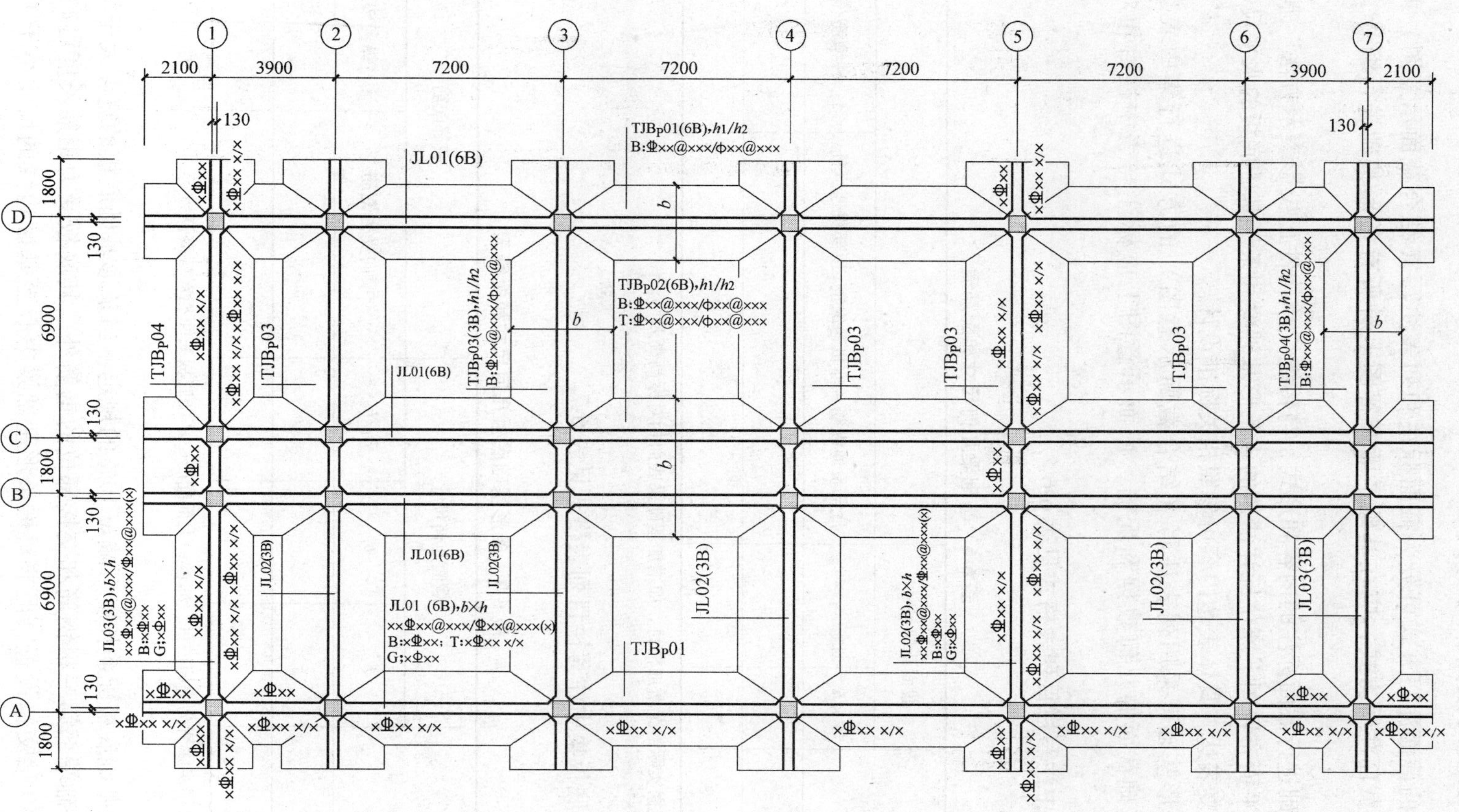

图 6-33　采用平面注写方式表达的条形基础设计施工图

注：基础底面标高(m)：-×.×××；±0.000 的绝对标高(m)：×××.×××。

6.2.4 条形基础的截面注写方式

条形基础的截面注写方式可分为截面标注和列表注写（结合截面示意图）两种表达方式。当采用截面注写方式，应在基础平面布置图上对所有条形基础进行编号（见表6-4）。

对条形基础进行截面标注的内容和形式，与传统“单构件正投影表示方法”基本相同。对于已在基础平面布置图上原位标注清楚的该条形基础梁和条形基础底板的水平尺寸，可不在截面图上重复表达，具体表达内容可参照相关标准设计。

对多个条形基础可采用列表注写（结合截面示意图）的方式进行集中表达。表中内容为条形基础截面的几何数据和配筋，截面示意图上应标注与表中栏目相对应的代号。

基础梁集中注写栏目列表格式见表6-6。

表6-6　基础梁几何尺寸和配筋表

基础梁编号/截面号	截面几何尺寸		配　筋	
	$b \times h$	加腋 $c_1 \times c_2$	底部贯通纵筋+非贯通纵筋，顶部贯通纵筋	第一种箍筋/第二种箍筋

注：表中可根据实际情况增加栏目，如增加基础梁底面相对标高高差等。

条形基础底板集中注写栏目列表格式见表6-7。

表6-7　条形基础底板几何尺寸和配筋表

基础底板编号/截面号	截面几何尺寸			底部配筋	
	b	b_i	h_1/h_2	横向受力钢筋	纵向构造钢筋

注：表中可根据实际情况增加栏目，如增加上部配筋、基础底板底面相对标高高差等。

关于条形基础底板配筋长度可减短10%的规定：当条形基础底板的宽度大于等于2.5m时，除条形基础端部第一根钢筋和交接部位的钢筋外，其底板受力钢筋长度可减短10%，即按长度的0.9倍交错设置，但非对称条形基础梁中心至基础边缘的尺寸小于1.25m时，朝该方向的钢筋长度不应减短。

6.3 桩基承台平法施工图设计

当绘制桩基承台平面布置图时，有平面注写与截面注写两种表达方式，应将承台下的桩位和承台所支承的上部钢筋混凝土结构、钢结构、砌体结构或混合结构的柱、墙平面一起绘制。当设置基础连梁时，可根据图面的疏密情况，将基础连梁与基础平面布置图一起绘制，或将基础连梁布置图单独绘制。

当桩基承台的柱中心线或墙中心线与建筑定位轴线不重合时，应标注其偏心尺寸；对于编号相同的桩基承台，可仅选择一个进行标注。

6.3.1 桩基承台编号

桩基承台可由独立承台和承台梁组成，编号分别按表6-8和表6-9的规定。

表6-8 独立承台编号

类　型	独立承台截面形状	代　号	序　号	说　明
独立承台	阶形	CT_J	××	单阶截面即为平板式独立承台
	坡形	CT_P	××	

注：杯口独立承台代号可为 BCT_J 和 BCT_P，设计注写方式可参照杯口独立基础，施工详图应由设计者提供。

表6-9 承台梁编号

类　型	代　号	序　号	跨数及有否悬挑
承台梁	CTL	××	(××)端部无外伸 (××A)一端有外伸 (××B)两端有外伸

6.3.2 独立承台的平面注写方式

独立承台的平面注写方式，分为集中标注和原位标注两部分内容。

1. 独立承台的集中标注

必注内容包括独立承台编号、截面竖向尺寸、配筋三项；选注内容包括当承台板底面标高与承台底面基准标高不同时的相对标高高差和必要的文字注解两项。选注内容要求同独立基础，不再赘述。

（1）独立承台编号（必注内容） 独立承台按表6-8的规定编号。

（2）独立承台截面竖向尺寸（必注内容）

1）当独立承台为阶形截面时（见图6-34和图6-35），如为多阶（图6-34为两阶），则各阶尺寸自下而上用“/”分隔顺写，如 $h_1/h_2/\cdots\cdots$；如为单阶，则截面竖向尺寸仅为一个，且为独立承台总厚度（见图6-35）。

2）当独立承台为坡形截面时，截一面竖向尺寸注写为 h_1/h_2，如图6-36所示。

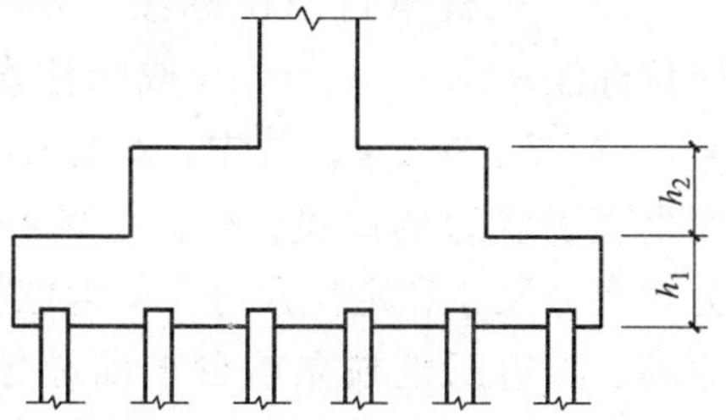

图6-34 阶形截面独立承台竖向尺寸

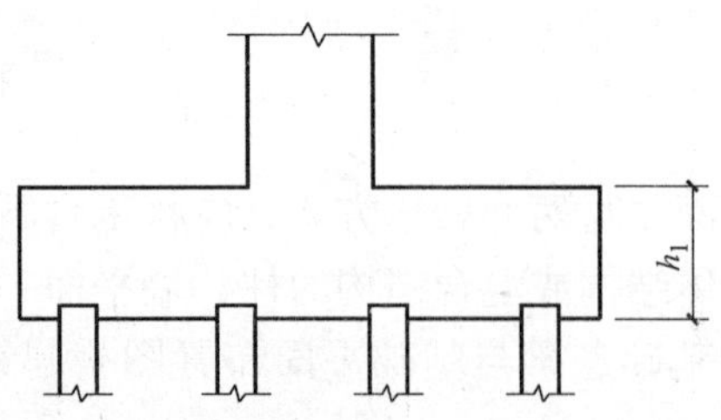

图 6-35　单阶截面独立承台竖向尺寸

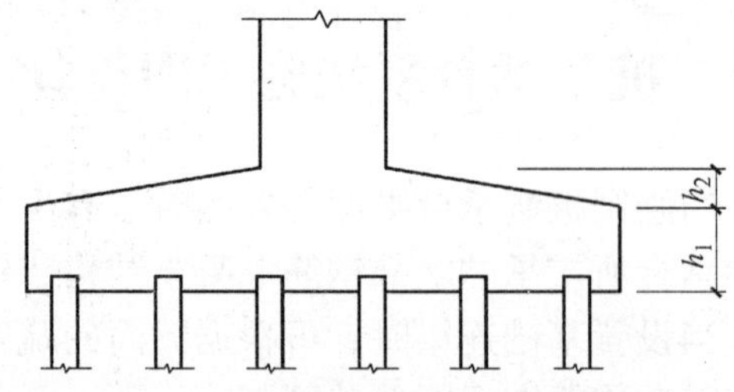

图 6-36　坡形截面独立承台竖向尺寸

（3）独立承台配筋（必注内容）　底部与顶部双向配筋应分别注写，顶部配筋仅用于双柱或四柱等独立承台，当独立承台顶部无配筋时则不注顶部。独立承台配筋标注要求：

1）以 B 打头注写底部配筋，以 T 打头注写顶部配筋。

2）矩形承台 x 向配筋以 X 打头，y 向配筋以 Y 打头；当两向配筋相同时，则以 X&Y 打头。

3）当为等边三桩承台时，以“△”打头，注写三角布置的各边受力钢筋（注明根数并在配筋值后注写“×3”），在“/”后注写分布钢筋，如△××⏀××@××××3/Φ××@×××。

4）当为等腰三桩承台时，以“△”打头注写等腰三角形底边的受力钢筋＋两对称斜边的受力钢筋（注明根数并在两对称配筋值后注写“×2”），在“/”后注写分布钢筋，如△××⏀××@×××＋××⏀××@××××2/Φ××@×××。

5）当为多边形（五边形或六边形）承台或异型独立承台，且采用 x 向和 y 向正交配筋时，注写方式与矩形独立承台相同。

三桩承台的底部受力钢筋应按三向板带均匀布置，且最里面的三根钢筋围成的三角形应在柱截面范围内。

2. 独立承台的原位标注

在桩基承台平面布置图上标注独立承台的平面尺寸时，相同编号的独立承台，可仅选择一个进行标注，其他相同编号者仅注编号。

（1）矩形独立承台原位标注　原位标注 x、y，x_c、y_c（或圆柱直径 d_c），x_i、y_i，a_i、b_i，$i=1，2，3，\cdots$，其中，x、y 为独立承台两向边长，x_c、y_c 为柱截面尺寸，x_i、y_i 为阶宽或坡形平面尺寸，a_i、b_i 为桩的中心距及边距（a_i、b_i 根据具体情况可不注），如图 6-37 所示。

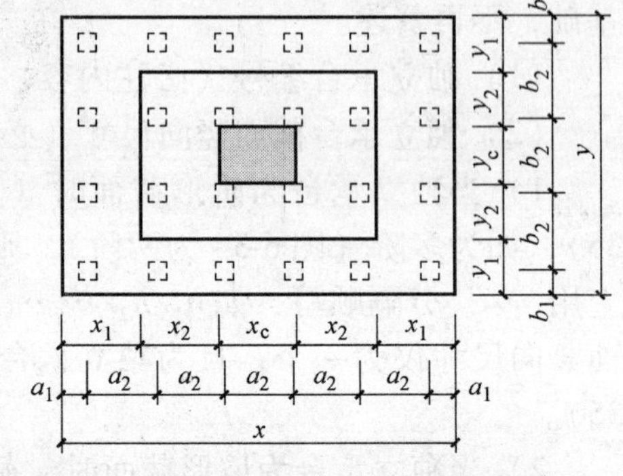

图 6-37　矩形独立承台平面原位标注

（2）三桩承台原位标注　结合 x、y 双向定位，原位标注 x 或 y，x_c、y_c（或圆柱直径 d_c），x_i、y_i，$i=1，2，3，\cdots$，a，其中，x 或 y 为三桩独立承台平面垂直于底边的高度，x_c、y_c 为柱截面尺寸，x_i、y_i 为承台分尺寸和定位尺寸，a 为桩中心距切角边缘的距离。等边三桩独立承台平面原位标注如图 6-38 所示。等腰三桩独立承台平面原位标注如图 6-39 所示。

（3）多边形独立承台原位标注　结合 x、y 双向定位，原位标注 x 或 y，x_c、y_c（或圆柱直径 d_c），x_i、y_i，$i=1$，2，3，…。具体设计时，可参照矩形独立承台或三桩独立承台的原位标注规定。

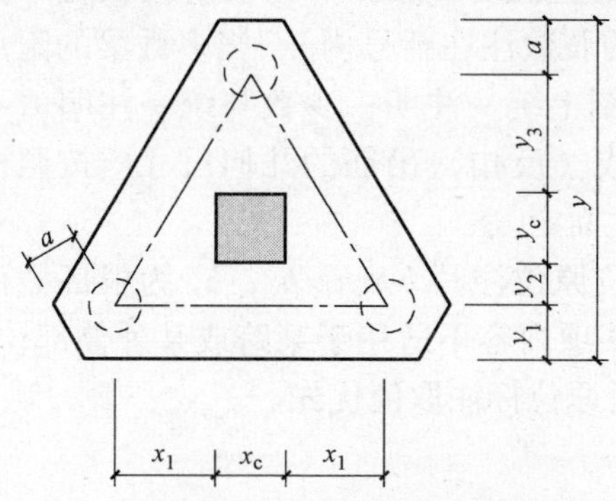

图6-38　等边三桩独立承台平面原位标注

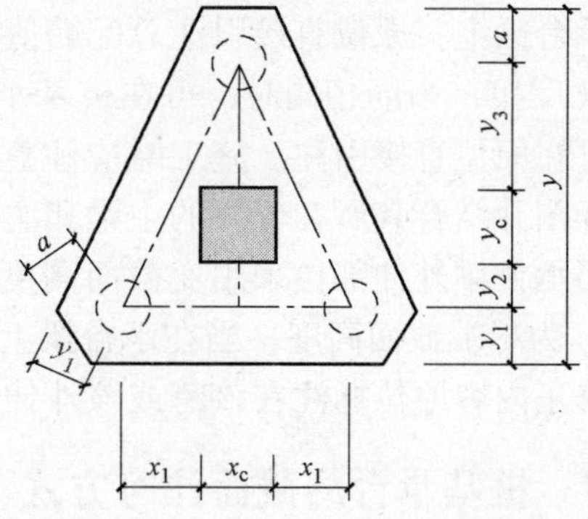

图6-39　等腰三桩独立承台平面原位标注

6.3.3　承台梁的平面注写方式

承台梁的平面注写方式也分集中标注和原位标注两部分内容。

1. 承台梁的集中标注内容

必注内容包括承台梁编号、截面尺寸、配筋三项；选注内容包括承台梁底面相对标高高差、必要的文字注解两项。选注内容要求同独立基础，不再赘述。

（1）注写承台梁编号（必注内容）　承台梁按表6-9的规定编号。

（2）注写承台梁截面尺寸（必注内容）　注写 $b \times h$，表示梁截面宽度与高度。当为加腋梁时，用 $b \times h\mathrm{Y}c_1 \times c_2$ 表示，其中 c_1 为腋长，c_2 为腋高。

（3）注写承台梁配筋（必注内容）

1）承台梁箍筋。承台梁箍筋的注写要求同基础梁箍筋的注写要求类似，即当具体设计仅采用一种箍筋间距时，注写钢筋级别、直径、间距与肢数（箍筋肢数写在括号内，下同）；当具体设计采用两种箍筋间距时，用“/”分隔不同箍筋的间距及肢数，按照从基础梁两端向跨中的顺序注写，先注写第一种箍筋（在前面加注箍筋道数），在斜线后再注写第二种跨中箍筋（不再加注箍筋道数）。

在施工时应注意在两向承台梁相交位置，应有一向截面较高的承台梁箍筋贯通设置；当两向承台梁等高时，可任选一向承台梁的箍筋贯通设置。

2）注写承台梁底部、顶部及侧面纵向钢筋。承台梁底部贯通纵筋以B打头注写；承台梁顶部贯通纵筋以T打头注写；当梁底部或顶部贯通纵筋多于一排时，用“/”将各排纵筋自上而下分开。例如，B：5Φ25；T：7Φ25，表示承台梁底部配置贯通纵筋5Φ25，梁顶部配置贯通纵筋7Φ25。

以大写字母G打头注写承台梁侧面对称设置的纵向构造钢筋的总配筋值（当梁腹板净高 $h_w \geqslant 450$mm时，根据需要配置）。例如，G8Φ14表示梁每个侧面配置纵向构造钢筋4Φ14，共配置8Φ14。

2. 承台梁的原位标注

当承台梁端部或在柱下区域的底部全部纵筋（包括底部非贯通纵筋和已集中注写的底部贯通纵筋）与集中注写过的底部贯通纵筋相同时，可不再重复进行原位标注，如不同则需原位标注该部位。

当需要设置附加箍筋或（反扣）吊筋时，将附加箍筋或（反扣）吊筋直接画在平面图中的承台梁上，原位直接引注总配筋值（附加箍筋的肢数注在括号内），当多数梁的附加箍筋或（反扣）吊筋相同时，可在桩基承台平法施工图上统一注明，少数与统一注明值不同时，可在原位直接引注。施工时应注意，附加箍筋或（反扣）吊筋的几何尺寸应按照标准构造详图并结合其所在位置的主梁和次梁的截面尺寸而定。

当承台梁外伸部位采用变截面高度时，在该部位原位注写 $b \times h_1/h_2$，h_1 为根部截面高度，h_2 为尽端截面高度。当在承台梁上集中标注的某项内容不适用于某跨或某外伸部位时，将其修正内容原位标注在该跨或该外伸部位，施工时原位标注取值优先。

6.3.4 桩基承台的截面注写方式

桩基承台的截面注写方式，可分为截面标注和列表注写（结合截面示意图）两种表达方式。采用截面注写方式，应在桩基平面布置图上对所有桩基进行编号，见表6-8和表6-9。

桩基承台的截面注写方式，可参照独立基础及条形基础的截面注写方式，进行设计施工图的表达。

6.4 基础连梁与地下框架梁平法施工图设计

6.4.1 基础连梁的表示方法

基础连梁是指连接独立基础、条形基础或桩基承台的梁。基础连梁的平法施工图设计可在基础平面布置图上采用平面注写方式表达（也可采用截面注写方式）。

1. 基础连梁编号

基础连梁编号要求见表6-10。在编号时应注意：基础连梁根据实际情况可设计为贯通基础或不贯通基础两种形式，当设计为不贯通基础的形式时，应逐跨标注为单跨基础连梁 JLL ××(1)。单跨基础连梁的端部纵筋，从基础边缘开始进行锚固。

表6-10　承台梁编号

类　型	代　号	序　号	跨数、有否外伸或悬挑
基础连梁	JLL	××	(××)端部无外伸 (××A)一端有外伸 (××B)两端有外伸

2. 注写基础连梁截面尺寸（必注内容）

注写 $b \times h$ 表示梁截面宽度与高度。当为加腋梁时，用 $b \times h\mathrm{Y}c_1 \times c_2$ 表示，其中，c_1 为腋长，c_2 为腋高。

3. 注写基础连梁箍筋和贯通钢筋（必注内容）

基础连梁箍筋：当具体设计仅采用一种箍筋间距时，注写钢筋级别、直径、间距与肢数（箍筋肢数写在括号内），如 11 Φ 14@150(4)。当具体设计采用两种箍筋间距时，用“/”两种箍筋间距分开，如 11 Φ 14@150/250(4)。

基础连梁底部、顶部及侧面纵向钢筋：梁底部贯通纵筋以 B 打头；梁顶部贯通纵筋以 T

打头；当梁底部或顶部贯通纵筋多于一排时，用“/”将各排纵筋自上而下分开；当基础连梁支座上部需要设置非贯通纵筋时，原位标注支座上部包括非贯通纵筋和贯通纵筋在内的全部纵筋；

以 G 打头注写梁两侧面对称设置的纵向构造钢筋的总配筋值（当梁腹板净高 $h_w \geqslant$ 450mm 时，根据需要进行设置）。

6.4.2 地下框架梁的表示方法

地下框架梁是指设置在基础顶面以上且低于建筑标高 ±0.000（室内地面）并以框架柱为支座的梁。地下框架梁的平法施工图设计，除梁编号不同以外，集中标注与原位标注的内容等与楼层框架梁相同。

地下框架梁编号见表 6-11。

表 6-11 地下框架梁编号

类　型	代　号	序　号	跨数、有否外伸或悬挑
地下框架梁	DKL	××	(××)端部无外伸 (××A)一端有外伸 (××B)两端有外伸

基础连梁和地下框架梁可以与各种类型的基础进行特殊配合应用。例如，基础沉降缝两边交错设置的条形基础或独立基础，可分别在其上设置地下框架梁或基础连梁。设计时，须特别注意梁底标高应高于交错设置的相邻基础顶面标高，以满足基础沉降所需空间。

6.5 独立基础部分构造详图

6.5.1 独立基础

独立基础底板配筋构造适用于普通独立基础和杯口独立基础，基础底板的截面方式可为阶形截面 DJ_J、BJ_J，或坡形截面 DJ_P、BJ_P（见图 6-10）。独立基础底部双向交叉钢筋长向设置在下，短向设置在上，至于独立基础长向为哪个方向应详见具体工程设计，平法中规定图面水平方向为 x 向，竖向为 y 向。

6.5.2 基础梁纵向钢筋与箍筋构造

跨度值 l_0 为左跨 l_{0i}和右跨 l_{0i+1}之较大值，其中 $i=1, 2, 3, \cdots$（边跨端部计算用 l_0 取边跨跨度值）；节点区内箍筋按梁端箍筋设置，同跨箍筋有多种时，各自设置范围按具体设计注写值，当纵筋需要采用搭接连接时，在受拉搭接区域的箍筋间距不应大于搭接钢筋较小直径的 5 倍，且不应大于 100mm，在受压搭接区域的箍筋间距不应大于搭接钢筋较小直径的 10 倍，且不应大于 200mm，当需要判别受拉与受压搭接区域时，应由结构内力实际分布情况确定；当两毗邻跨的底部贯通纵筋配置不同时，应将配置较大一跨的底部贯通纵筋越过其标注的跨数终点或起点，延伸至配置较小的毗邻跨的跨中连接区域进行连接；当底部纵筋多于两排时，第三排非贯通纵筋向跨内的延伸长度值应注明；基础梁相交处位于同一层面的交叉纵筋，何梁纵筋在下，何梁纵筋在上，应按具体设计说明（见图 6-40）。

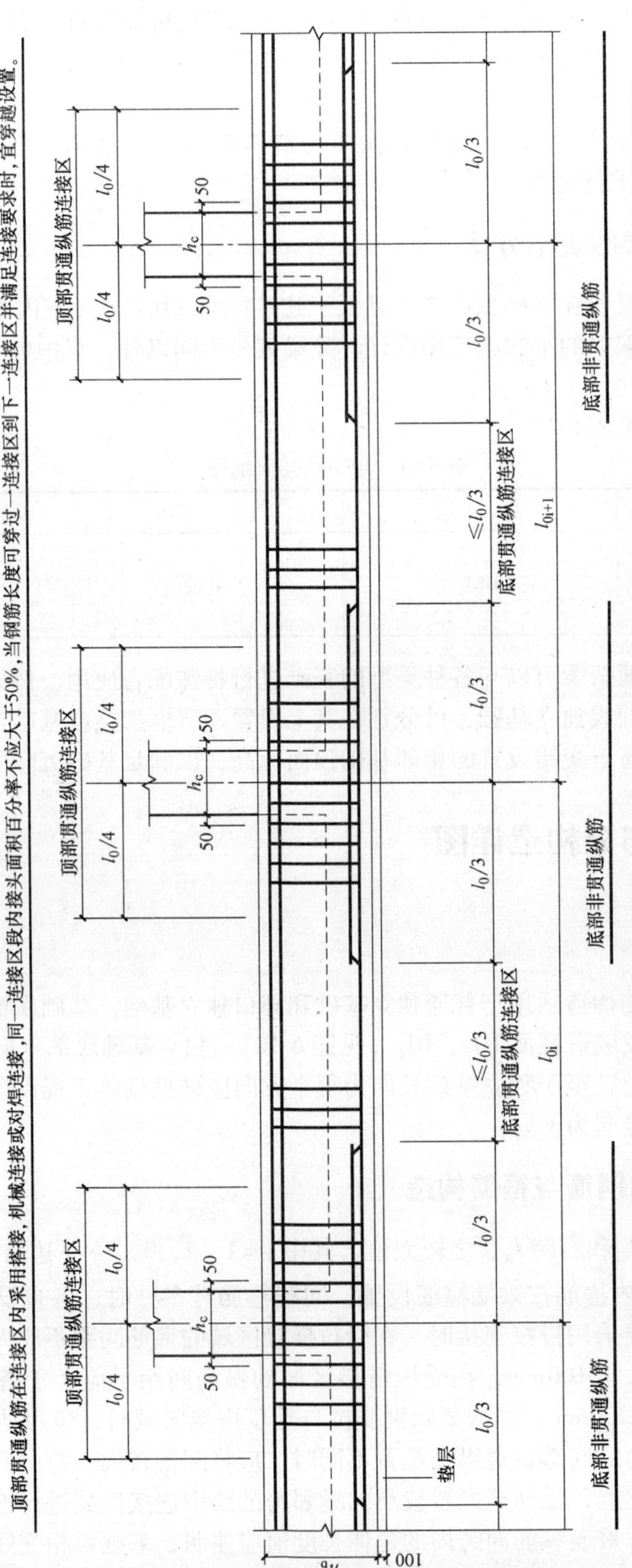

图 6-40 基础梁纵向钢筋与箍筋

6.5.3　条形基础底板和钢筋构造

当条形基础设有基础梁或基础圈梁时，基础底板的分布钢筋在梁宽范围内不设置；在基础底板中未示出的分布钢筋，在两向受力钢筋交接处的网状部位与同向受力钢筋的构造搭接长度为150mm（见图6-41）。

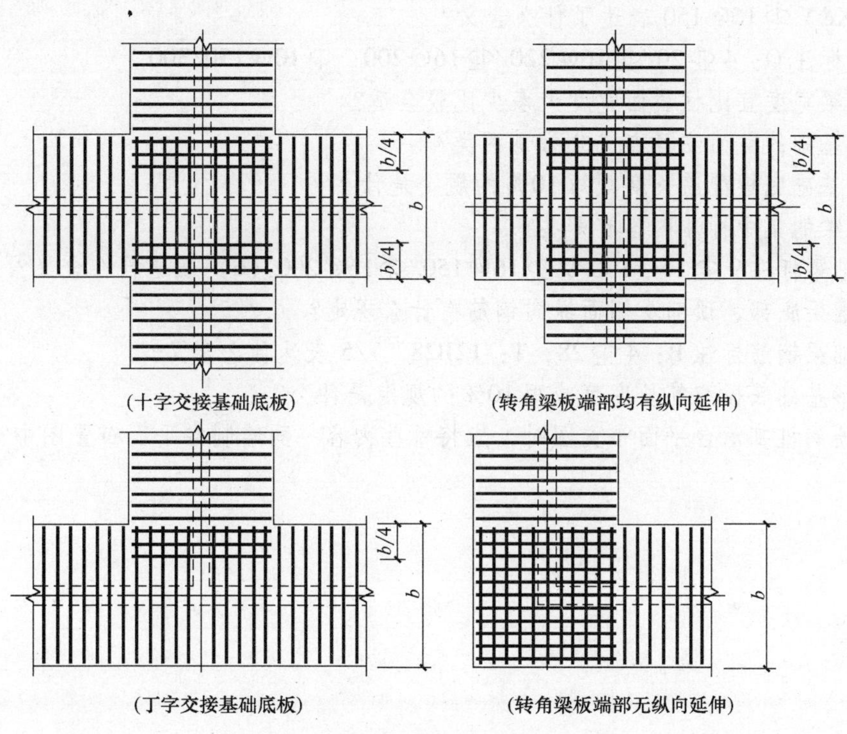

图6-41　条形基础底板钢筋构造

6.6　本章小结

1）独立基础、条形基础、桩基承台，以及基础连梁和地下框架梁结构在平面布置图上以平面注写方式为主，以截面注写方式为辅。

2）对独立基础、条形基础、桩基承台，以及基础连梁和地下框架梁的编号规则需详细了解。

3）独立基础、条形基础、桩基承台，以及基础连梁和地下框架梁的平面注写方式都分为集中标注和原位标注。

4）集中标注内容包括必注内容和选注内容，必注内容为基础编号、截面竖向尺寸、配筋三项；选注内容为当基础底面标高与基础底面基准标高不同时的相对标高高差和必要的文字注解。

5）不同的基础的原位标注内容有不同，须注意如有原位注写修正内容，则施工时原位标注取值有限；对相同编号的基础，可选择一个进行原位标注。

6）截面注写方式可分为截面标注和列表注写（结合截面示意图）两种表达方式。

思　考　题

1. 独立基础、条形基础及桩基承台底面标高分别如何规定的？
2. 对于普通独立基础和杯口独立基础的集中标注，在基础平面图上集中引注哪些内容？
3. DJ_P××表示什么基础？其竖向尺寸为300/280，又包含了什么信息？
4. B：X&Y Φ16@150表达了什么含义？
5. 描述标注O：4Φ20/Φ16@220/Φ16@200，Φ10@150/300。
6. 基础梁宽度宜比柱截面宽度大多少比较合适？
7. 独立基础的截面注写方式分为哪两类？
8. 独立基础底板配筋长度减短10%的规定是什么？
9. 基础梁的集中标注内容有哪些？
10. 基础梁标注9Φ16@100/9Φ16@150/Φ16@200（6）表达什么含义？
11. 基础梁底部、顶部及侧面纵向钢筋有什么规定？
12. 基础梁钢筋标注B：4Φ28；T：12B28　7/5表达什么含义？
13. 条形基础底板配筋长度可减短10%的规定是什么？
14. 当绘制桩基承台平面布置图时，应将哪些内容一同绘制在平面布置图中？

第7章　箱形基础与地下室结构施工图设计

本章学习目标

掌握箱形基础平法制图的一般规则；
熟悉箱形基础的基本构造编号；
掌握箱形基础板平面注写方式和截面注写表达方式；
掌握箱形基础墙体平面注写方式和截面注写表达方式；
熟悉箱形基础部分细部构造的平面注写方式；
掌握箱形基础的截面注写方式；
熟悉地下室构造的平面注写和截面注写表达方式；
熟悉部分构造详图。

随着我国经济的发展，需在各种不同地质条件的基础下建造规模大、层数多、结构复杂、安全使用条件高的各种类型建筑物，箱形基础因可承受较大的上部结构荷载，并可以有效地向下传递到地基，发挥出建筑物—基础—地基的共同作用，保证了建筑的安全与使用要求，使其成为一种主要基础类型。

箱形基础主要是由钢筋混凝土底板、顶板、侧墙及一定数量纵横墙构成的封闭箱体。按平法设计绘制的箱形基础和地下室结构施工图，以平面注写方式为主、截面注写方式为辅表达各构件的尺寸和配筋；结构平面坐标方向的规定同柱平法设计规定；应根据具体工程设计，按照各类构件的平法制图规则，在分层表示的平面布置图上直接表示各类构件的平面位置、尺寸和配筋，对于复杂的工业和民用建筑，当需要时应增加模板、基坑、留洞和预埋件等平面布置图或必要的详图。

按平法设计绘制的箱形基础和地下室结构施工图，应将所有的基础构件和地下室构件按制图规则进行编号；编号中含有类型代号，其主要的作用是指明所选用的标准构造详图。在标准构造详图上，已按其所属构件类型注明了代号，以确定该详图与平法施工图中相同构件的对应互补关系，使两者结合构成完成的施工图设计。

按平法设计绘制的箱形基础和地下室结构施工图，应采用表格或其他方式注明基础底面的基准标高，各地下结构层的地面标高，地上结构首层的地面标高（箱形基础或地下室顶板的顶面），以及地下各层的结构层高。此外，还应注明 ±0.000 的绝对标高。在同一单位工程中，其结构层楼（地）面标高与结构层高和基础底面基准标高的确定必须统一，以保证地基与基础，柱与墙、梁、板、楼梯等构件按照统一的竖向定位关系进行标注。为了施工方便，应将统一的结构层楼（地）面标高与结构层高和基础底面基准标高分别注写在基础、柱、墙、梁、板、楼梯等各类构件的平法施工图中。

箱形基础、地下室结构的基础底面标高为覆盖地基的基础垫层（包括防水层）的顶面标高；当具体工程的基础底面标高均相同时，基础底面基准标高即为基础底面标高；当基础底面标高不同时，应取占较大投影面积的底面标高为基础底面基准标高；对占较小投影面积的不同标高区域，应按具体规则注明其与基准标高的相对正负尺寸。

为了确保施工人员准确无误地按平法施工图进行施工，在具体工程的结构设计总说明中，应增加以下与平法施工图密切相关的内容：注明所选用平法国家建筑标准设计的图集号、有无抗震要求，当有抗震设防要求时，应注明地下室结构的抗震等级，以明确需选用相应抗震等级的标准构造详图；对于采用筏形基础的单、多层地下室及采用箱形基础的多层地下室，应注明上部结构的嵌固部位，以确定与其相关的抗震框架柱箍筋加密区范围和纵筋连接区范围；注明箱形基础所处的环境类别，且当对基础构件的混凝土保护层厚度有特殊要求时，应予以说明；当为防水混凝土时，应注明抗渗等级；应注明混凝土浇筑的时间间隔和后浇混凝土的强度等级等特殊要求。

7.1 箱形基础平法设计

箱形基础的平法施工图，应从下至上按箱形底板、中层楼板和顶板分层进行设计；箱形基础的各层平法施工图，有平面注写与截面注写两种方式，以平面注写方式为主，截面注写方式为辅。

箱形基础的底板或中层楼板结构平法施工图，应同时表达其上部结构（地上结构或箱形基础顶板以上的地下室结构）伸至该层墙体内的钢筋混凝土柱或钢结构柱的截面投影轮廓；箱形基础的顶板平法施工图，应同时表达上部结构（地上结构或箱形基础顶板以上的地下室结构）的钢筋混凝土柱、钢结构柱或剪力墙的截面投影轮廓。

在箱形基础的底板、中层楼板、顶板结构平法施工图上应标注墙体定位尺寸。当墙体中心线与建筑轴线不重合时，应标注偏心尺寸，在顶板结构平法施工图上还应标注框架柱的定位尺寸及偏心尺寸。

在箱形基础的各层平法施工图中，凡几何尺寸和配筋相同的构件（墙体和板区）均为同一编号；同一编号的构件可仅选择一个进行详细标注，其他则仅注编号。

7.1.1 箱形基础构件编号

箱形基础构件分为箱形基础底板、顶板、中层楼板，箱形基础外墙、内墙、悬挑墙梁，箱形基础洞口上、下过梁等，分别按表 7-1 的规定编号。

表 7-1 箱形基础构件编号

类 型	代 号	序 号	跨(间)数或起点至终点的轴线号	说 明
箱基底板	JB	××		分板区编号，其跨数或起点至终点的轴线号分别标注在 x 向与 y 向贯通筋之后
箱基顶板	DB	××		
箱基中层楼板	LB	××		
箱基外墙	WQ	××	(××)或(××-××轴)	墙体长度不足一跨时跨数不注，按结构平面图上标注的尺寸施工
箱基内墙	NQ	××	(××)或(××-××轴)	

（续）

类　型	代　号	序　号	跨(间)数或起点至终点的轴线号	说　明
悬挑墙梁	XQL	××		悬挑长度必须符合规范要求
底层洞口下过梁	XGL	××		设置在箱基底板洞口下方底板内
洞口上过梁	SGL	××		设置在箱基各层洞口上方

注：表中所指箱基外墙与内墙的跨（间）数为主轴线的跨数，当两主轴线之间的分隔墙较多（如两轴线之间有多部电梯井组合）时，仍按一跨考虑，且墙体是否开洞不影响跨（间）数。

7.1.2　箱形基础板的平面注写方式

箱形基础底板 JB、顶板 DB、中层楼板 LB 的平面注写，包括集中标注板编号、厚度、贯通筋等和原位标注附加非贯通筋等两部分内容；集中标注分板区表达，原位标注沿墙体表达。

集中标注，注写在所表达板区 x 向和 y 向均为第一跨的板上（画图时从左至右为 x 向，从上至下为 y 向），如图 7-1 所示。板区划分条件为：板厚、底部贯通筋、顶部贯通筋分别相同的一个或多个相邻板块为同一板区，但非贯通筋是否相同不作为板区划分条件。

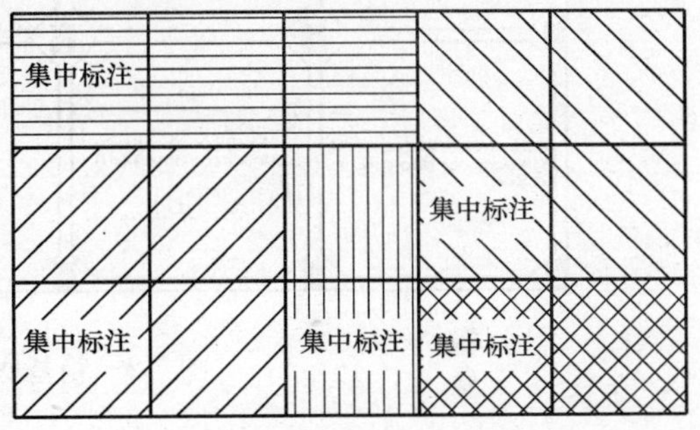

图 7-1　分板区集中标注的位置

原位标注，注写在与墙体正交的代表箱基底板底部附加非贯通筋的中粗虚线段、或代表箱基顶板、中层楼板顶部附加非贯通筋的中粗实线段上，且在附加非贯通筋配置相同的若干跨的第一跨上表达。

1. 箱形基础底板、顶板、中层楼板的集中标注

（1）集中标注内容

1）必注内容。注写箱形基础底板、顶板、中层楼板的板区编号，包括代号和序号，见表 7-1；注写板厚 h = ×××；注写双向贯通筋。

2）选注内容。注写板顶面相对标高高差；当板顶面标高与相应板基准标高不同时，将高差注写在括号内；必要的文字注解。

箱形基础底板集中标注项目如图 7-2 所示。

（2）箱形基础底板、顶板、中层楼板集中标注中双向贯通筋的注写

1）分别注写 x 向贯通筋和 y 向贯通筋的配筋值及其延伸长度。以 B 打头表示底部贯通筋，以 T 打头表示顶部贯通筋。

2）贯通筋的延伸长度注写在括号内；当无外伸或悬挑时注写为（××）或（××-××轴），一端有外伸或悬挑时注写为（××A）或（××-××轴 A），两端有外伸或悬挑注写为（××B）或（××-××轴 B）。例如

X：B ⌽22@180，T ⌽20@180，（1—7 轴）

Y：B ⌽20@150，T ⌽18@150，（A—D 轴）

箱形基础底板的底部贯通筋、顶板和中层楼板的顶部贯通筋可在跨中 1/3 跨度范围连

接，箱形基础底板的顶部贯通筋、顶板和中层楼板的底部贯通筋可在距墙轴线1/4跨度范围连接；当箱形基础底板、顶板和中层楼板分板区进行集中标注且相邻板区板底或板顶一平时，对贯通两个板区的箱基底板的底部贯通筋，顶板与中层楼板的顶部贯通筋，应从配筋较大板区延伸至配筋较小板区的跨中1/3跨度范围连接区域进行连接，具体构造可见相应标准图集。

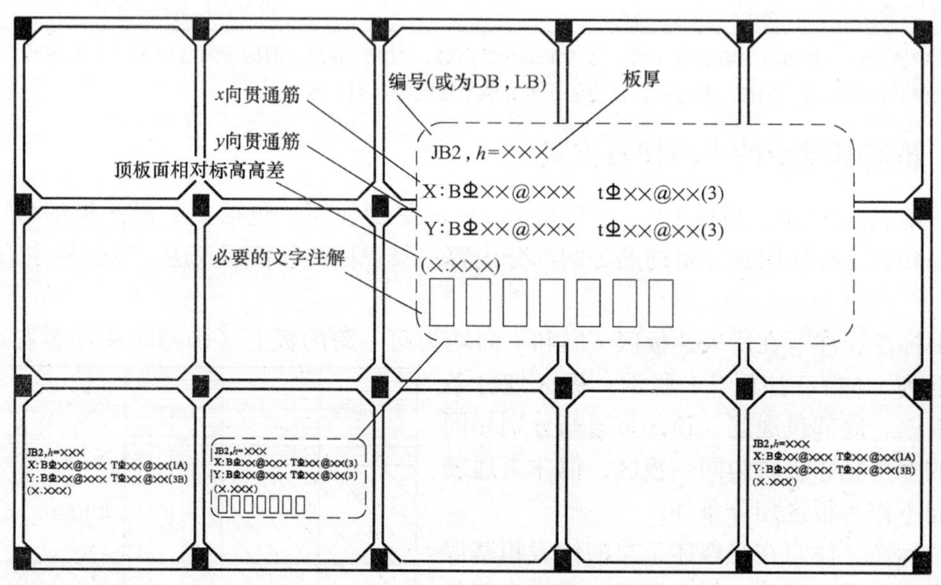

图7-2　箱基底板分板区集中标注项目

当箱形基础底板、顶板配有考虑承受箱形基础整体弯曲的钢筋时，设计应注明这些钢筋通长配置的范围。

2. 箱形基础底板、顶板、中层楼板的原位标注

箱形基础底板的原位标注，用于表达与箱基墙体正交并沿墙下分布的板底部附加非贯通筋（见图7-3）；箱形基础顶板、中层楼板的原位标注，用于表达与箱形基础墙体正交并沿墙体分布的板顶部附加非贯通筋（见图7-4），具体要求如下：

（1）注写附加非贯通筋的配筋值及其分布范围　在箱形基础底板上与墙体正交绘制的粗虚线段上以B打头表示板底部附加非贯通筋；在箱形基础顶板、中层楼板上与墙体正交绘制的粗实线段上以T打头引注板顶部附加非贯通筋；内容都包括钢筋编号、强度等级、直径、分布间距与分布范围，以及自箱形基础墙体中线向两边跨内的延伸长度值。

附加非贯通筋的分布范围注写在括号内；通常注写为跨数（××）或（××-××轴），当一端分布到外伸或悬挑部位时注写为（××A）或（××-××轴A），两端分布到外伸或悬挑部位时注写为（××B）或（××-××轴B）；当附加非贯通筋向墙体中线两侧对称延伸时，可仅在单侧标注跨内延伸长度，另一侧不注（钢筋水平投影总长度为标注长度的2倍）；当箱形基础板有外伸时，外伸一侧的延伸长度按标准构造，设计不注。

底部或顶部附加非贯通筋配置相同者，可仅选择一段中粗虚线或中粗实线注写，其他可仅在线段上注写编号以及分布范围。

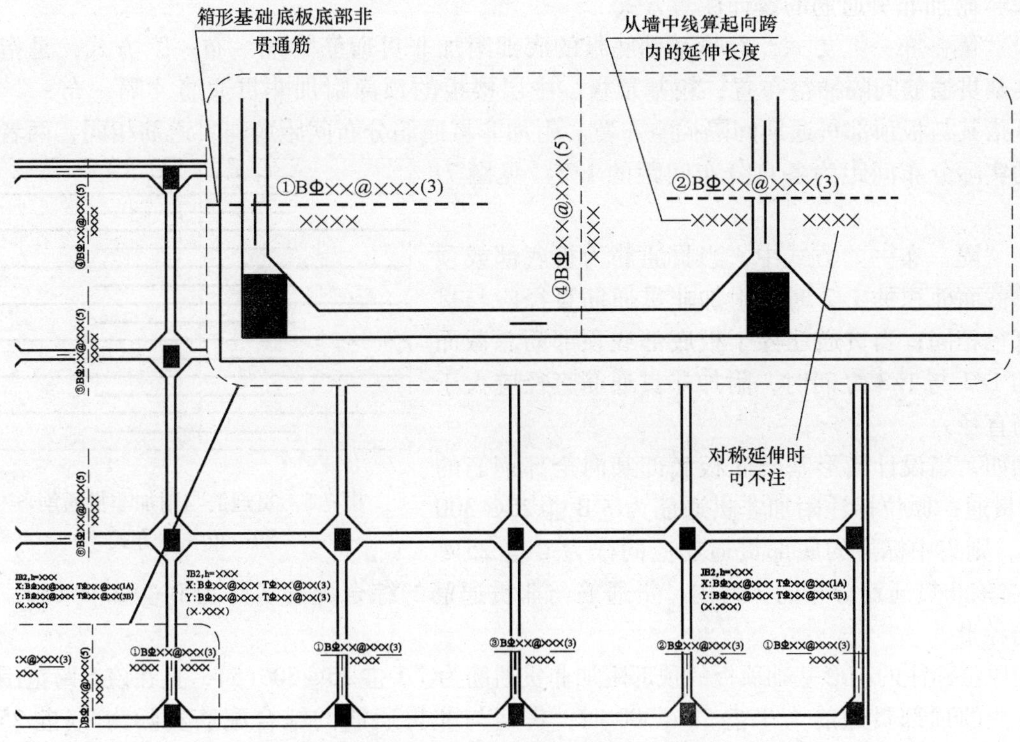

图 7-3　箱形基础底板底部附加非贯通筋原位标注

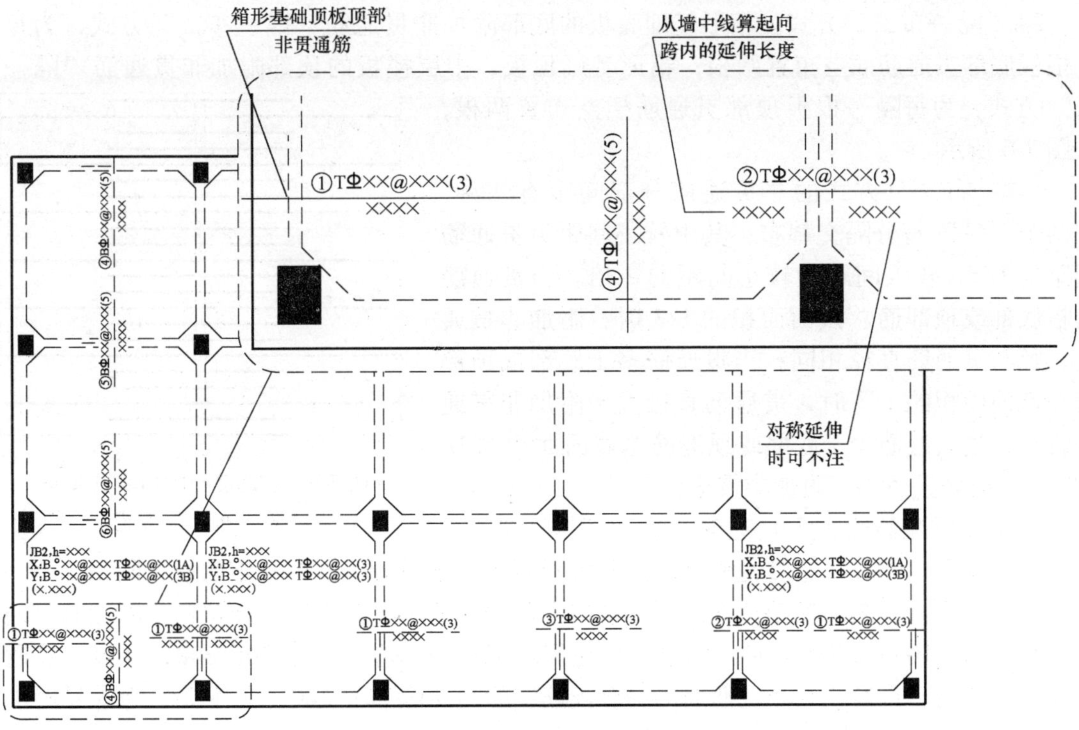

图 7-4　箱形基础顶板顶部非贯通筋原位标注

(2) 附加非贯通筋的设计注写方式

1)“隔一布一”方式。箱形基础底板的底部附加非贯通筋“隔一布一”方式，是指其与板底部贯通筋间隔插空布置；箱基顶板、中层楼板的顶部附加非贯通筋“隔一布一”方式，是指其与板顶部贯通筋间隔插空布置。附加非贯通筋分布间距应与贯通筋相同，两者组合后的实际分布间距为各自分布间距的1/2（见图7-5）。

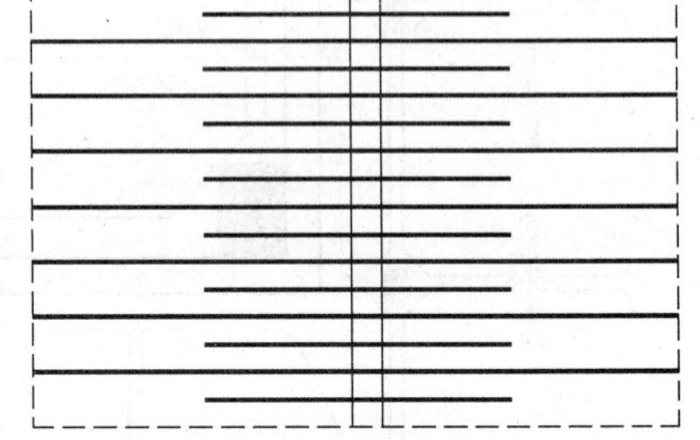

图7-5 贯通筋与附加非贯通筋“隔一布一”方式

在“隔一布一”方式中，当贯通筋为板底部或顶部筋总截面面积的1/2时，附加非贯通筋直径应与贯通筋直径相同；当贯通筋界于板底部或顶部筋总截面面积的1/2与1/3之间时，附加非贯通筋直径应大于贯通筋直径。

例如，当设计箱形基础底板底部某向全部钢筋的1/2为贯通，原位标注附加非贯通筋为⑤B ⏀25@300(3)时，则集中标注的底部贯通筋应同样为B ⏀25@300，在该非贯通筋分布的3跨内，贯通筋与非贯通筋的综合配筋实际为B ⏀25@150，两种钢筋各半。

当原位标注的箱形基础顶板的顶部附加非贯通筋为⑦T ⏀25@300(5)，且在该5跨范围已集中标注的顶部贯通筋为T ⏀22@300时，贯通与非贯通筋的综合配筋实际为T(⏀25 + ⏀22)/300，彼此间距为150mm，其中56%为板顶部⑦号附加非贯通筋，44%为板顶部贯通筋。

2)“隔一布二”方式。箱形基础底板的底部附加非贯通筋“隔一布二”方式，为每隔一根板底部贯通筋插空布置两根；箱形基础顶板、中层楼板的顶部附加非贯通筋“隔一布二”方式，为每隔一根板顶部贯通筋插空布置两根，如图7-6所示。

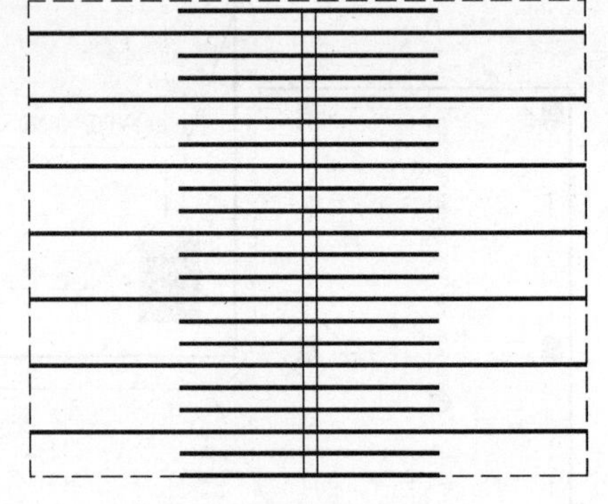

图7-6 贯通筋与附加非贯通筋“隔一布二”方式

“隔一布二”方式的非贯通筋分部间距有两种，用两个“@”符分隔交替布；其中较小间距为贯通筋间距的1/3，较大间距为较小间距的2倍。当贯通筋为板底部或顶部筋总戳面面积的1/3时，附加非贯通筋直径与贯通筋直径相同；当贯通筋多于底部或顶部筋总截面面积的1/3时，贯通筋直径大于附加非贯通筋直径；当贯通筋少于底部或顶部筋总截面面积的1/3时，贯通筋直径小于附加非贯通筋直径。

当设计板配筋为1/3贯通时，采用“隔一布二”方式比较方便。但应注意贯通筋之间的最大间距应小于或等于规范规定的最大间距。

例如，当设计箱形基础顶板的顶部某向全部钢筋的1/3为贯通，原位标注附加非贯通筋为⑤T ⏀20@100@200(2)时，则集中标注的顶部贯通筋应为T ⏀20@300，在该非贯通筋分布的2跨内，贯通筋与非贯通筋的综合配筋实际为T ⏀20@100，其中2/3为⑤号附加非贯通筋，1/3为贯通筋。

当原位标注的箱形基础底板的底部附加非贯通筋为：①B ⏀20@120@240(3)，且该3

跨范围集中标注的顶部贯通筋为 B Φ25@360 时，表示贯通与非贯通筋的底部综合配筋实际为 B(2 Φ20 +1 Φ25)/360，各筋间距为 120mm，其中 56% 为板底部①号附加非贯通筋，44% 为板底部贯通筋。

3. 关于箱形基础底板、顶板、中层楼板的局部修正内容的标注

1）当分板区集中标注的某些内容不适用于某板跨时，应在该板跨内原位注明，施工时原位标注取值优先。

2）当某板跨板顶面与所在板区板顶面有高差时，设计者仍可按本节各条规定分板区集中标注贯通筋和在墙体上原位标注非贯通筋，施工则应根据板面高差大小，按相应的标准图集中的构造详图处理。

7.1.3　箱形基础墙体的平面注写方式

箱形基础外墙和内墙的平面注写包括集中标注墙体编号、厚度、贯通筋、拉筋等和原位标注附加非贯通筋等两部分内容；当仅设置贯通筋，未设置附加非贯通筋时（如箱形基础内墙），则仅进行集中标注。

箱形基础外墙和内墙的集中标注位置应在所表达墙体的第一间引注（x 向墙体左端为第一间，y 向墙体下端为第一间）。

1. 箱形基础外墙的集中标注（见图 7-7）

1）注写箱形基础外墙编号，包括代号、序号、间数（或注为××-××轴），见表 7-1。

2）注写箱形基础外墙厚度 b_w = ×××。

3）注写箱形基础外墙的外侧、内侧贯通筋和拉筋。以 QS 代表外墙外侧贯通筋。其中，外侧水平贯通筋以 H 打头注写，外侧竖向贯通筋以 V 打头注写；以 IS 代表外墙内侧贯通筋。其中，内侧水平贯通筋以 H 打头注写，内侧竖向贯通筋以 V 打头注写。以 tb 打头注写拉筋直径、强度等级及间距，并注明“双向”或“梅花双向”。

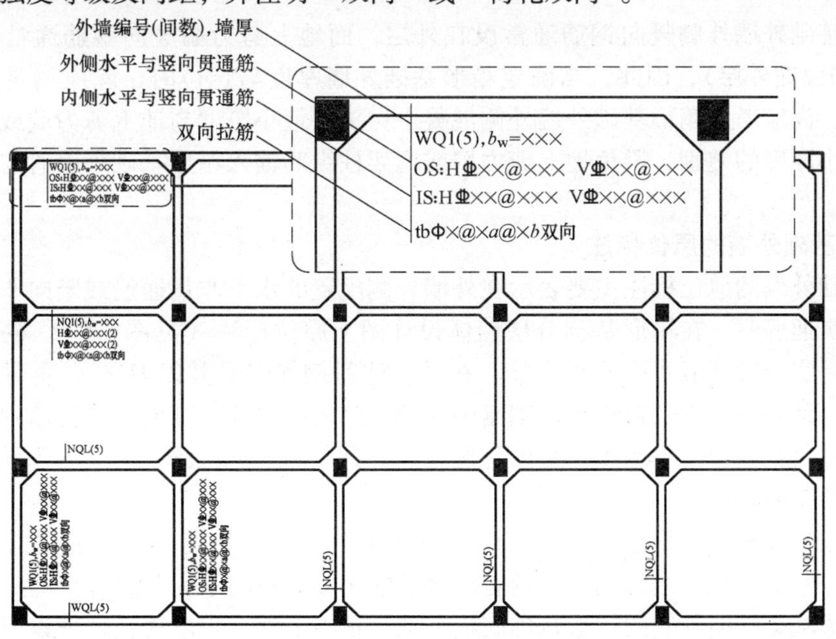

图 7-7　箱形基础外墙集中标注

例如：

WQ2(9)，$b_w=350$

OS：H ⌀18@200，V ⌀20@200

IS：H ⌀16@200，V ⌀18@200

Tb Φ6@2a@2b 双向

表示2号外墙，长度为9间，墙厚为350mm；外侧水平贯通筋为⌀18@200，竖向贯通筋为⌀20@200；内侧水平贯通筋为⌀16@200，竖向贯通筋为⌀18@200；双向拉筋为Φ6，水平间距为竖向贯通筋间距b的2倍，竖向间距为水平贯通筋间距b的2倍。

墙的长度也可注写为××-××轴，如WQ2(①-⑩)。

4）设计与施工注意事项。当墙厚、拉筋直径、间距相同时，拉筋"梅花双向"的钢筋用量约为拉筋"双向"的2倍（见图7-8）。

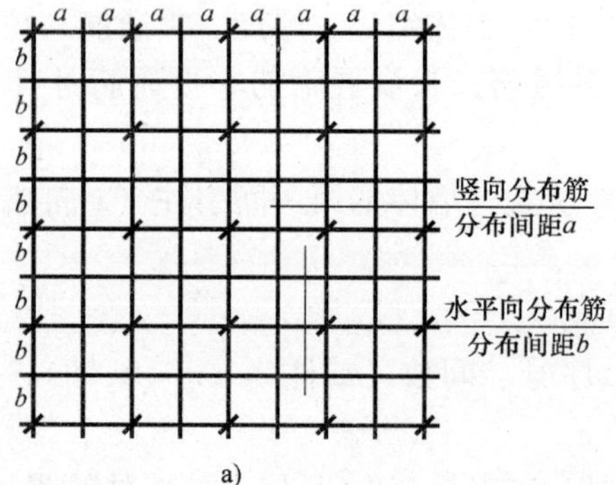

a)

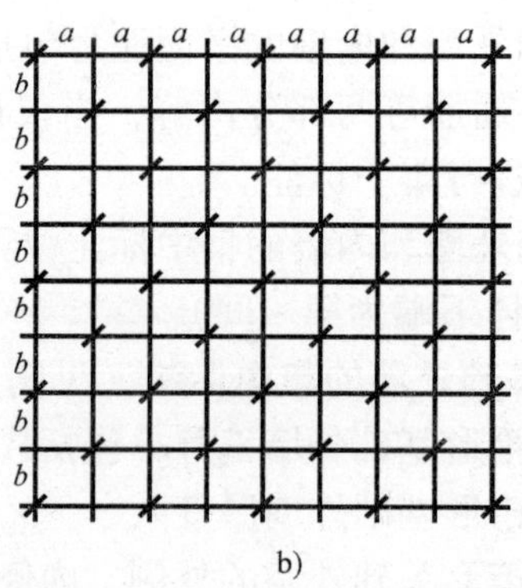

b)

图7-8 双向拉筋与梅花双向拉筋

a）拉筋@2a@2b双向 b）拉筋@2a@2b梅花双向

因箱形基础外墙外侧竖向钢筋通常设在外层，而地上剪力墙竖向钢筋通常设在第二层（其水平钢筋设在外层），因此，当确定箱形基础外墙厚度与定位时，除应满足受力需要和构造要求外，尚应考虑箱形基础外墙外侧混凝土保护层最小厚度与地上剪力墙或框架柱棍凝土保护层最小厚度的差别，避免地上剪力墙或框架柱纵筋锚入箱形基础外墙时与外墙钢筋发生冲突。

2. 箱形基础外墙的原位标注

箱形基础外墙的原位标注主要表示在外墙外侧配置的水平非贯通筋或竖向非贯通筋。当表示水平非贯通筋时，在箱形基础分层墙体设计图上原位标注（见图7-9）。在箱形基础外墙外侧绘制粗实线段代表水平非贯通筋，在其上注写钢筋编号并以H打头注写钢筋强度等级、直径、分部间距，以及自箱形基础墙中向两边跨内的延伸长度值。当自墙中线向两侧对称延伸时，可仅在墙中线单侧标注跨内延伸长度，另一侧不注，此种情况下非贯通筋总长度为标注长度的2倍。

箱形基础外墙外侧非贯通筋通常采用"隔一布一"方式与集中标注的贯通筋间隔插空布置，其标注间距应与贯通筋相同，两者组合后的实际分布间距为各自标注闻距的1/2。

当在箱形基础外墙外侧的箱形基础底板下端、顶板上端、中层楼板位置设置竖向非贯通筋时，应补充绘制外墙竖向截面轮廓图，并在其上进行原位标注（见图7-10）。表示方法为在外墙竖向截面轮廓图外侧绘制粗实线段代表竖向非贯通筋，在其上注写钢筋编号并以 V 打头注写钢筋强度等级、直径、分布间距，以及自箱形基础底板、顶板或中层楼板顶面分别向层内的延伸长度值，并在外墙竖向截面图名下注明分布范围（××-××轴）。

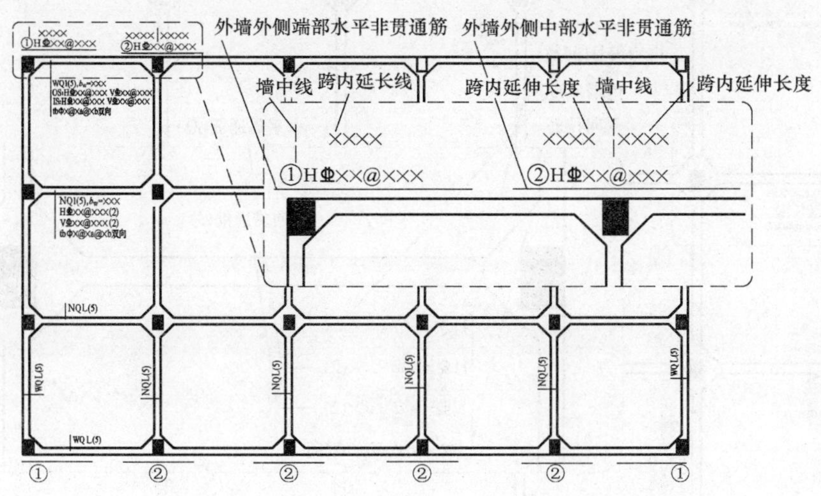

图 7-9　箱形基础外墙外侧水平非贯通筋原位标注

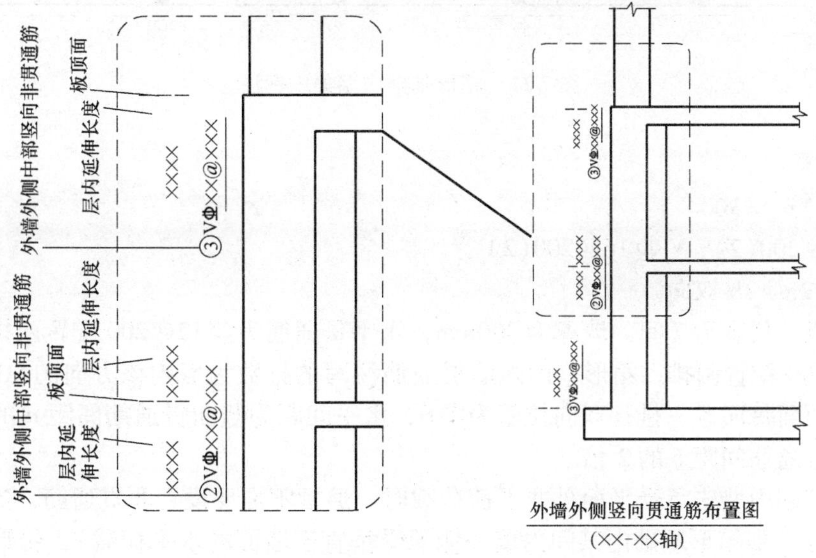

图 7-10　箱形基础外墙竖向非贯通筋原位标注

如果箱形基础外墙外侧水平、竖向非贯通筋配置相同，可仅选择一段粗实线段注写，其他可仅在线段上注写编号。

3. 箱形基础内墙集中标注（见图 7-11）。

1）注写箱形基础内墙编号，包括代号、序号、间数（或可注为 ××-×× 轴），见表 7-1。

2）注写箱形基础内墙厚度 b_w = ×××。

3）注写箱形基础内墙的水平、竖向贯通筋和拉筋。水平贯通筋以 H 打头注写，且在配筋值后的括号内注明总排数；竖向贯通筋以 V 打头注写且在配筋值后的括号内注明总排数；拉筋以 tb 打头注写。

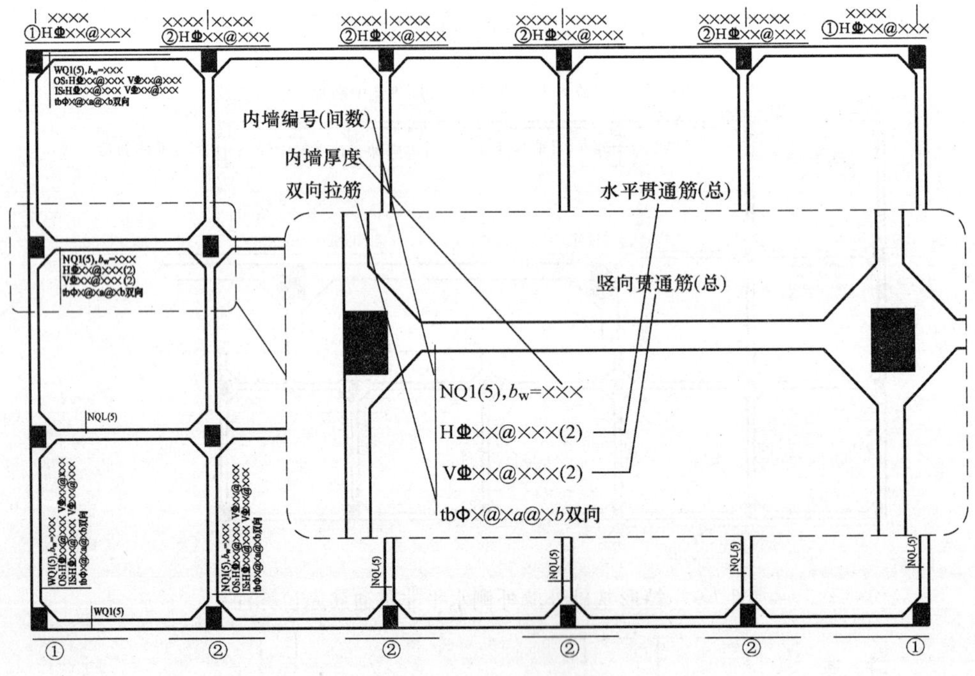

图 7-11　箱形基础内墙集中标注

例如：

NQ5(7)，b_w = 300

H ⏀ 12@ 200(2)，V ⏀ 16@ 200(2)

tb Φ 6@ 2a@ 2b 双向

表示 5 号内墙，长度为 7 间，墙厚为 300mm，水平贯通筋为⏀ 12@ 200 配置两排，竖向贯通筋为⏀ 16@ 200 配置两排，箱形基础内墙贯通筋注写的排数为墙内该方向的总配筋排数，2 排表示内墙两面每面各一排；双向拉筋为Φ 6，水平间距为竖向贯通筋间距 a 的 2 倍，竖向间距为水平贯通筋间距 b 的 2 倍。

当箱形基础内墙未承受平面外非平衡荷载时，通常不需要设置非贯通筋，当在特殊情况下需要设置时（如箱形基础内某间内墙一侧承受垂直于墙面的水平荷载），箱形基础内墙的原位标注可参照箱形基础外墙非贯通筋的原位标注方式进行表达。

7.1.4　箱形基础洞口过梁与悬挑墙梁的平面注写方式

1. 箱形基础底层洞口下过梁的平面注写

箱形基础底层洞口下过梁的平面注写采用集中标注方式，具体表示如图 7-12 和图 7-13 所示。

1）注写底层洞口下过梁编号 XGL ××，见表 7-1。

2）注写底层洞口下过梁截面尺寸。当底层洞口下过梁全都在箱基底板内时，注写为 $b \times h$，其中，梁高度 h 同箱基底板厚度；当底层洞口下过梁腹板凸出箱基底板顶面时，注写

为 $b_w \times h$，其中，梁腹板宽度 b_w 同墙厚度，h 为洞口下过梁总高度。根据 JGJ 6—1999 规定《高层建筑箱形与筏形基础技术规范》，设计时应取底层洞口下过梁截面面积 $b_w \times h$（h 为凸出基础底板下过梁的总高度）和$(b_w+2h_0)h$(h 为基础底板厚度)中的较大者作为配筋计算。

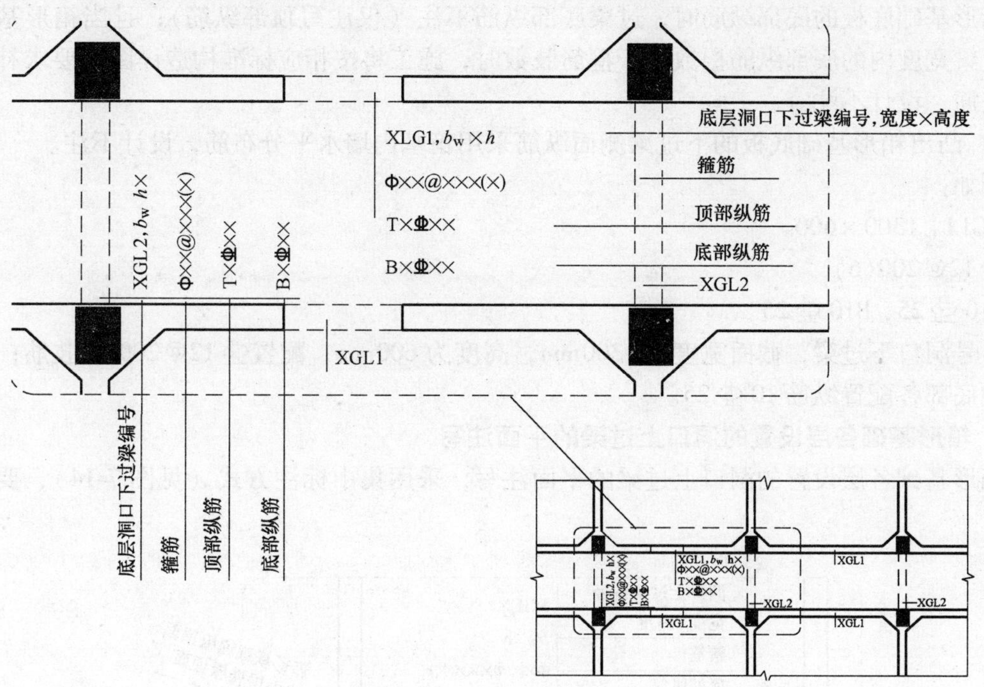

图 7-12 （箱形基础底板内）洞口下过梁集中标注

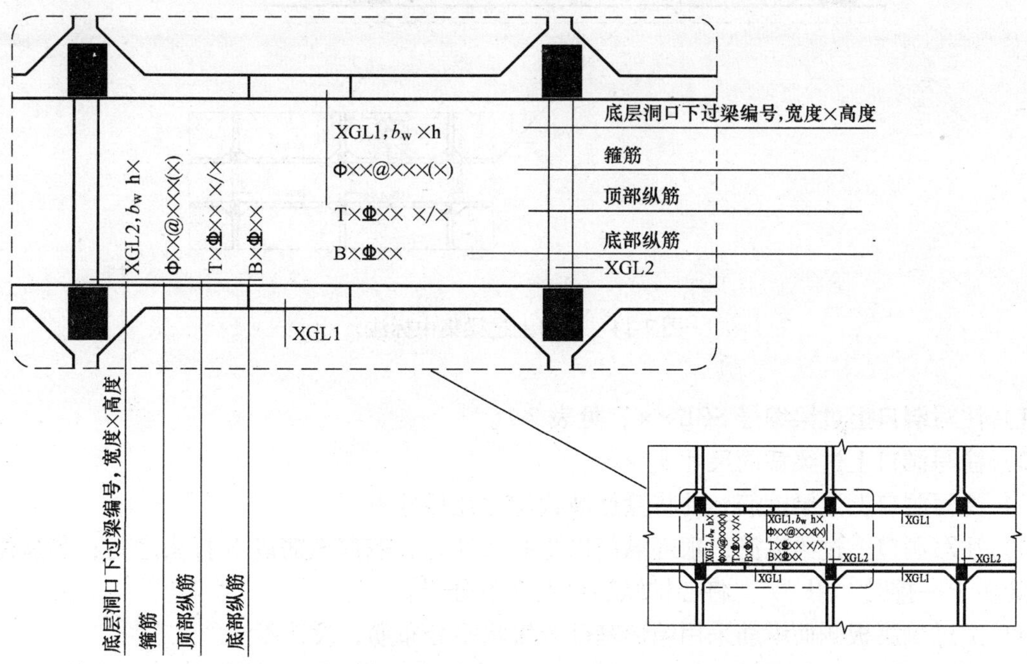

图 7-13 凸出箱形基础底板的底层洞口下过梁集中标注

3）注写底层洞口下过梁箍筋，并将箍筋肢数注写在括号内。

4）注写底层洞口下过梁纵筋：顶部纵筋以 T 打头注写，底部纵筋以 B 打头注写；当所配置的纵筋多于一排时，用“/”将各排纵筋自上而下分开；当底层洞口下过梁的底部纵筋采用箱形基础底板的底部纵筋时，过梁底部纵筋不注（仅注写顶部纵筋）；且当箱形基础底板在过梁宽度内的底部纵筋根数少于箍筋肢数时，施工将按相应标准构造详图的要求补充设置架立筋，设计不注。

5）凸出箱形基础底板的下过梁侧面纵筋采用箱基内墙水平分布筋，设计不注。

例如：

XGL1，1300×600

⌀12@200(6)

T10⌀25，B10⌀25

表示1号洞口下过梁，截面宽度为1300mm，高度为600mm，配置⌀12@200六肢筋；过梁顶部和底部各配置纵筋10⌀25。

2. 箱形基础各层设置的洞口上过梁的平面注写

箱形基础各层设置的洞口上过梁的平面注写，采用集中标注方式（见图7-14），要求如下：

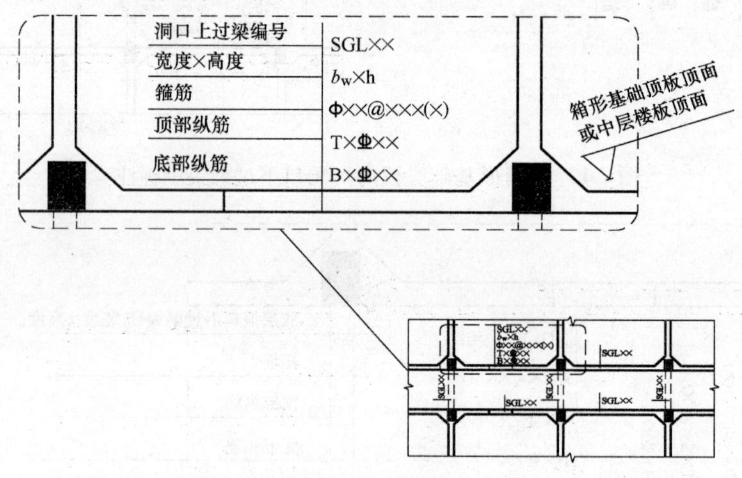

图7-14　洞口上过梁集中标注

1）注写洞口上过梁编号 SGL××，见表7-1。

2）注写洞口上过梁截面尺寸 $b_w \times h$。

3）注写洞口上过梁箍筋，并将箍筋肢数注写在括号内。

4）注写洞口上过梁纵筋，顶部纵筋以 T 打头注写，底部纵筋以 B 打头注写；当所配置的纵筋多于一排时，用“/”将各排纵筋自上而下分开。

5）上过梁腹板侧面纵筋采用箱形基础内墙水平分布筋，设计不注。

具体设计时，位于箱形基础顶板下的洞口上过梁，在箱形基础顶板结构施工图上表达；位于箱形基础中层楼板下的洞口上过梁，在中层楼板结构施工图上表达。

例如：

SGL5，300×1200

Φ10@150(2)

T4 Φ25，B4 Φ25

表示5号洞口上过梁，截面宽300mm、高1200mm，配置Φ10@150两肢筋；过梁顶部配置纵筋4Φ25，底部配置纵筋4Φ25；侧面纵筋为墙体水平筋。

3. 悬挑墙梁的平面注写

当箱形基础采用挑出基础梁方法，支撑与高层建筑相连的门厅等低矮单元结构时，可顺箱形基础墙体设置悬挑墙梁，悬挑墙梁的挑出长度应严格按照现行规范的要求（不宜大于0.15倍箱形基础宽度），并应在图中注明对挑出部分下面填充松散材料的要求，确保其能够自由下沉。

悬挑墙梁的平面注写，采用集中标注方式（见图7-15），要求如下：

1）注写悬挑墙梁编号，见表7-1。

2）注写悬挑墙梁截面宽度与高度 $b_w \times h$，当悬挑墙梁根部高度 h_1 端部高度 h_2 不同时，注写为 $b_w \times h_1/h_2$。

3）注写悬挑墙梁纵筋：顶部纵筋以T打头注写，且当顶部纵筋配置多于一排时，用“/”将各排纵筋自上而下分开；底部纵筋以B打头注写；侧面水平分布筋以H打头注写，竖向分布筋（即悬挑墙梁箍筋）以V打头注写，并分别在配筋值后括号内注明总排数；拉筋以tb打头注写；

4）在括号内注写悬挑墙梁顶部相对标高高差。

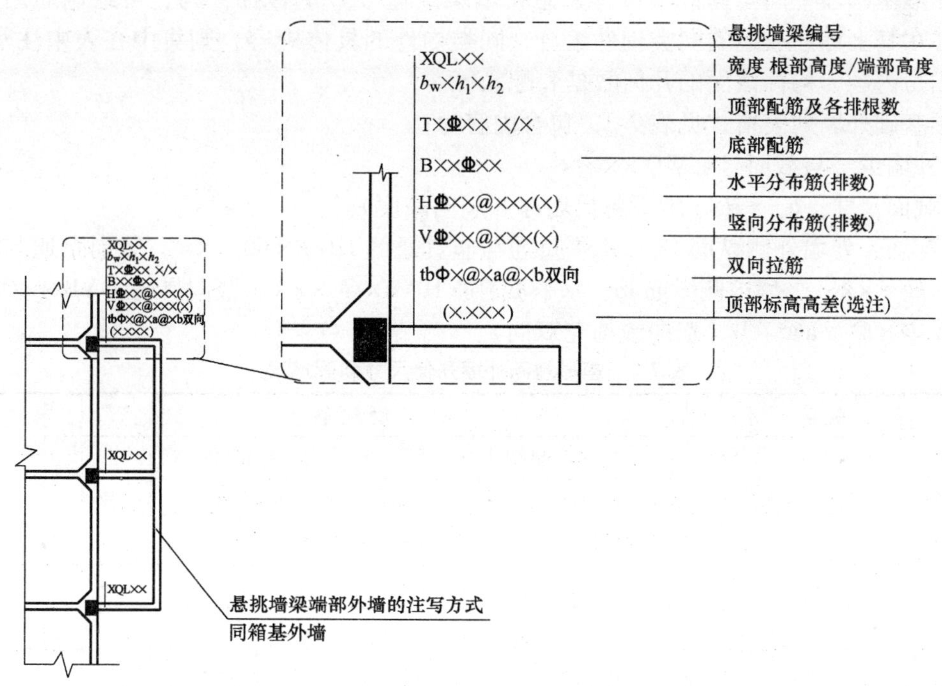

图7-15　悬挑墙梁集中标注示意

例如：

XQL1，250×3400/2400

T6 ⏀22 4/2，B4 ⏀12

H ⏀12@200(2)，V ⏀12@200(2)

tb ⏀6@2a@2b 双向

(-0.300)

表示1号悬挑墙梁，截面厚度为250mm，截面根部高度为3400mm，端部高度为2400mm；悬挑墙梁顶部配置纵筋6⏀22，第一排4根，第二排2根；底部配置纵筋4⏀12；水平分布筋为⏀12@200设置2排，竖向分布筋为⏀12@200设置2排；拉筋为⏀6，其水平间距为竖向分布筋间距 a 的2倍，竖向间距为水平分布筋间距 b 的2倍；悬挑墙梁顶部相对标高高差为-0.300m。

当箱形基础外墙设有窗井时，窗井分隔墙按悬挑墙梁注写，支承在悬挑墙梁端部的窗井外墙按箱形基础外墙设计注写，窗井底板按箱形基础中层楼板注写。

7.1.5 箱形基础的截面注写方式

箱形基础的截面注写方式可分为截面标注和列表注写（结合截面示意图）两种表达方式。采用截面注写方式，应在基础平面布置图上对所有箱形基础构件进行编号，见表7-1。

箱形基础单个构件（墙体、板区、过梁等）的截面绘制，与传统“单构件正投影表示方法”的截面绘制方式基本相同，已经在基础平面布置图上标注清楚的该构件的部分集合尺寸，在截面图中可不再重复表达。

对箱形基础多个同类构件（墙体、悬挑墙梁或过梁）的截面注写，可绘制通用截面示意图，并在其上标注表达的同类构件编号，同类构件的具体内容，则集中在表中注写表达，表中的注写内容为构件截面的几何数据和配筋等。

箱形基础外墙列表格式见表7-2，包含内容为：

1）外墙编号与截面号：WQ××/×。

2）截面尺寸：$b_{wi} \times H_i$（地下各层墙厚×竖向高度）。

3）配筋：外墙外侧纵筋OS：水平贯通与非贯通筋HB××@×××，竖向贯通与非贯通筋VB××@×××；外墙内侧纵筋IS：水平贯通筋HB××@×××，竖向贯通筋VB××@×××；拉筋：tb ⏀×@×a@×b（双向或梅花双向）。

表7-2 箱形基础外墙几何尺寸和配筋表

外墙编号/截面号	截面尺寸		外墙配筋					备注
			外侧纵筋		内侧纵筋		拉筋	
	层数	$b_{wi} \times H_i$	水平贯通筋/非贯通筋	竖向贯通筋/非贯通筋	水平贯通筋	竖向贯通筋		
	地下一							
	地下二							

箱形基础内墙列表格式见表7-3，包含内容为：

1）内墙编号与截面号：NQ××（××）/×。

2）截面尺寸：$b_{wi}\times H_i$（地下各层墙厚×竖向高度）。

3）配筋：水平贯通筋 HΦ××@×××（总排数），竖向贯通筋 VΦ××@×××（总排数），拉筋 tbΦ×@×a@×b。

表 7-3　箱形基础内墙几何尺寸和配筋表

内墙编号/截面号	截面尺寸		内墙配筋					备注
	层数	$b_{wi}\times H_i$	水平贯通筋（总）		竖向贯通筋（总）		拉筋	
	地下一							
	地下二							

箱形基础悬挑梁列表格式见表 7-4，包含内容为：

1）悬挑墙梁编号与截面号：XQL××/×。

2）截面尺寸和梁顶标高：墙厚×竖向高度：$b_w\times h_1/h_2$。梁顶标高—×.×××

3）配筋：顶部纵筋 T××Φ××，底部纵筋 B××Φ××，侧面水平分布筋 HΦ××@×××，竖向分布筋 VΦ××@×××（悬挑墙梁箍筋），拉筋 tbΦ×@×a@×b。

表 7-4　箱基悬挑墙梁几何尺寸和配筋表

悬挑墙梁编号/截面号	墙厚×竖向高度 $b_w\times h_1/h_2$	梁顶标高	悬挑墙梁配筋					备注
			顶部纵筋	底部纵筋	水平贯通筋（总）	竖向贯通筋（总）	拉筋	

当箱形基础悬挑墙梁顶部有相对标高高差时，可在备注栏中注明。

箱形基础洞口过梁列表格式见表 7-5，包含内容为：

1）底层洞口下过梁、洞口上过梁编号与截面号：XGL××/×，SGL××/×。

2）截面尺寸：底层洞口下过梁：$b\times h$（在箱形基础底板内），$b_w\times h$（梁高大于箱形基础底板厚度的矩形梁）；洞口上过梁：$b_w\times h$。

3）配筋：顶部纵筋 T×Φ××　×/×，底部纵筋 B×Φ××　×/×，箍筋Φ××@×××（×）。

表 7-5　箱基底层洞口下过梁和洞口上过梁几何尺寸和配筋表

过梁编号/截面号	底层洞口下过梁				洞口上过梁				备注
	截面尺寸 $b\times h$，$b_w\times h$	配筋			截面尺寸 $b_w\times h$	配筋			
		箍筋	顶部纵筋	底部纵筋		箍筋	顶部纵筋	底部纵筋	

7.1.6 箱形基础相关构造制图说明

箱形基础的相关构造采用直接引注方式进行表达。构造类型与编号，按照表 7-6 的规定，除界限明确的构造外（如边缘构造类），各种构造在结构平面图上均应注明平面定位尺寸。

表 7-6 箱形基础相关构造类型与编号

类　型	代　号	序　号	说　明
后浇带	HJD	××	1. 后浇带在箱基底板、顶板、中层楼板、外墙和内墙上连同设置； 2. 基沟平面狭长，为简化编号与基坑用同一代号； 3. 门洞较大时可设墙边缘暗柱，较小时可设加强纵筋； 4. 墙边缘暗柱用于箱形基础，其功能与抗震或非抗震剪力墙边缘暗柱不同，其构造亦不同，不应相互替代； 5. 矩形壁龛通常为在较厚墙体上嵌入不需要穿透墙厚的设备箱所设； 6. 墙加强纵筋可在墙门洞边缘竖向或水平设置，或在墙顶部水平设置； 7. 板加强纵筋可在板边缘或板带中设置
基坑（沟）	JK	××	
墙边缘暗柱	QAZ	××	
矩形墙洞	JD	××	
矩形企口墙洞	JD_q	××	
圆形墙洞	YD	××	
矩形壁龛	JBK	××	
墙加强纵筋	Wrs	××	
板加强纵筋	Srs	××	

后浇带的直接引注如图 7-16 所示，要求如下：

1）注写编号，见表 7-6。

2）注写留筋方式/混凝土强度等级。当采用贯通留筋方式时注写（GT）/C ××，当采用 50% 搭接留筋方 式时注写（50%）/C ××，当采用 100% 搭接留筋方式注写（100%）/C ××。

后浇带应贯通结构整体设置；后浇带混凝土强度等级通常高于原结构部位的混凝土强度等级，且应采用不收缩或微膨胀混凝土；高层建筑箱形、筏形基础后浇带应采用贯通留筋方式。

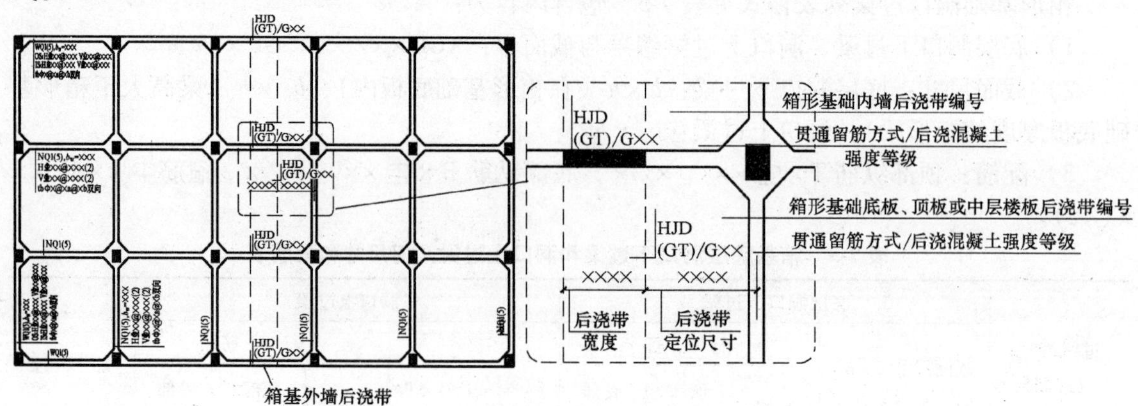

图 7-16 箱形基础板和墙体后浇带平面注写

基坑（沟）的直接引注如图 7-17 所示，要求如下：

1）注写编号，见表 7-6。

2）注写基坑（沟）深度/平面尺寸（$h_k/x\times y$）。当基坑围下落电梯井道时，可仅注基坑深度 h_k，平面尺寸不注。

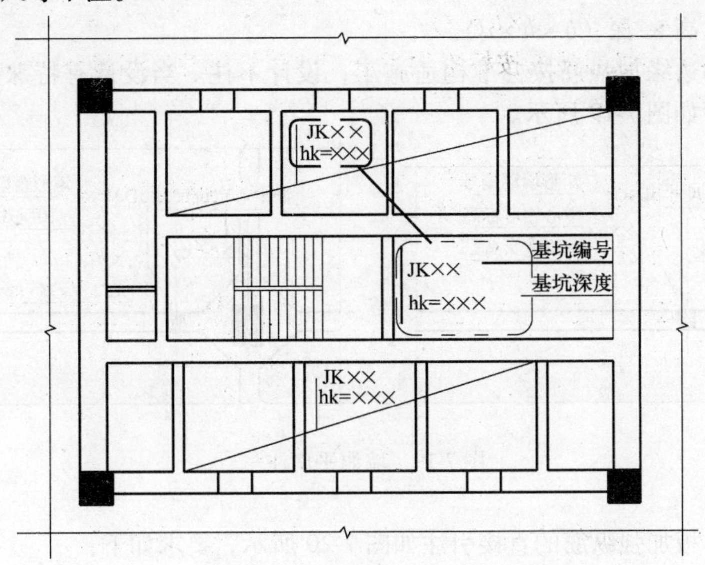

图 7-17　箱形基础底板基坑平面注写

墙边缘暗柱通常设置在箱形基础内、外墙较大门洞边缘或端部，直接引注方式如图 7-18 所示，要求如下：

1）注写编号，见表 7-6。

2）注写暗柱截面尺寸（$b_w\times h$）。

3）注写暗柱箍筋和纵筋。暗柱箍筋双向肢数注写在括号内，如（$m\times n$），其中 m 为 h 向分布的肢数，n 为 b_w 向分布的肢数；纵筋注总值。

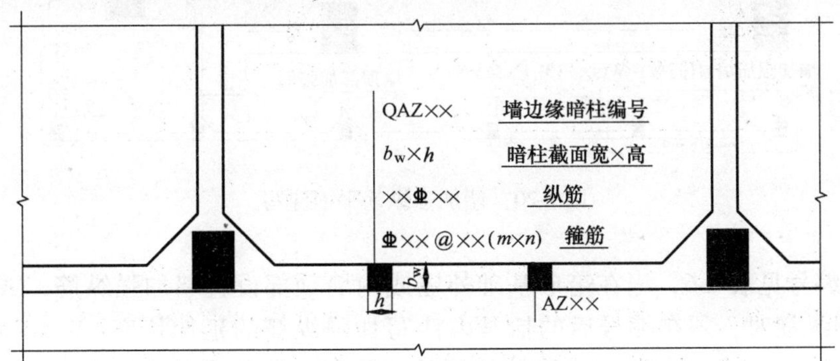

图 7-18　墙边缘暗柱平面注写

矩形墙洞、矩形企口墙洞、圆形墙洞、矩形壁龛的直接引注要求如下：

1）注写编号，见表 7-6。当为矩形企口墙洞时，应在大口一侧引注。

2）注写矩形墙洞中心、圆形墙洞中心、矩形壁龛中心相对标高；当企口矩形墙洞大小口中心不重合时，以“/”分隔大口与小口中心标高。

3）注写洞口尺寸，内容为：矩形直通墙洞注写洞口宽×高（$b \times h$）；矩形企口墙洞注写大口宽×高× 大口深/小口宽×高 $b_L \times h_L \times d/b_S \times h_S$；圆形墙洞注写洞口直径（$D$）；矩形壁龛注写壁龛宽×高× 深（$b \times h \times d$）。

洞口和壁龛的边缘加强筋按标准构适施工，设计不注。当设计有特殊要求时需另行注明。墙洞平面注写如图 7-19 所示。

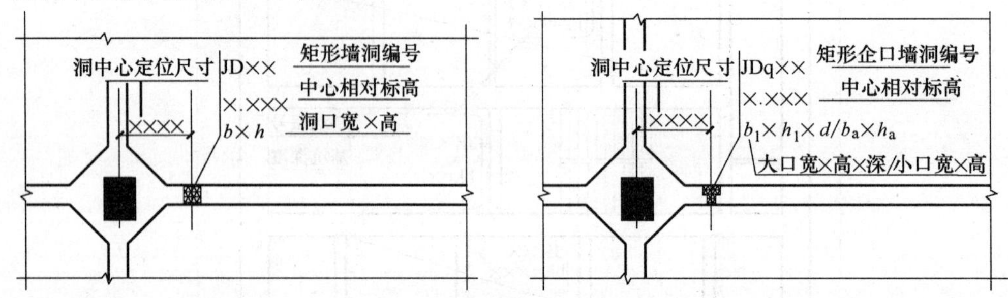

图 7-19　墙洞平面注写

墙加强纵筋、板加强纵筋的直接引注如图 7-20 所示，要求如下：

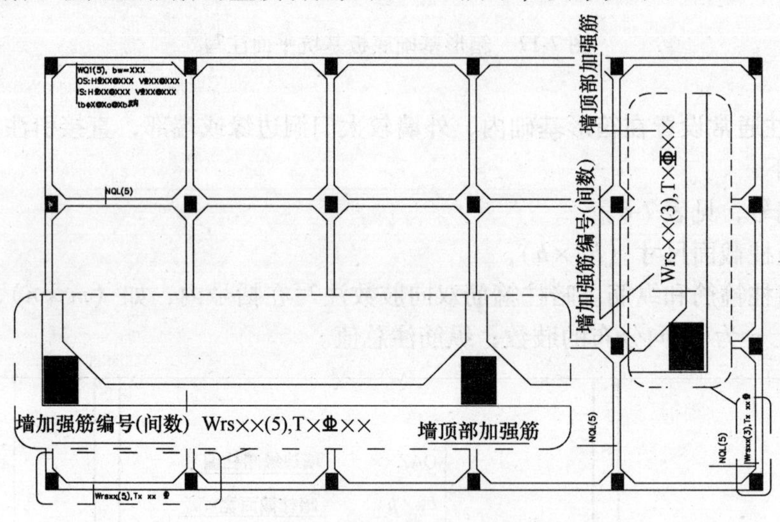

图 7-20　墙加强纵筋平面注写

1）注写编号见表 7-6，当在箱形基础外墙或内墙顶部设置墙加强纵筋，或当在箱基板内设置板加强纵筋时，须在编号后的括号内注写加强纵筋的延伸长度：Wrs ××（××-××轴）或 Srs ××（××-××轴），延伸长度亦可注为跨（间）数或具体尺寸。

2）注写加强纵筋。当在墙洞边缘竖向设置时，以 V 打头注写：V×⌀××；当在墙洞上缘水平设置时，以 H 打头注写：H×⌀××；当在箱基外墙或内墙顶部设置时，以 T 打头注写：T×⌀××；当在板顶部设置时，以 T 打头注写：T×⌀××；当在板底部设置时，以 B 打头注写：B×⌀××。

当在墙洞边缘或板开洞边缘设置加强纵筋时，其延伸长度可不注，施工按照标准构造详图的相关规定；当设计方面未在箱形基础墙洞边缘或壁龛边缘设置加强纵筋时，施工按照标准构造详图的相关规定进行构造加强；当加强纵筋设置多排时，接续加强纵筋的注写值注写从墙面外侧到内排放的各排根数，并以“/”分隔。

7.1.7 箱形基础其他说明

当箱形基础以上为地下室结构时，施工图应从箱形基础底层开始，向上逐层表达箱形基础和地下室结构的平法施工图，地下室结构制图规则见第7.2节，本章所指地下室结构，与箱形基础的地下室概念有别，地下室结构系由向地上结构延伸的框架柱、剪力墙，框架梁、次梁、楼板，外墙，内墙等所构成的具有较大使用空间的结构，不包括箱形基础内的地下室。

当箱形基础承载的主体结构为抗震结构时，箱形基础本体是否抗震应按现行规范、规程确定；箱形基础顶板以上的框架梁柱和剪力墙（地上或地下室结构）的抗震等级和底部加强区应按相应规、规程确定，应在设计总说明中注明。

当根据箱形基础中层楼板底部弯矩的实际分布状况，对板底部配筋采用分板带配置时（见图7-21），可采用“变换直径”或“变换间距”方式进行表达。变换直径方式为先注写跨中较大贯通筋直径，再注写跨两端较小贯通筋直径并在括号内加注其在两端对称分布范围，两者用“/”分隔；例如：X：B⏀18/⏀14（$l_{n,\min}/4$）@140。变换间距方式为先注写跨中较小分布间距，再注写跨两端较大分布间距并在括号内加注其在两端对称分布范围，两者用“/”分隔。例如：X：B⏀16@120/200（$l_{n,\min}/4$）。其中，弹性理论计算的双向板，其跨两瑞板带宽度通常取$l_{n,\min}$的1/4（$l_{n,\min}$为x、y同一板块两向跨度的较小净跨值）。

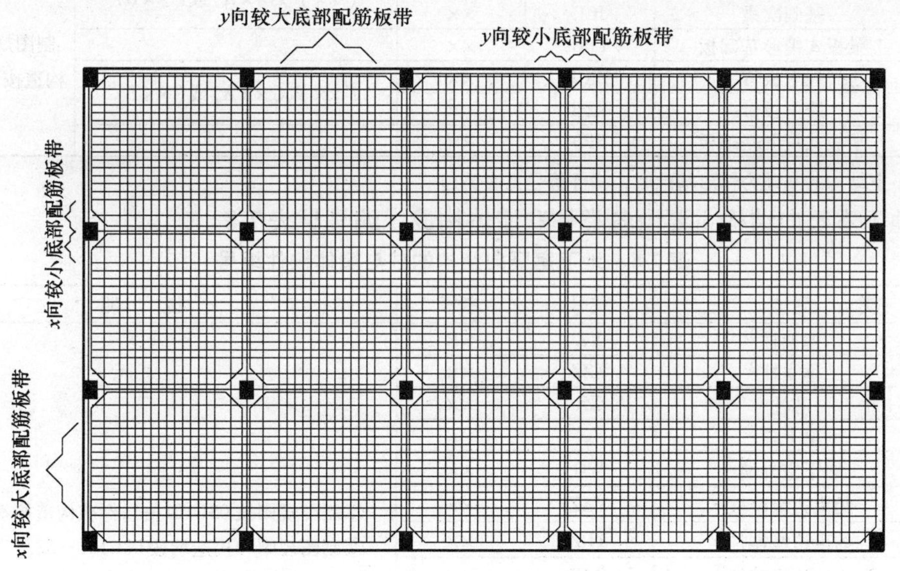

图7-21 中层楼板底部分板带配筋

7.2 地下室结构平法设计

本节所指地下室结构不包括箱形基础的地下室。地下室结构的平法施工图应从下至上分层进行设计。地下室结构的各层平法施工图有平面注写与截面注写两种方式，且以平面注写方式为主，截面注写方式为辅。

当绘制地下室各层平面布置图时，应将基础、地下室各层楼板和地下室顶板以上的框架柱、剪力墙和地下室外墙一起绘制，当柱与墙体的中心线与建筑定位轴线不重合时，应标注其偏心尺寸。

7.2.1 地下室结构构件编号

地下室结构包括以下几类：

1）地下室基础结构可为多种基础类型，编号见表7-7。

表7-7 地下室各类基础类型编号

类型		代号	序号	跨数及有无外伸	说明
独立基础	阶形截面	DJ_J	××		制图规则和标准构造按06G101—6
	坡形截面	DJ_P	××		
条形基础	基础梁	JL	××	(××)、(××A)或(××B)	
	基础圈梁	JQL	××		
	阶形截面底板	TJB_J	××	(××)、(××A)或(××B)	
	坡形截面底板	TJB_P	××		
独立承台	阶形截面	CT_J	××		
	坡形截面	CT_P	××		
承台梁		CTL	××	(××)、(××A)或(××B)	
基础连梁		JLL	××	(××)	
梁板式筏形基础	基础主梁	JZL	××	(××)、(××A)或(××B)	制图规则和标注构造按04G101—3
	基础次梁	JCL	××		
	梁板式筏形基础板	LPB	××		
平板式筏形基础	柱下板带	ZXB	××	(××)、(××A)或(××B)	
	跨中板带	KZB	××		
	平板式筏形基础板	BPB	××		

注：地下室结构的基础为箱形基础时，构件编号见表7-1。

2）地下室竖向结构主要由各类柱和墙体构成，编号见表7-8。

表7-8 地下室竖向结构的柱与墙体构件编号

类型		代号	序号	说明
地下室柱	框架柱①	KZ	××	①制图规则按03G101—1，标准构造按本图集；②制图规则和构造均按08G101—5；③制图规则和构造均按03G101—1
	框支柱①	KZZ	××	
	芯柱①	XZ	××	
	梁上柱①	LZ	××	
地下室墙体	地下室外墙②	WQ	××	
	约束边缘暗柱①	YAZ	××	
	约束边缘端柱①	YDZ	××	
	构造边缘暗柱①	GAZ	××	
	构造边缘端柱①	GDZ	××	
	剪力墙身①	QS	××	
	剪力墙连梁③	LL	××	
	边框梁①	BKL	××	
	暗梁①	AL	××	

注：1. 本表地下室墙体栏目中的地下室外墙编号，与表7-1中的箱形基础外墙编号相同，其制图规则和标注构造详图亦相同。

2. 地下室剪力墙身编号QS××等同于03G101—1中的剪力墙身编号Q××。

3）地下室平面结构主要由各类梁和板构成，编号见表 7-9。

表 7-9 地下室平面结构的梁与板构件编号

类型		代号	序号	跨数及有无外伸	说明
地下室梁	框架梁①	KL	××	(××)、(××A)或(××B)	①制图规则按 03G101—1,标准构造按本图集 ②制图规则和标准构造均按 03G101—1 ③制图规则和构造均按本图集
	框支梁①	KZL	××	(××)	
	井字梁②	JZL	××	(××)、(××A)或(××B)	
	悬挑梁②	XL	××		
	非框架梁①	L	××	(××)、(××A)或(××B)	
	坡道梁③	PL	××	(××)、(××A)或(××B)	
地下室板	顶板	DB	××		制图规则和标准构造均按 08G101—5
	中层楼板	LB	××		
	坡道板	PB	××		
	延伸悬挑板	YXB	××		制图规则和标准构造均按 04G101—4
	纯悬挑板	XB	××		
	柱上板带(无梁)	ZSB	××		
	跨中板带(无梁)	KZB	××		

7.2.2 地下室结构的平面注写方式

1. 地下室部分结构平面注写方式简述

在地下室结构的平面注写中，对于基础、柱和墙体系、地下室外墙、地下室剪力墙、边框梁与暗梁、地下室顶板或中层楼板、地下室框架梁、框支梁、非框架梁、井字梁、悬挑梁、地下室顶板、中层楼板等都可以参照相应章节的内容进行注写，具体参考说明如下：

1）地下室结构的基础指地下室底层地面以下的基础，当地下室结构的基础为独立基础、条形基础、桩基独立承台或承台梁，并在基础之间设有基础连梁和防水底板时，各类基础和基础连梁的平法制图规则按第 6 章要求标注；防水底板的设计按箱形基础底板的平法制图规则，当地下室结构的基础为梁板式筏形基础、板式筏形基础或桩筏基础时，基础结构的平法制图规则和标准构造详图按 04G101—3。当地下室结构的基础为箱形基础时，设计按 7.1节箱形基础制图规则进行。

2）地下室柱和墙体系指地下室基础顶面以上至地下室顶板顶面的竖向支承构件。地下室框架柱、框支柱、芯柱、梁上柱的设计，按 03G101—1 中相应构件的平法制图规则，施工按 08G101—5 中地下室结构框架柱、框支柱、芯柱、梁上柱的标准构造详图，其中芯柱既可在框架柱、框支柱中设置，也可在剪力墙柱中设置。

3）地下室外墙的设计与施工按箱形基础外墙的制图规则和标准构造详图。

4）地下室剪力墙分为剪力墙约束或构造边缘暗柱和端柱、剪力墙身和剪力墙连梁，设计按 03G101—1 中剪力墙柱、墙身与墙梁的平法制图规则，施工除剪力墙连梁按 03G101—1 外，其他按集关于地下室剪力墙各类构件的标准构造详图；其中，跨高比大于 5 的剪力墙弱连梁的制图规则同框架梁，标准构造按图集 08G101—5。

5）边框梁与暗梁可设置在地下室外墙和剪力墙上的楼层位置，设计按03G101—1中边框梁与暗梁的平法制图规则，施工按08G101—5边框梁与暗梁的标准构造详图。

6）地下室结构的顶板或中层楼板，可为梁板结构或无梁楼盖结构。

7）地下室框架梁、框支梁、非框架梁、井字梁、悬挑梁的设计按03G101—1中相应构件的平法制图规则，井字梁、悬挑梁的施工按03G101—1的标准构造详图，地下室框架梁、框支梁的施工按08G101—5的标准构造详图。

8）地下室顶板、中层楼板的设计与施工，按箱形基础顶板、中层楼板的平法制图规则与标准构造详图。

9）当地下室顶板和中层楼板为无梁楼盖结构时，柱上板带和跨中板带的设计与施工，按04G101—4中无梁楼盖结构的平法制图规则与标准构造详图。

10）在地下室跳空层内设置廷伸悬挑板或纯悬挑板时，其设计与施工，按04G101—4中相应构件的平法制图规则和标准构造详图。

2. 地下室坡道梁

地下室坡道梁（PL）指顺坡道坡度方向的梁（水平支承坡道板的横梁可为框架梁或非框架梁）。坡道梁的平面注写，宜在其低端所在楼层的结构平面图上表示，坡道梁平面注写分集中标注与原位标注两部分内容，如图7-22所示。

坡道梁的集中标注内容有五项：

1）注写编号，见表7-9。

2）注写截面尺寸 $b \times h$（h 为垂直于梁轴心线的正截面高度）。当为加腋梁时注写 $b \times h\mathrm{Y}c_1 \times c_2$（$c_1$ 为腋长，c_2 为腋高）。

3）注写箍筋，当以柱为支座时，以“/”分隔加密与非加密间距，并将箍筋肢数注写在括号内。

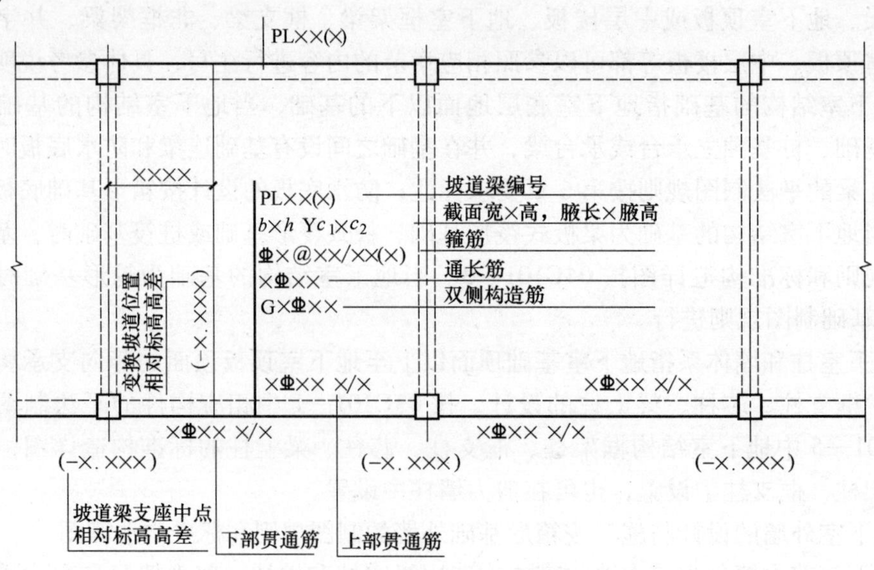

图7-22 坡道梁平面注写

4）注写通长筋或架立筋，架立筋注写在括号内。

5）注写侧面构造筋或抗扭筋，以 G 打头注写梁两个侧面总构造纵筋，或以 N 打头注写梁两个侧面总抗扭纵筋。

坡道梁的原位标注，内容有三项：

1）注写梁端支座和中间支座的上部非贯通筋。

2）注写坡道梁端支座中点、跨内变换坡度位置的梁顶面相对标高高差（或注写坡度值）。坡道起始段及尾段的坡度相对于中部通常较缓，变换位置指较缓坡度与中部坡度的连接处，坡道板下部纵筋在坡道高端变换位置的构造处理，应由设计者注明。

3）选注对集中标注的修正内容，注写方式与框架梁或非框架梁相同。

3. 地下室坡道板

地下室坡道板（PB）的平面注写，宜在其低端所在楼层的结构平面图上表示（与坡道梁相同）。注写包括集中标注与原位标注两部分内容，如图 7-23 所示。

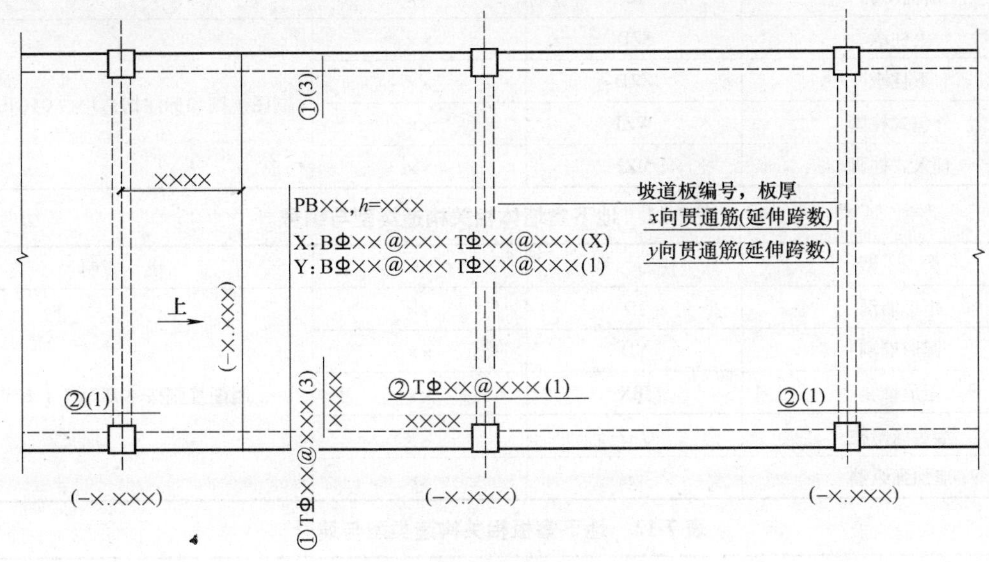

图 7-23　坡道板平面注写

1）坡道板的集中标注内容，同中层楼板集中标注的前三项内容。

2）坡道板的原位标注内容为板顶部附加非贯通筋、端支座中点、跨内变换坡度位置的板顶面相对标高高差(或注写坡度值)。板顶部附加非贯通筋的注写方式与中层楼板相同,其他各项的注写方式与坡道梁相同。当坡道板顶面与坡道梁顶面相同,或低于梁顶面但与其平行时(板随梁走),板顶面相对标高高差可不注,但应绘制表示向上坡方向的示意筋头。坡道板的下部、上部径向贯通纵筋按放射状分布(沿坡道板中线里度)、环向贯通筋按同心圆平行分布;上部径向非贯通筋按放射状分布,原位标注时设计者应注明分布间距的度量位置。

7.2.3　地下室结构的截面注写方式

地下室结构的截面注写可分为截面注写和列表注写（结合截面示意图）两种表达力式。

采用截面注写方式，应分别对地下室基础结构、竖向结构和平面结构的各种构件进行编号，见表 7-7 ~ 表 7-9。对地下室结构单个构件的截面绘制，与传统“单构件正投影表示方法”的截面绘制基本相同；凡在结构平面布置图上已经标注清楚的构件平面几何尺寸，在截面图上可不再重复表达。

对地下室结构多个同类构件的截面注写，可绘制通用截面示意图，并在其上标注拟表达的同类构件编号，具体内容集中在表中注写表达。表中内容为构件截面的几何数据和配筋等。

7.2.4 地下室结构相关构造制图规则

地下室结构的相关构造采用直接引注方式进行表达。基础相关构造类型与编号见表7-10，墙体相关构造类型与编号见表7-11，梁与板相关的构造类型与编号见表7-12。

表7-10 地下室基础相关构造类型与编号

类　型	代　号	序　号	说　明
后浇带	HJD	××	制图规则按本章第7.1.6节
基坑(沟)	JK	××	
上柱墩	SZD	××	制图规则和标注构造均按04G101—3
下柱墩	XZD	××	
外包式柱脚	WZJ	××	
埋入式柱脚	MZJ	××	

表7-11 地下室墙体相关构造类型与编号

类　型	代　号	序　号	说　明
矩形墙洞	JD	××	制图规则按本章第7.1.6节
圆形墙洞	YD	××	
矩形壁龛	JBK	××	
墙边缘暗柱	QAZ	××	
墙加强纵筋	Wrs	××	

表7-12 地下室板相关构造类型与编号

类　型	代　号	序　号	说　明
板加腋	JY	××	制图规则和标准构造均按04G101—4
板开洞	BD	××	
板翻边	FB	××	
板挑檐	TY	××	
局部升降板	SJB	××	
纵筋加强带	JQD	××	
角部加强筋	C_{rs}	××	
悬挑阴角附加筋	C_{is}	××	
悬挑阳角放射筋	C_{es}	××	
无梁楼盖柱帽	ZMx	××	
无梁楼盖抗冲切箍筋	Rh	××	
无梁楼盖抗冲切弯起筋	Rb	××	

当地下室结构顶板以上的主体结构为抗震结构时，设计者应按现行规范、规程确定地下室结构的框架梁柱和剪力墙的抗震等级和底部加强区，并在设计总说明中注明；当根据地下

室板底部弯矩的实际分布状况，对板底部的配筋采用分板带配置时，按本章第 7.1.7 节处理；对于采用筏形基础的单、多层地下室及采用箱形基础的多层地下室，应注明上部结构的嵌固部位，以确定与其相关的抗震框架柱箍筋加密区范围和纵筋连接区范围。当设计对地下室非抗震框架梁或非框架梁考虑充分利用梁端下部纵筋的抗压强度时，应加以注明，以指示施工方面准确选择梁端下部纵筋伸入支座的长度值。

7.3　箱形基础构造详图

7.3.1　箱形基础底板钢筋构造

底部与顶部贯通筋在连接区的连接方式要满足纵向钢筋连接构造和纵向钢筋非接触搭接构造；当两毗邻跨的底部贯通纵筋配置不同时，应将配置较大一跨的底部贯通纵筋越过其标注的跨数终点或起点，延伸至配置较小毗邻跨的跨中连接区域进行连接；底部非贯通筋自墙中心线向跨内的延伸长度按具体设计标注；箱形基础底板同一层面的交叉钢筋布置应按具体设计说明，当设计未说明时，可由施工方面确定。箱形基础底板钢筋构造如图 7-24 所示。

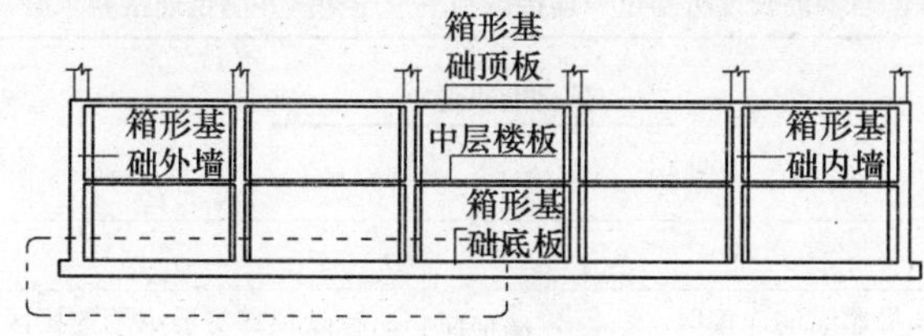

a)

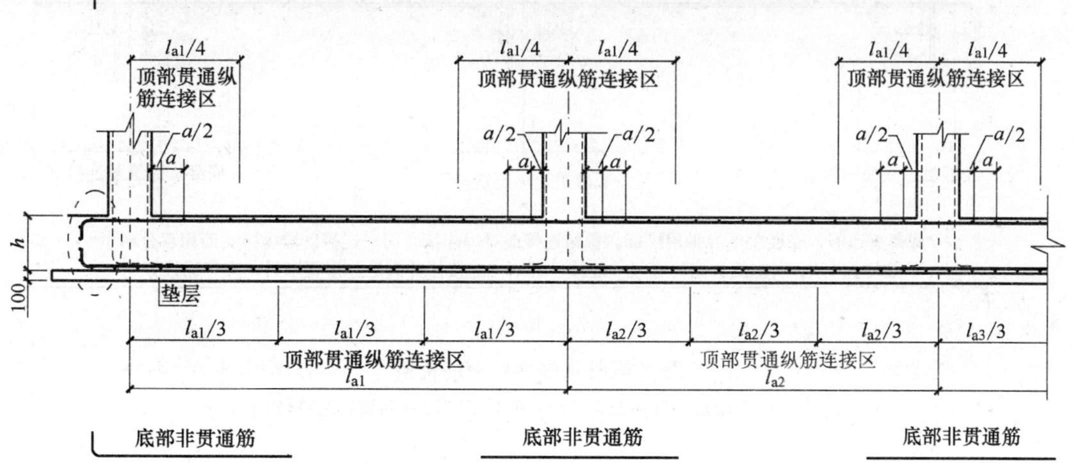

b)

图 7-24　箱形基础底板钢筋构造

a）箱形基础底板位置示意图　b）箱形基础底板钢筋构造详图

7.3.2 箱形基础顶板构造

底部与顶部贯通筋在连接区的连接方式要满足纵向钢筋连接构造和纵向钢筋非接触搭接构造；当两毗邻跨的顶部贯通纵筋配置不同时，应将配置较大一跨的顶部贯通纵筋越过其标注的跨数终点或起点，延伸至配置较小毗邻跨的跨中连接区域进行连接；顶部非贯通筋自墙中心线向跨内的延伸长度按具体设计标注；箱形基础顶板同一层面的交叉钢筋布置应按具体设计说明，当设计未说明时，可由施工方面确定。箱形基础顶板钢筋构造如图 7-25 所示。

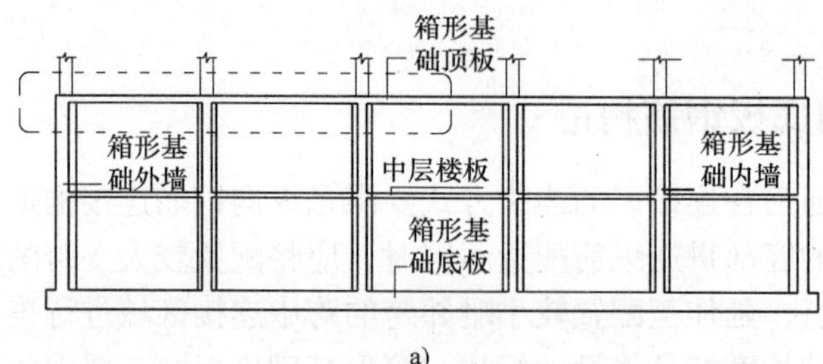

a)

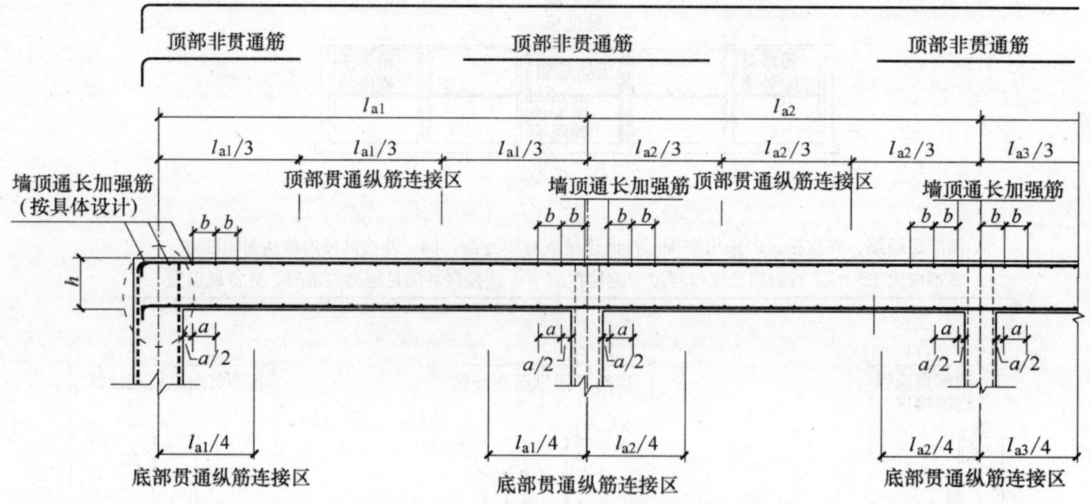

b)

图 7-25　箱形基础顶板钢筋构造

a）箱形基础顶板位置示意图　b）箱形基础顶板钢筋构造详图

7.3.3 箱形基础中层楼板钢筋构造

顶部贯通筋以及在支座以外连接的底部贯通纵筋在连接区的连接方式要满足纵向钢筋连接构造和纵向钢筋非接触搭接构造；当两毗邻跨的顶部贯通纵筋配置不同时，应将配置较大一跨的底部贯通纵筋越过其标注的跨数终点或起点，延伸至配置较小毗邻跨的跨中连接区域进行连接；顶部非贯通筋自墙中心线向跨内的延伸长度按具体设计标注；箱基中层楼板同一层面的交叉钢筋布置应按具体设计说明，当设计未说明时，可由施工方面确定；板两端对称分布范围所用代号 $l_{n,\min}$ 为所在板块 x、y 两向净跨的较小值。箱形基础中层楼板钢筋构造如图 7-26 所示。

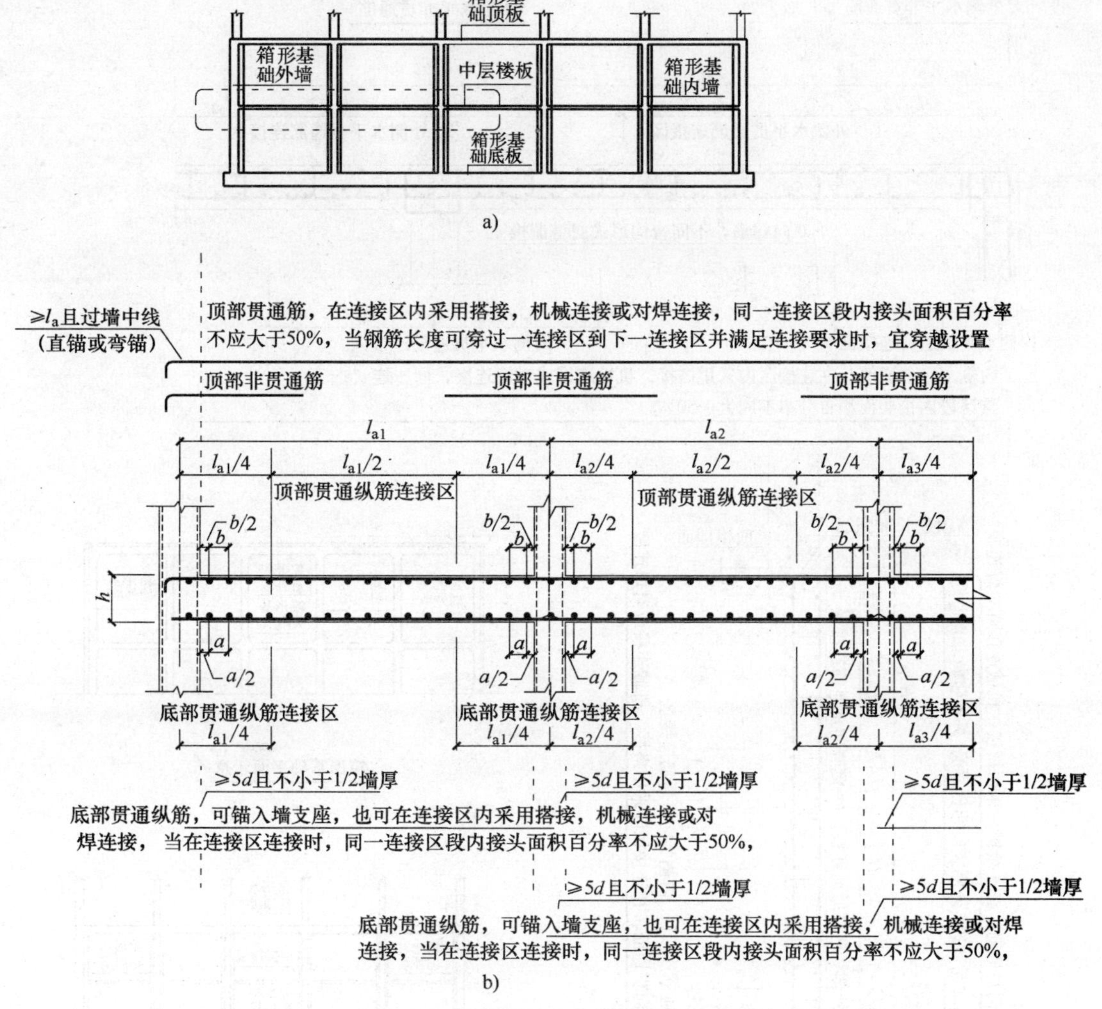

图 7-26　箱形基础中层楼板钢筋构造

a）箱形基础中层楼板位置示意图　b）箱形基础顶板钢筋构造详图

7.3.4　箱形基础外墙、内墙钢筋构造

1. 外墙

箱形基础外墙钢筋构造如图 7-27 所示。外墙外侧和内侧贯通筋在连接区的连接方式要满足纵向钢筋连接构造和纵向钢筋非接触搭接构造；当具体工程注明外墙外侧或内侧钢筋的设置层面与图 7-27 不同时（如将外侧水平筋设置在外层或将内侧竖向筋设置在外层），应按

其设计要求进行施工；水平非贯通筋自墙中心线向跨内的延伸长度、竖向非贯通筋向层间的延伸长度按具体设计标注。

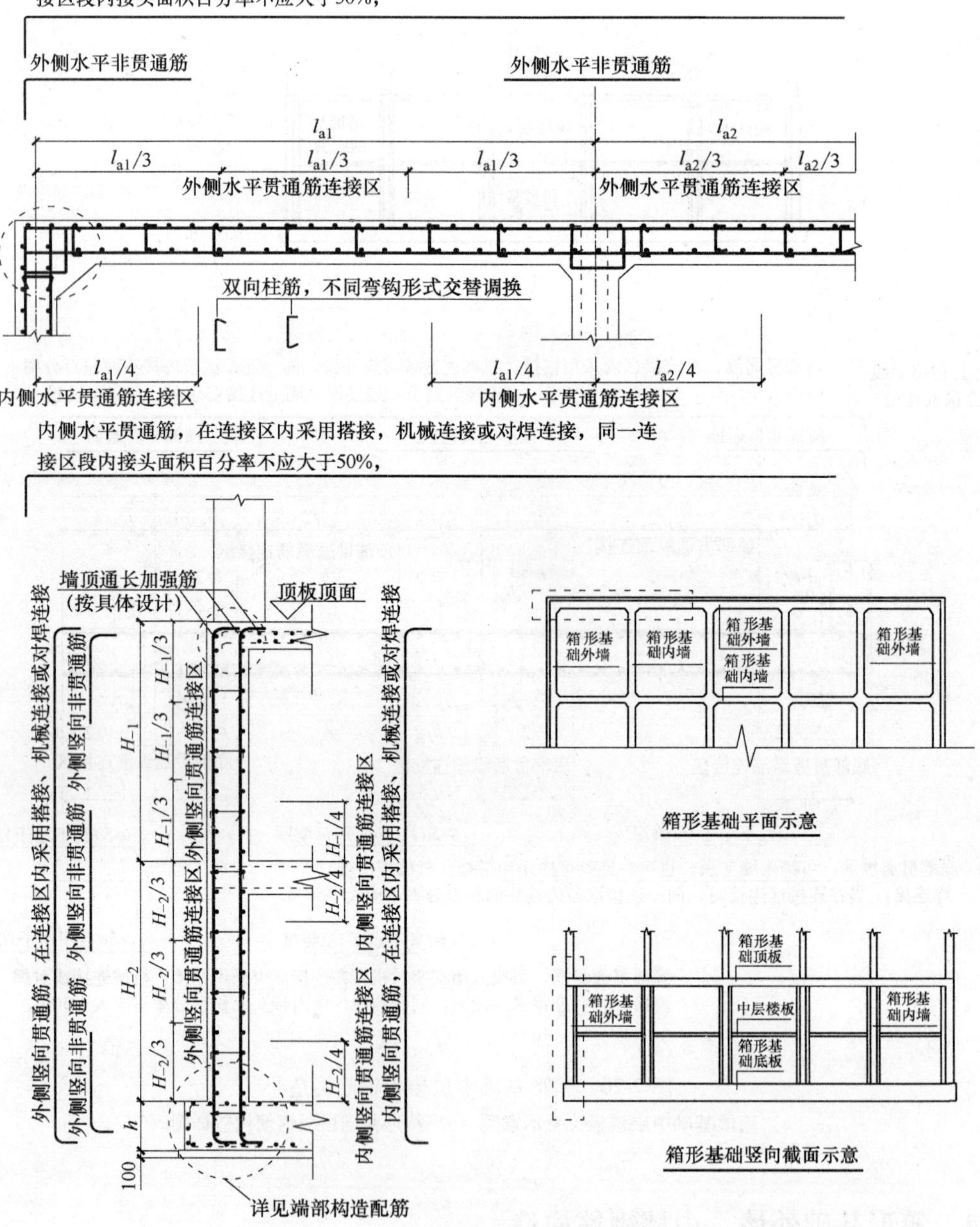

图 7-27　箱形基础外墙钢筋构造

2. 内墙

箱形基础内墙钢筋构造如图 7-28 所示。内墙水平分布筋可在任意部位分两批（各为 50%）采用搭接连接、机械连接或焊接，除了要满足纵向钢筋连接构造和纵向钢筋非接触搭接构造，其搭接长度要按图 7-28 确定；内墙竖向分布筋可在任意高度一次性搭接或机械连接，也可分批交错搭接、机械连接或焊接，当采用搭接时，其搭接长度也需满足图 7-28 的要求；当具体工程设计在内墙某侧设置非贯通筋时（通常为内墙平面外作用有较大水平荷载的特殊情况），施工按照外墙外侧非贯通筋构造。

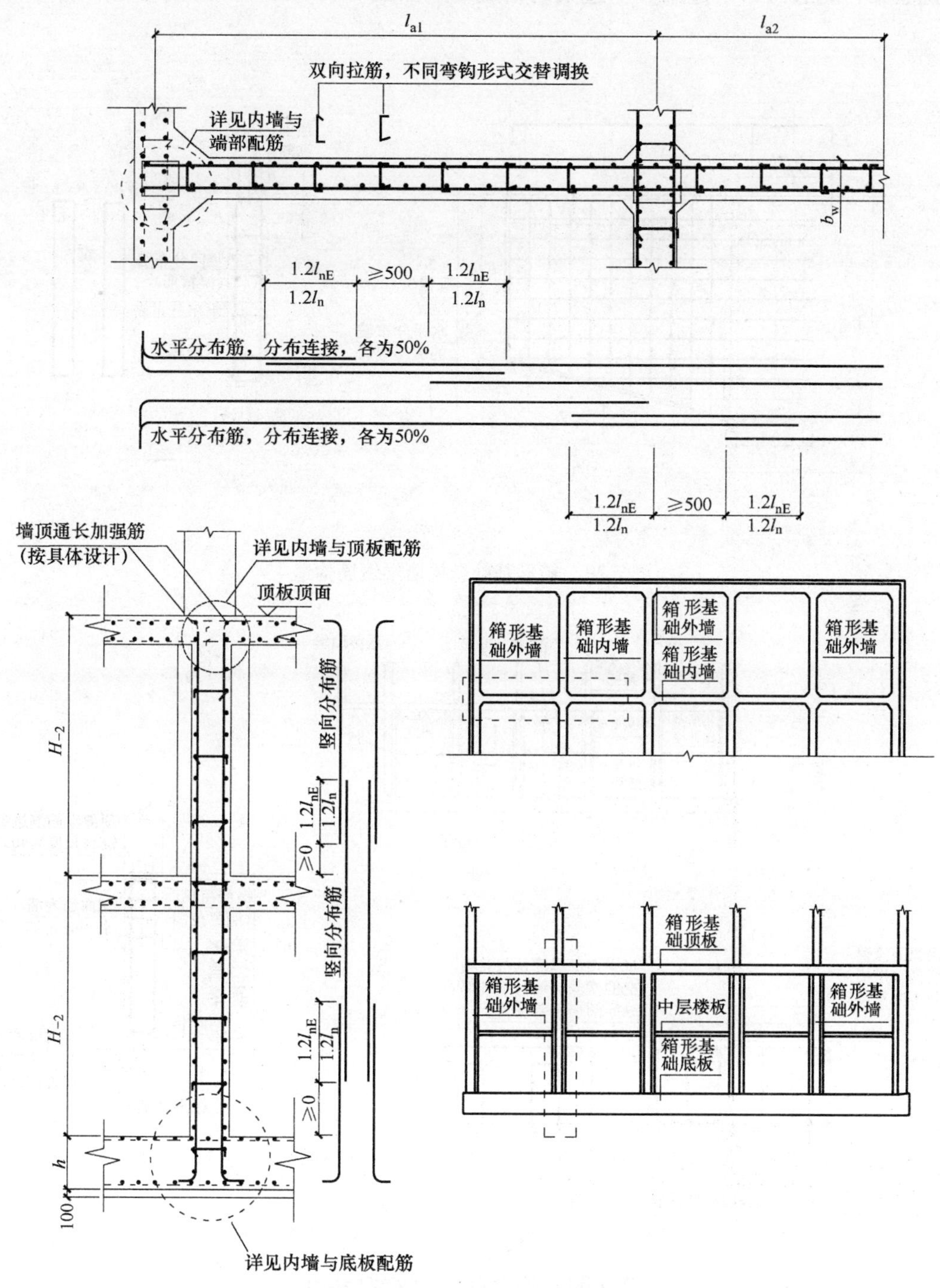

图 7-28　箱形基础内墙钢筋构造

7.3.5 箱形基础悬挑墙梁、底层洞口下过梁、洞口上过梁的钢筋构造

悬挑墙梁以下的箱形基础外墙回填土应按具体设计要求施工；当采用 HPB235 级钢筋作水平或竖向分布筋时，悬挑墙梁外端及顶部、底部的弯钩端头可不做 180°回头钩。箱形基础悬挑墙梁，底层洞口下过梁、上过梁的钢筋构造如图 7-29 ~ 图 7-31 所示。

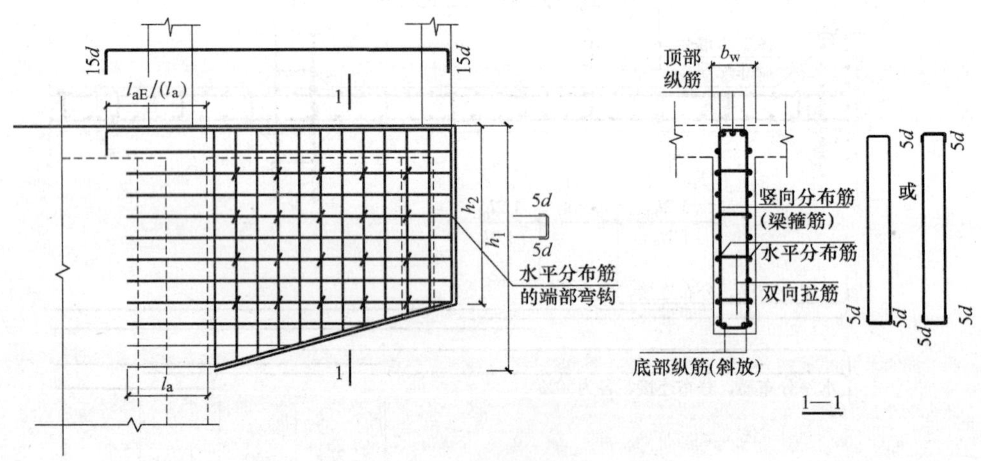

图 7-29 箱形基础悬挑墙梁钢筋构造

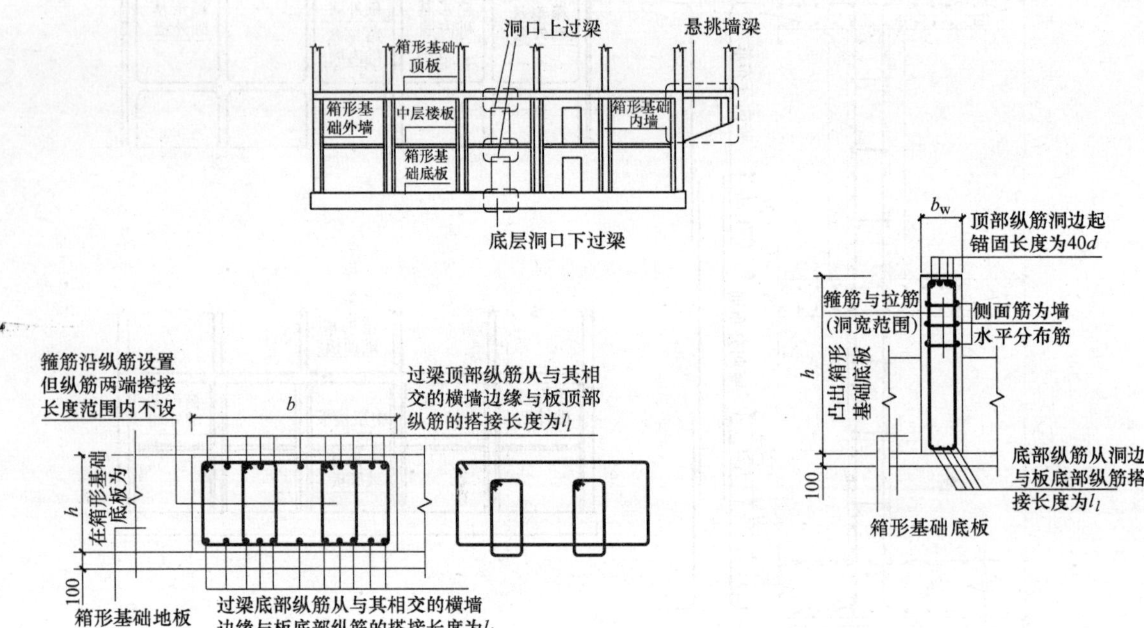

图 7-30 底层洞口下过梁钢筋构造

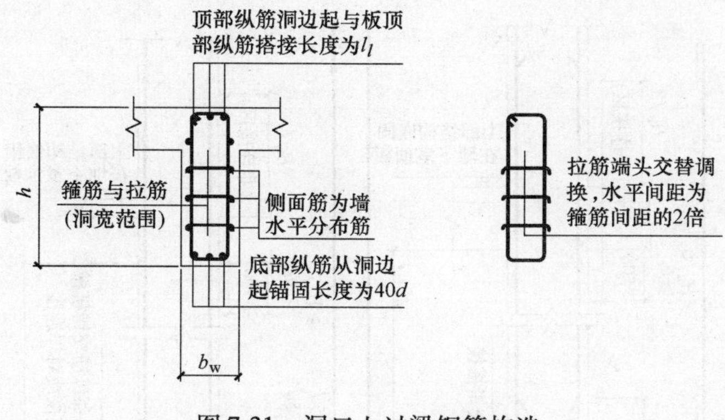

图 7-31　洞口上过梁钢筋构造

7.3.6　地下室防水底板与各类基础的连接构造

地下室防水底板与各类基础的连接构造如图 7-32 所示。防水底板上部纵筋的连接区域为轴线两侧各为 $l_0/4$ 范围（l_0 为轴线跨度），下部纵筋的连接区域为两轴线中线 $l_0/3$ 范围；当基础梁、承台梁、基础连梁或其他类型的基础跨度小于 $2l_l$ 时，可将锚固钢筋穿越基础后在其连接区域连接；防水底板以下的填充材料应按具体工程的设计要求进行施工。

7.3.7　地下室抗震框架柱构造

地下室抗震框架柱混凝土连接范围即为柱混凝土施工缝的设置区域；一至四级抗震等级框架柱混凝土的施工缝，可设置在框架梁顶面；上部结构的嵌固部位，需见具体工程的设计说明，图 7-32 ~ 图 7-33 所示为地下室顶板为上部结构的嵌固部位的标准构造详图，当地下一层楼面或基础顶面为上部结构的嵌固部位时，除了底部非连接区钢筋有所区别，其他类似。图 7-34 所示为抗震框架柱箍筋分布构造图，图 7-35 所示为抗震框架柱混凝土连接范围。

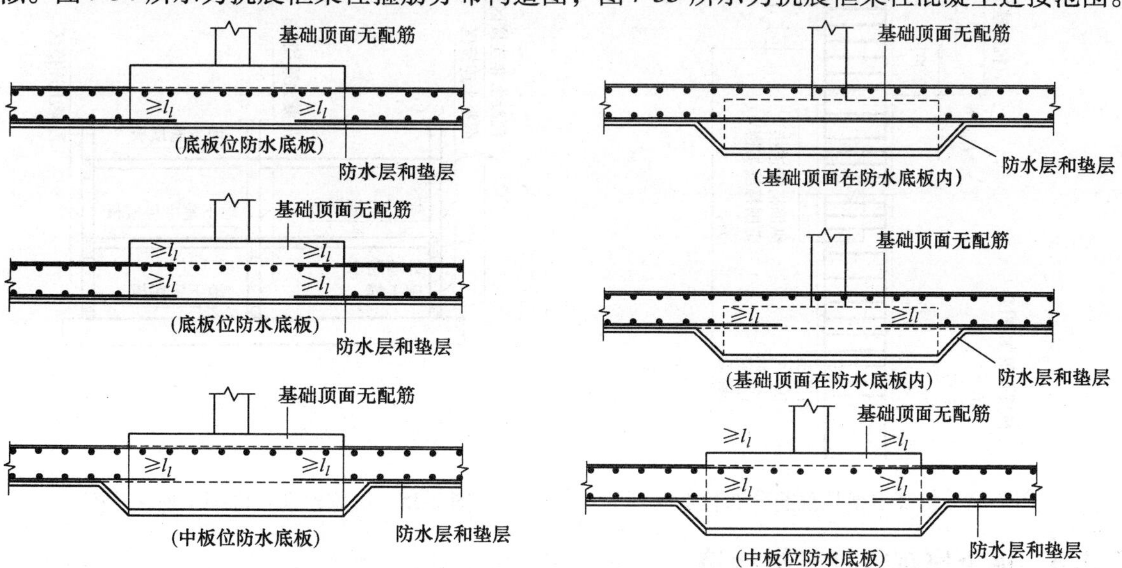

图 7-32　地下室防水底板与各类基础的连接构造

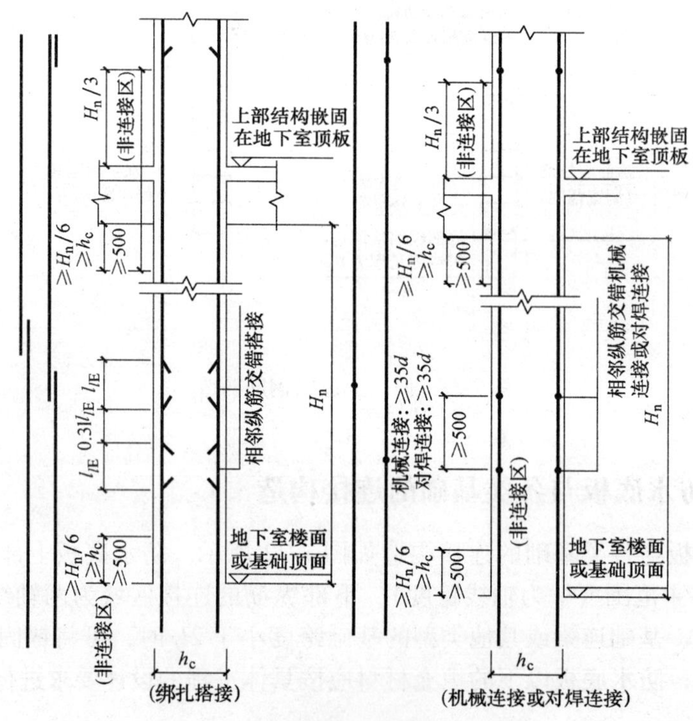

图 7-33　抗震框架柱纵向钢筋连接构造

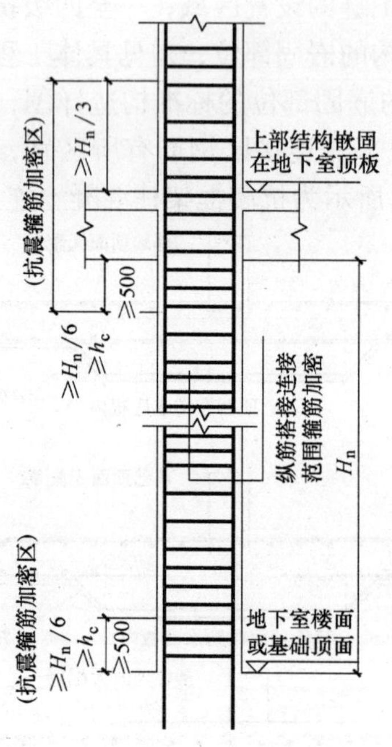

图 7-34　抗震框架柱箍筋分布构造

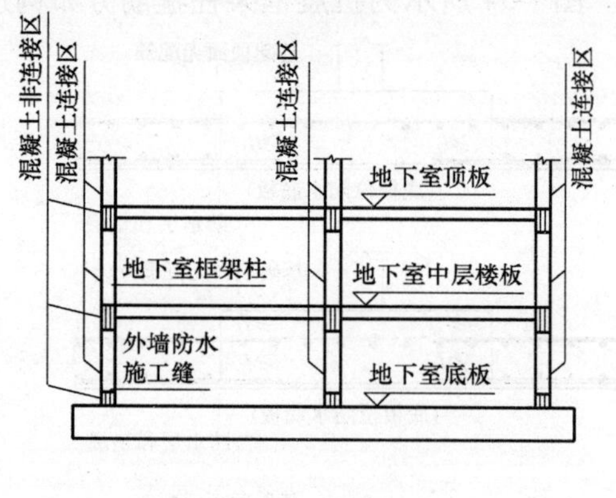

图 7-35　抗震框架柱混凝土连接范围

7.3.8　地下室抗震框架梁构造

框架梁上部非通长筋在中间支座两侧向跨内的延伸长度 l_x 的取值规定为：当两相邻跨

为等跨时，l_x 为其中一跨的净跨值；当两相邻跨为不等跨时，大跨 l_x 取本跨净跨值，小跨 l_x 取两相邻跨净跨之和的平均值 $0.5(l_{nl}+l_{nl+1})$；当小跨净跨值不大于大跨净跨值得 1/2 时，上部非通长筋贯通小跨。当为弧形框架梁时，沿梁的中心线展开计算箍筋加密区长度，但箍筋间距按其凸面量度，弧形框架梁侧面受扭纵筋在柱内的锚固长度为 l_a。当 $h_w \geqslant 450$mm 时，在梁的两个侧面应沿高度配置纵向构造钢筋，间距 $a \leqslant 200$mm；当梁侧面已配置受扭纵筋时，不在重复配置侧面纵向构造筋。当梁宽小于 350mm 时，拉筋直径为 6mm，当梁宽大于 350mm 时，拉筋直径为 8mm，拉筋间距为非加密区箍筋间距的 2 倍。当设有多排拉筋时，上下两排拉筋竖向错开设置（梅花双向）；拉筋一端弯钩角度可为 135°，另一端大于 90°，并轮换调头设置。图 7-36、图 7-37 所示为一至四级抗震等级框架梁的纵向钢筋及纵向箍筋的构造。图 7-38 所示为框架梁侧面构造纵筋。

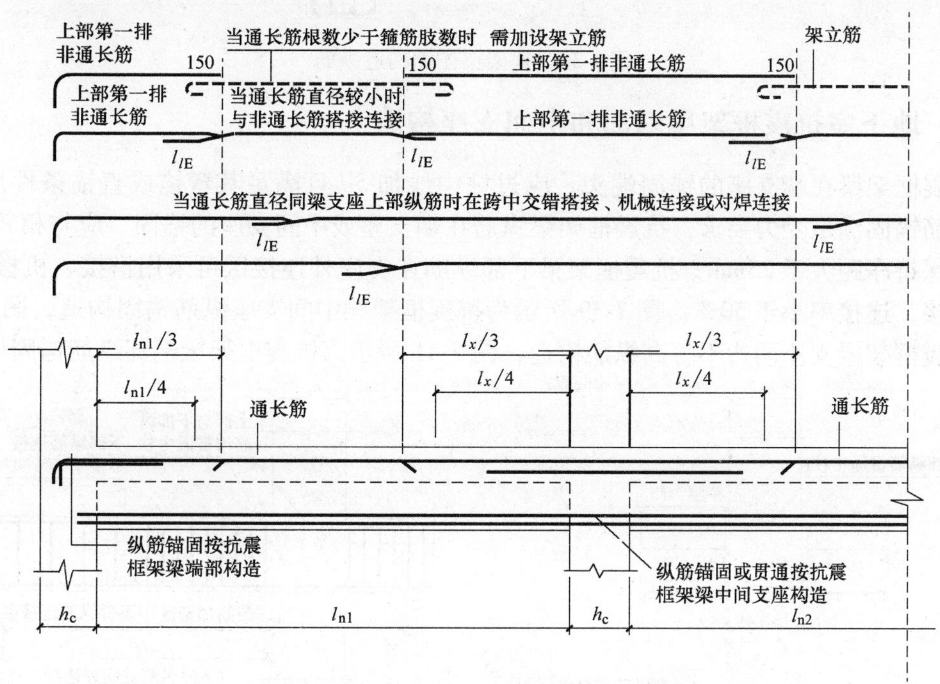

图 7-36　一至四级抗震等级框架梁纵向钢筋构造

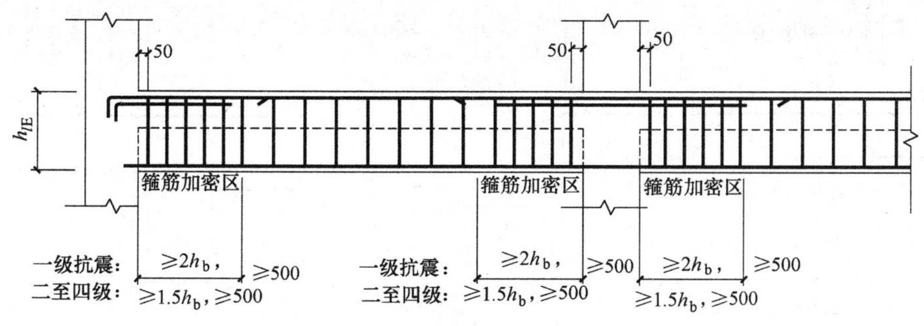

图 7-37　一至四级抗震等级框架梁纵向箍筋构造

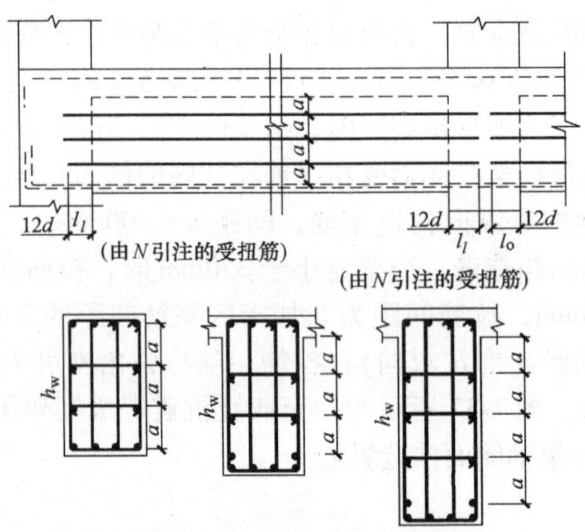

图 7-38 框架梁侧面构造纵筋

7.3.9 地下室抗震框架梁端部和中间支座构造

抗震框架梁在端支座的锚固端头，应过柱中线加 $5d$ 且满足其弯锚或直锚条件后截断；为使钢筋锚固满足受力要求，抗震框架梁纵筋在端支座或中间支座的锚固，应与相邻平行钢筋之间保持净距大于 25mm；抗震框架梁下部纵筋在支座外连接区可采用搭接、机械连接或对焊连接，连接率小于 50%。图 7-39 所示为抗震框架梁中间支座纵筋锚固构造，图 7-40 所示为抗震框架梁支座两边不等高纵筋构造，图 7-41 所示为抗震框架梁端部纵筋锚固构造。

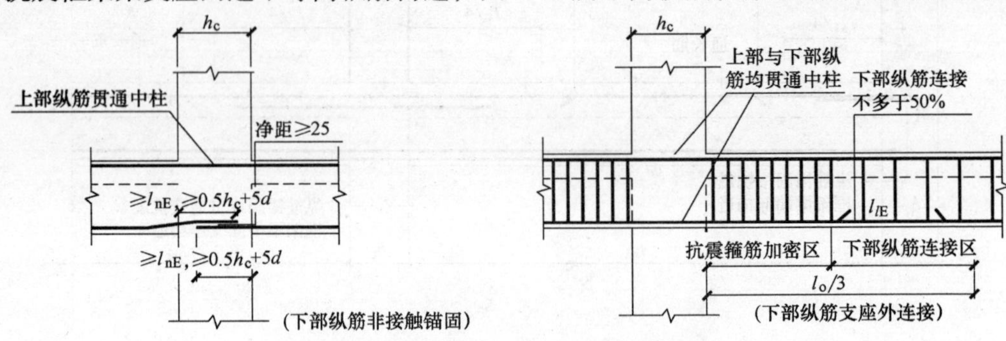

图 7-39 抗震框架梁中间支座纵筋锚固构造

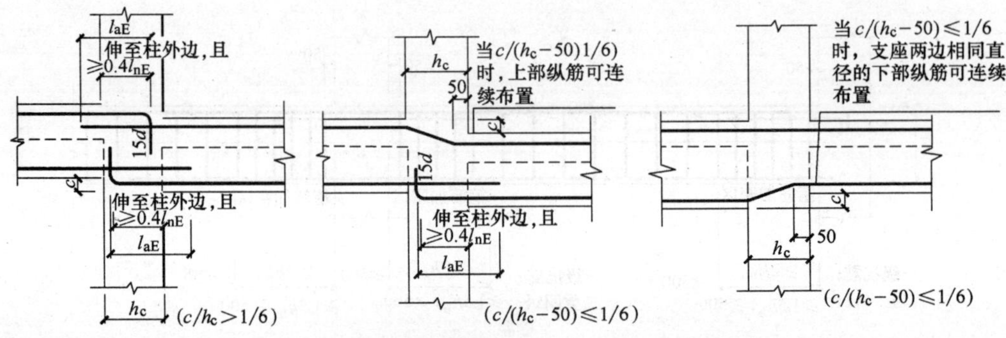

图 7-40 抗震框架梁支座两边不等高纵筋构造

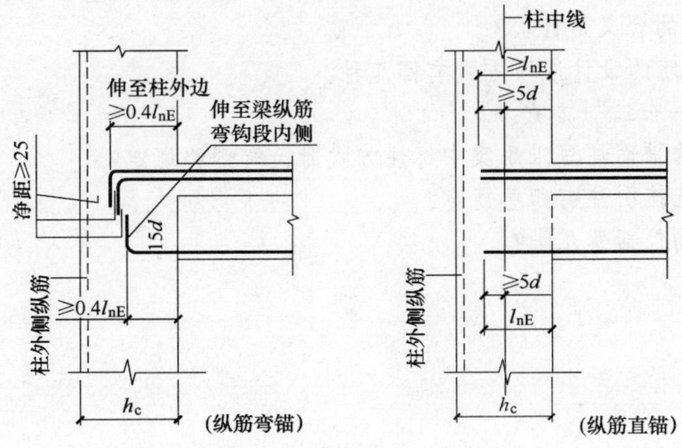

图 7-41　抗震框架梁端部纵筋锚固构造

7.4　本章小结

1）箱形基础主要是由钢筋混凝土底板、顶板、侧墙及一定数量纵横墙构成。

2）箱形基础的平法施工图应从下至上按箱形基础底板、中层楼板和顶板分层进行设计。

3）箱形基础的各层平法施工图有平面注写与截面注写两种方式，其以平面注写方式为主，截面注写方式为辅。

4）箱形基础集中标注，注写在所表达板区 x 向和 y 向均为第一跨的板上。

5）对箱形基础多个同类构件（墙体、悬挑墙梁或过梁）的截面注写，可绘制通用截面示意图，并在其上标注表达的同类构件编号，同类构件的具体内容则集中在表中注写表达，表中的注写内容为构件截面的几何数据和配筋等。

6）后浇带应贯通结构整体设置；后浇带混凝土强度等级通常高于原结构部位的混凝土强度等级，且应采用不收缩或微膨胀混凝土；高层建筑箱形、筏形基础后浇带应采用贯通留筋方式。

7）当地下室结构顶板以上的主体结构为抗震结构时，设计者应按现行规范、规程确定地下室结构的框架梁柱和剪力墙的抗震等级和底部加强区，并在设计总说明中注明。

思　考　题

1. 箱形基础、地下室结构的基础底面标高如何确定？
2. 结构层楼（地）面标高如何确定？
3. 简述箱形基础平法施工图的一般规定。
4. 箱形基础构件分哪几类？
5. 集中标注应注写在什么位置？板区的划分条件是什么？
6. 原位标注应注写在什么位置？

7. 箱形基础底板、顶板、中层楼板集中标注的内容分别有哪些？

8. 标注 X：B ⌀22@180，T ⌀20@180，（1—7 轴）Y：B ⌀20@150，T ⌀18@150，（A—D 轴）所表达的含义是什么？

9. 附加非贯通筋的设计注写方式有哪几种？

10. 简述“隔一布二”方式。

11. 悬挑墙梁的平面注写采用集中标注方式时，有哪些规定？

12. 后浇带的直接引注有哪些规定？

13. 地下室结构包括哪几类？

第8章　现浇混凝土板式楼梯施工图设计

本章学习目标

了解板式楼梯的概念和特点；
熟悉板式楼梯的分类和各类型楼梯的特征；
熟悉各类楼梯截面形状与支座位置示意图；
掌握板式楼梯的平面注写方式，包括集中标注和外围标注的表达内容；
熟悉AT、FT型楼梯的平面注写方式、适用条件及钢筋构造；
熟悉板式楼梯楼层平台板、层间平台板的注写方式与构造；
熟悉楼梯不同踏步位置推高与高度减小构造。

8.1　现浇混凝土板式楼梯平法施工图设计

板式楼梯一般由梯段、平台梁（梯梁）和平台组成。梯段（踏步段）是一块斜板，板的两端支承在平台梁上，平台梁再把荷载传给墙或柱。其优点是下表面平整，节省材料，施工支模方便，可以保证下部的净空，且计算比较简单。但斜板较厚，当跨度较大时，材料用量较多。板式楼梯外观美观，多用于住宅、办公楼、教学楼等建筑，目前跨度较大的公共建筑也多采用。

8.1.1　板式楼梯平法施工图的表示方法

板式楼梯平法施工图（以下简称楼梯平法施工图）是在楼梯平面布置图上采用平面注写方式表达。楼梯平面布置图应按照楼梯标准层采用适当比例集中绘制，或按标准层与相应标准层的梁平法施工图一起绘制在同一张图上。

为了方便施工，在集中绘制的楼梯平法施工图中，宜按规定注明各结构层的楼面标高、结构层高及相应的结构层号。

8.1.2　板式楼梯类型

板式楼梯包括两组类型：第一组板式楼梯有5种类型，分别为AT、BT、CT、DT、ET型；第二组板式楼梯有6种类型，分别为FT、GT、HT、JT、KT、LT型。两组共11种楼梯类型的截面形状与支座位置示意图如图8-1～图8-5所示。该示意图供设计人员正确设计楼梯平法施工图时参考使用。

第一组AT～ET型板式楼梯具备以下特征：

1）AT～ET每个代号代表一跑梯板。梯板的主体为踏步段，除踏步段之外，梯板可包括低端平板、高端平板以及中位平板。

2）AT～ET 各型梯板的截面形状为：AT 型梯板全部由踏步段构成；BT 型梯板由低端平板和踏步段构成；CT 型梯板由踏步段和高端平板构成；DT 型梯板由低端平板、踏步段和高端平板构成；ET 型梯板由低端踏步段、中位平板和高端踏步段构成。

3）AT～ET 型梯板的两端分别以（低端和高端）梯梁为支座，采用该组板式楼梯的楼梯间内部既要设置楼层梯梁，也要设置层间梯梁（其中 ET 型梯板两端均为楼层梯梁），以及与其相连的楼层平台板和层间平台板。梯梁的制图规则和标准构造详图应按国家建筑标准设计图集 03G101—1 执行。当梯梁以梁、构造柱或砌体为支座时，应按 03G101—1 中的“非框架梁”设计；当梯梁以框架柱或剪力墙为支座时，应按 03G101—1 中的“框架梁”设计。

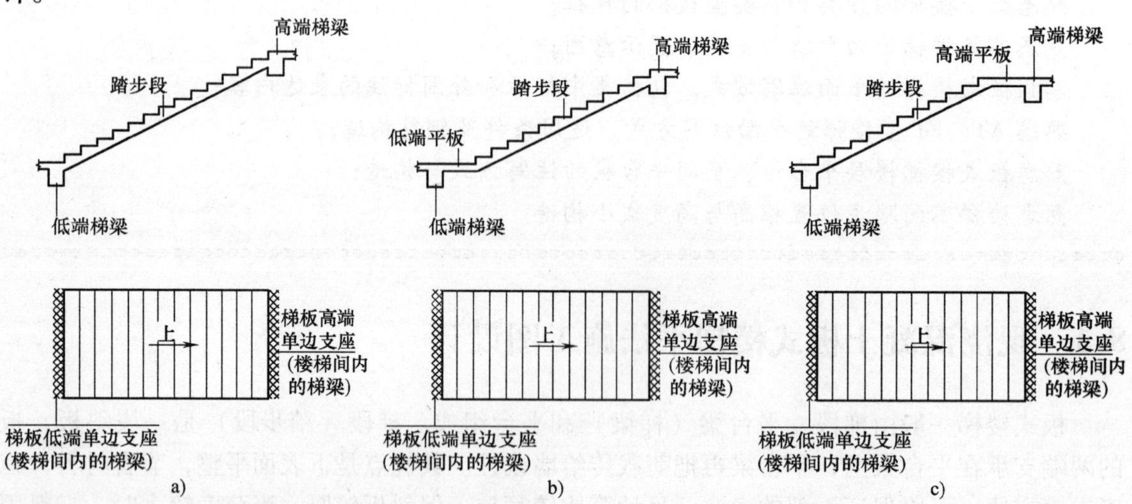

图 8-1　AT、BT、CT 型楼梯截面形状与支座位置示意图

a）AT 型（一跑梯板）　b）BT 型（有低端平板的一跑梯板）　c）CT 型（有高端平板的一跑梯板）

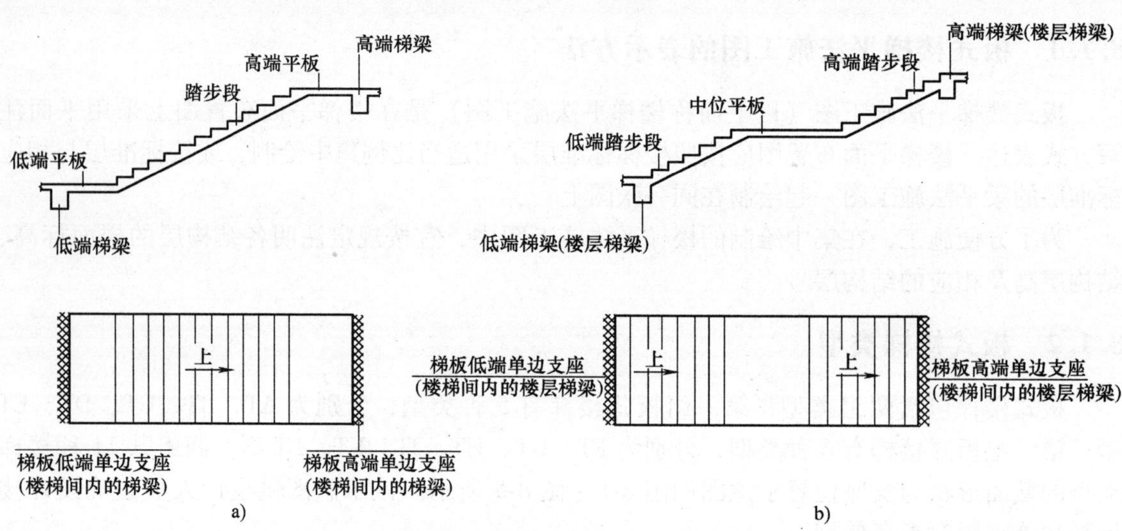

图 8-2　DT、ET 型楼梯截面形状与支座位置示意图

a）DT 型（有低端和高端平板的一跑梯板）　b）ET 型（有中位平板的一跑梯板）

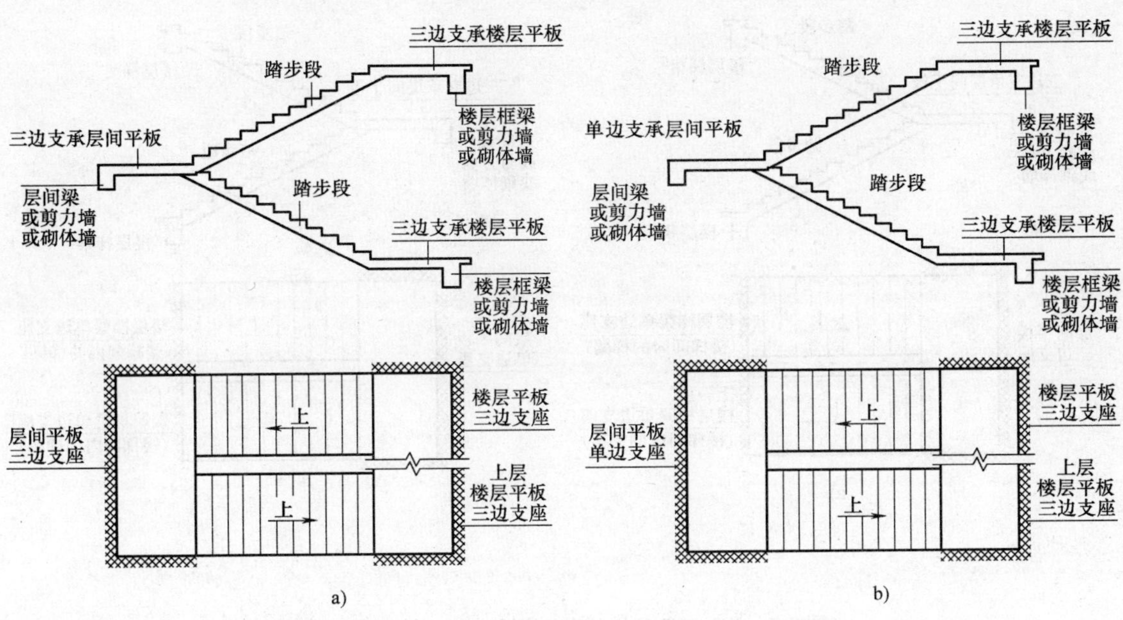

图 8-3　FT、GT 型楼梯截面形状与支座位置示意图

a）FT 型（有层间和楼层平板的双跑楼梯）　b）GT 型（有层间和楼层平板的双跑楼梯）

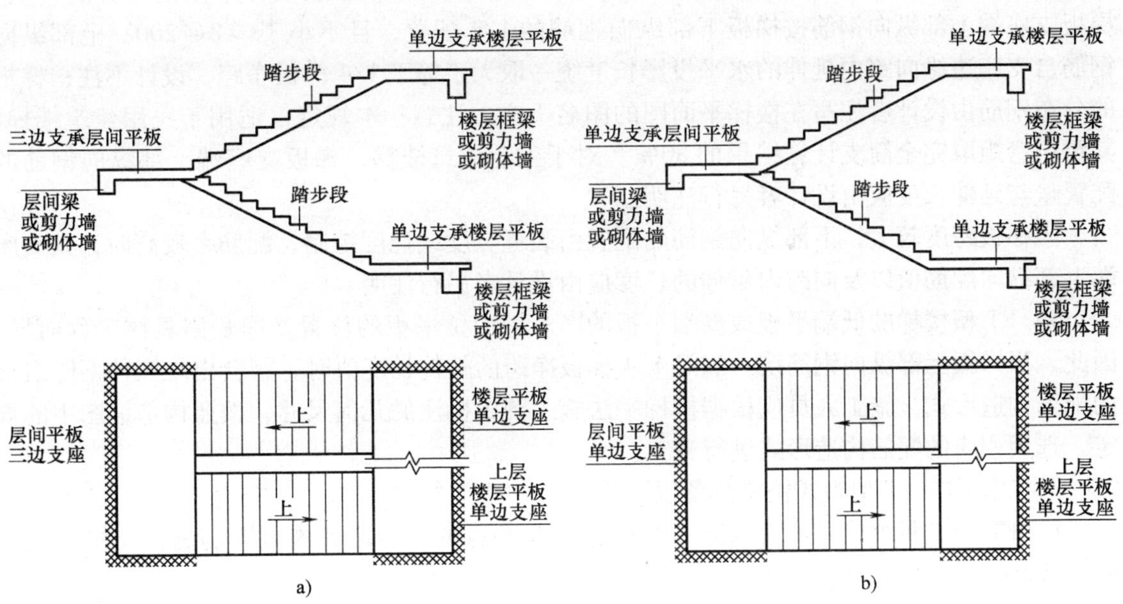

图 8-4　HT、JT 型楼梯截面形状与支座位置示意图

a）HT 型（有层间和楼层平板的双跑楼梯）　b）JT 型（有层间和楼层平板的双跑楼梯）

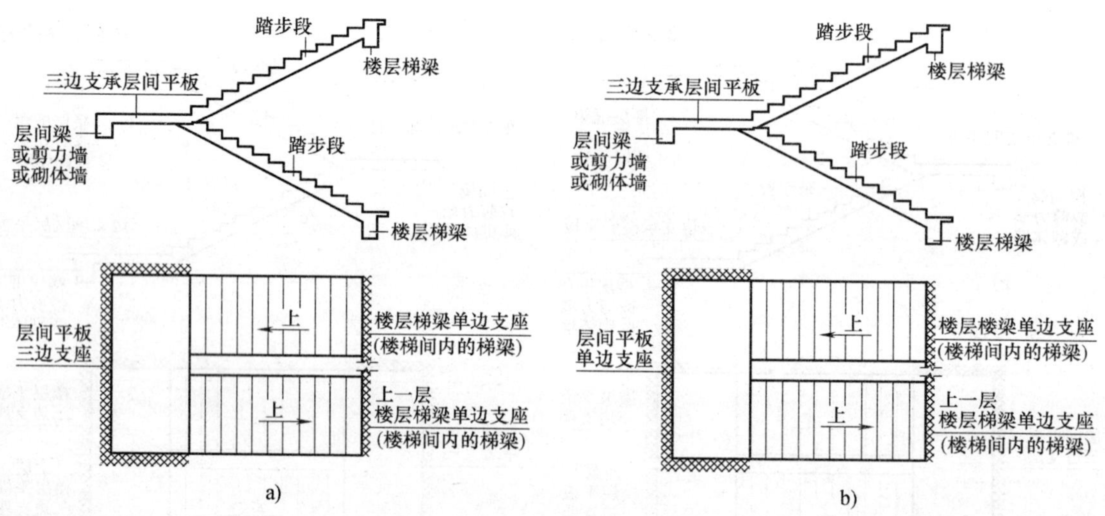

图 8-5　KT、LT 型楼梯截面形状与支座位置示意图

a）KT 型（有层间平板的双跑楼梯）　b）LT 型（有层间平板的双跑楼梯）

4）AT ~ ET 型梯板的下部纵向钢筋由设计者按照 AT ~ ET 型楼梯平面注写方式注明；梯板支座端上部纵向钢筋按梯板下部纵向钢筋的 1/2 配置，且不小于Φ 8@ 200；上部纵向钢筋自支座边缘向跨内延伸的水平投影长度统一取大于等于 1/4 梯板净跨，设计不注；梯板的分布钢筋由设计者注写在楼梯平面图的图名下方。注意：本规定仅适用于民用建筑楼梯，其跨中弯矩取完全简支计算结果的 80%。对于工业建筑楼梯，梯板支座端上部纵向钢筋的配置量与延伸长度应由设计者另行注明。

当梯板跨度较大，下部纵向钢筋的配置由裂缝宽度或挠度控制，配筋率较高时，其支座端上部纵向配筋值以及向跨内延伸的长度应由设计者另行注明。

5）ET 型楼梯的低端平板或高端平板的净长、中位平板的位置及净长因具体工程而异，因此，当梯板上部纵向钢筋统一满足 1/4 梯板净跨的外伸长度值时，将会出现四种不同组合的配筋构造形式，施工人员应根据楼梯平法施工图中标注的几何尺寸，按照构造详图中的规定，选用相应的配筋构造形式进行施工。

第二组 FT ~ LT 型板式楼梯具备以下特征：

1）FT ~ LT 每个代号代表两跑（投影）相互平行的踏步段和连接它们的楼层平板及层间平板。

2）FT ~ LT 型梯板的构成分两类：第一类包括 FT、GT、HT 和 JT 型，由层间平板、踏步段和楼层平板构成。采用 FT ~ JT 型梯板时，楼梯间内部不需要设置楼层梯梁及层间梯梁。第二类包括 KT 型和 LT 型，由层间平板和踏步段构成。采用 KT 或 LT 型梯板时，楼梯间内部需要设置楼层梯梁及楼层平台板，但不需要设置层间梯梁及层间平台板。

3）FT ~ LT 型梯板的支承方式。①FT 型梯板：梯板一端的层间平板采用三边支承认，另一端的楼层平板也采用三边支承；②GT 型梯板：梯板一端的层间平板采用单边支承，另一端的楼层平板采用三边支承；③HT 型梯板：梯板一端的层间平板采用三边支承，另一端的楼层平板采用单边支承；④JT 型梯板：梯板一端的层间平板采用单边支承，另一端的楼层平板也采用单边支承；⑤KT 型梯板：梯板一端的层间平板采用三边支承，另一端的踏步段采用单边支承（在梯梁上）；⑥LT 型梯板：梯板一端的层间平板采用单边支承，另一端的踏步段也采用单边支承（在梯梁上）。

以上各型梯板的支承方式汇总于表 8-1。

表 8-1　FT ~ LT 型梯板支承方式表

梯板类型	层间平板端	踏步段端（在楼层高度）	楼层平板端
FT	三边支承		三边支承
GT	单边支承		三边支承
HT	三边支承		单边支承
JT	单边支承		单边支承
KT	三边支承	单边支承（在楼梯间内的梯梁上）	
LT	单边支承	单边支承（在楼梯间内的梯梁上）	

注：由于 FT ~ JT 型梯板本身带有层间平板或楼层平板，对平板段采用三边支承方式可以有效地减小梯板的计算跨度，能够收到减小板厚从而减轻梯板自重和减少配筋的效果。

4）FT ~ LT 型梯板上部纵向与横向配筋、下部纵向与横向配筋、上部横向配筋的外伸长度，均由设计者按照 FT ~ LT 型楼梯的平面注写方式分别注明；梯板的分布钢筋由设计者注写在楼梯平面图的图名下方。梯板上部纵向配筋向跨内延伸的水平投影长度详见相应的标准构造详图，设计不注，但设计者应予以校核；当标准构造详图规定的水平投影长度不满足具体工程要求时，由设计者另注。

5）上下相邻两层或两标准层改变梯板类型或序号时，其“自然转换”部位在楼层平板位置，且其下层或下标准层的终止标高与上层或上标准层的起始标高在同一楼层平板处，标准图集的表示方法示例均按“自然转换”绘制。当转换部位设计在层间平板位置时，其下层或下标准层的终止标高与上层或上标准层的起始标高在同一层间平板处，设计时应注意将转换位置标高注写正确，还应注意层间平板部位的绘制需参照楼层平板的表达方法。

6）当甲、乙两部构成错层结构并共用楼梯时，甲部层间平板即为乙部楼层平板（反之亦然），设计时应予以注明。

特殊情况下，当楼层层高较高且楼梯间进深受到限制或服从标准层需要时，通常在该层内设置三跑或四跑楼梯。此时，对于第一组楼梯及第二组楼梯中的 KT、LT 型，位于楼层梯梁及楼层平台板垂直投影下的层间梯梁及层间平台板，应当按照楼层梯梁及楼层平台板处理；对于第二组楼梯中的 FT、GT、HT 及 JT 型，位于楼层平板垂直投影下的层间平板，应当按照楼层平板处理。

建筑专业地面、楼层平板和层间平板的建筑面层厚度通常与楼梯踏步面层厚度不同，为使建筑面层做好后的楼梯踏步等高，各型楼梯踏步段的所有踏步需要沿斜梯板整体推高，而最后一级踏步高度要相应减小，其推高值与减小值的取值方法详见相应的标准构造详图。

8.1.3 楼梯平面注写方式

楼梯平面注写是在楼梯平面布置图上注写截面尺寸和配筋具体数值来表达楼梯平法施工图的方式。平面注写的内容包括集中标注和外围标注。集中标注表达梯板的类型代号及序号、梯板的竖向几何尺寸和配筋；外围标注表达梯板的平面几何尺寸以及楼梯间的平面尺寸。

在楼梯平法施工图上需绘制楼梯竖向布置简图，其所标注的内容包括：各跑梯板类型代号及序号（AT~FT)、各层梯板类型代号及序号（ET~LT)、楼层平台板代号及序号（AT~ET，KT，LT)、层间平台板代号及序号（AT~DT)、楼层结构标高、层间结构标高等。

在第一组 AT、BT、CT、DT 型楼梯间内部，需另设楼层平台板和层间平台板；在第一组 ET 型和第二组 KT、LT 型楼梯间内部需另设楼层平台板。当设计者采用现浇平台板时，平台板的平法施工图是在楼梯平面布置图上采用平面注写方式表达。当楼层楼梯平台板和楼层板均为现浇板时，可将楼层楼梯平台板与本楼层的现浇楼板整体设计。

8.2 各型楼梯的适用条件、注写方式及钢筋构造

8.2.1 AT 型楼梯平面注写方式、适用条件及钢筋构造

在绘制板式楼梯平法施工图的时候，要首先区分各类型楼梯的适用条件以正确选择楼梯类型。AT 型楼梯的适用条件为：两梯梁之间的一跑矩形梯板全部由踏步段构成，即踏步段两端均以梯梁为支座。凡是满足该条件的楼梯均可视为 AT 型楼梯，如图 8-6 所示双跑楼梯、双分平行楼梯、交叉楼梯、剪刀楼梯等。

AT 型楼梯平面注写方式如图 8-6 所示（楼层、层间平台板的注写方式与构造详见本书 8.2.3 节)，其中集中注写的内容有如下 4 项：第 1 项为梯板类型代号与序号 AT××；第 2 项为梯板厚度 h；第 3 项为踏步段总高度 H_s，$H_s = h_s \times (m+1)$，式中，h_s 为踏步高，$m+1$ 为踏步数目；第 4 项为梯板配筋。

梯板的分布钢筋注写在图名的下方，设计示例如图 8-7 所示。其要点为：

1）标准构造详图中，AT 型楼梯梯板支座端上部纵向钢筋按下部纵向钢筋的 1/2 配置，且不小于Φ8@200。

2）踏步段自第一级踏步起整体斜向推高值与最上一级踏步高度的减小值如图 8-17 所示。楼梯与扶手连接的钢预埋件位置与做法应由设计者注明。

AT 型楼梯板钢筋构造如图 8-8 所示。其要点为：

1）它适用于在低端与高端梯梁之间无平板的情况。

2）梯板踏步段内斜放钢筋长度的计算公式如下

$$\text{钢筋斜长} = \text{水平投影长度} \times \kappa$$

式中，$\kappa = \dfrac{\sqrt{b_s^2 + h_s^2}}{b_s}$，或根据 b_s 与 h_s 的比值用插值法查表 8-2 确定。

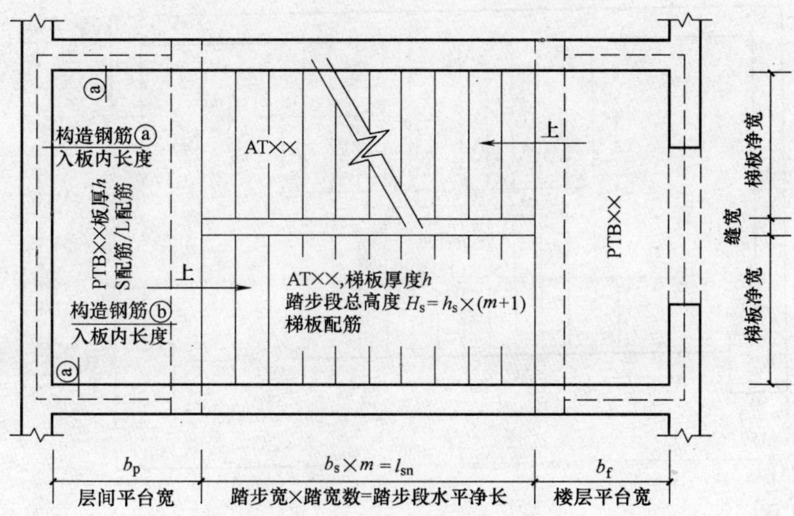

注写方式 $\frac{\text{标高×××～标高×××楼梯平面图}}{\text{梯板分布钢筋:××××××}}$

平台板分布钢筋:××××××

a)

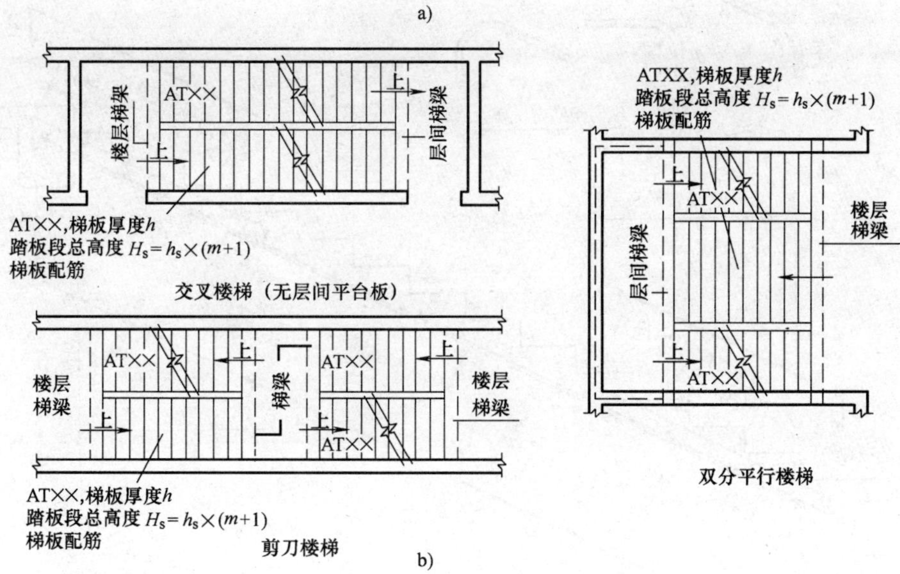

b)

图 8-6　AT 型楼梯平面注写方式与构造形式

a）注写方式　b）构造形式

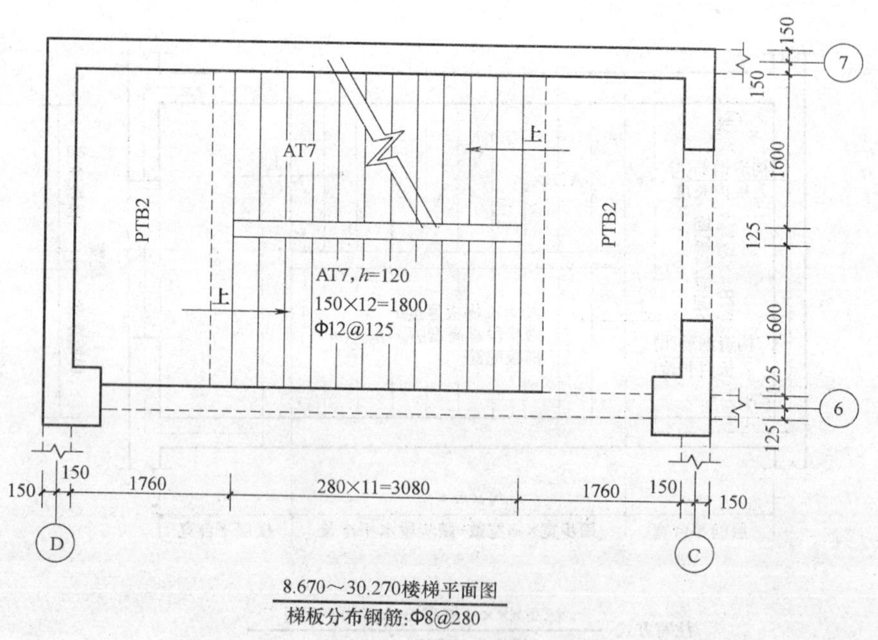

图 8-7　AT 型楼梯平法设计示例

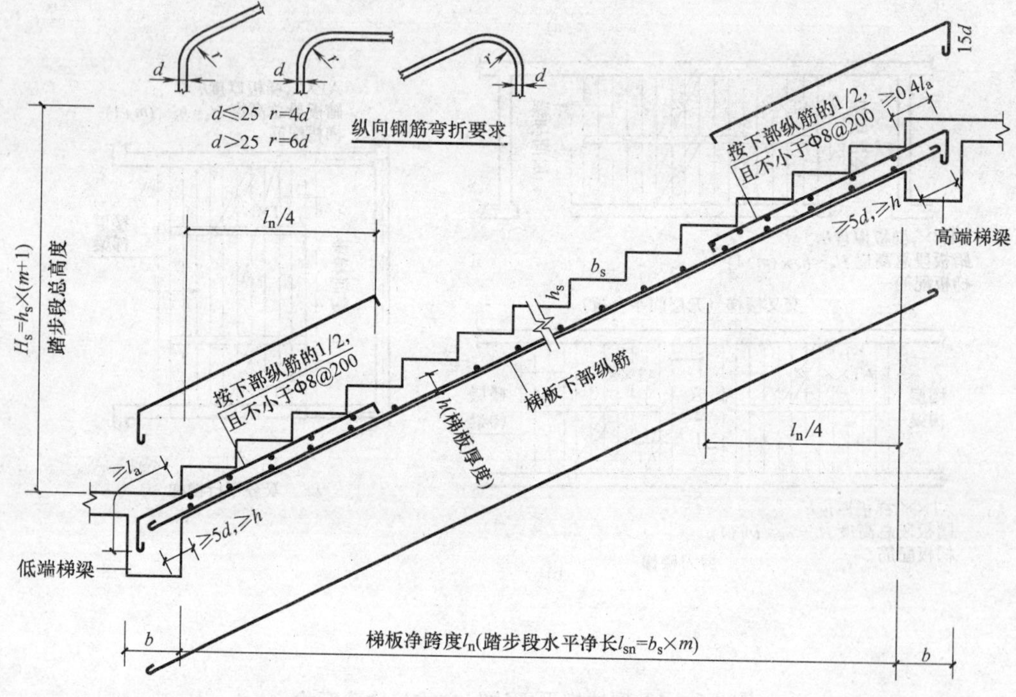

图 8-8　AT 型楼梯板钢筋构造

表 8-2　插值法计算系数 κ

b_s/h_s	κ	b_s/h_s	κ
1.0	1.414	1.6	1.179
1.2	1.302	1.8	1.144
1.4	1.229	2.0	1.118

3）当采用 HPB235 级光面钢筋时，除梯板上部纵筋的跨内端头作 90°直角弯钩外，所有末端应作 180°的弯钩，弯后平直段长度不应小于 $3d$；当采用 HRB335 或 HRB400 级带肋钢筋时，则不做弯钩。

4）踏步两头高度调整如图 8-17 所示。

8.2.2　FT 型楼梯平面注写方式、适用条件及钢筋构造

FT 型楼梯的适用条件为：①楼梯间内不设置梯梁，矩形梯板由楼层平板、两跑踏步段与层间平板三部分构成；②楼层平板及层间平板均采用三边支承，另一边与踏步段相连；③同一楼层内各踏步段的水平净长相等，总高度相等（即等分楼层高度）。凡是满足以上条件的可视为 FT 型楼梯，如双跑楼梯、双分楼梯等。

FT 型楼梯平面注写方式如图 8-9 所示。其中集中注写的内容有 5 项：第 1 项为梯板类型代号与序号 FT ××；第 2 项为梯板厚度 h；第 3 项为踏步段总高度 H_s，$H_s = h_s \times (m+1)$，式中 h_s 为踏步高，$m+1$ 为踏步数目；第 4 项为梯板下部纵向配筋；第 5 项为平板下部横向配筋。

原位注写的内容为楼层与层间平板支座上部纵向与横向配筋，横向配筋的外伸长度。当平板上部横向钢筋贯通配置时，仅需在一侧支座标注，并加注“通长”二字，对面一侧支座不注，如图 8-9b 所示。梯板的分布钢筋注写在图名的下方。设计示例如图 8-10 所示。要点为：

1）图 8-9 中的截面符号仅为表示后面标准构造详图的表达部位而设，在结构设计施工图中不需要绘制截面符号及详图。

2）楼梯与扶手连接的钢预埋件位置与做法应由设计者注明。梯板较厚需设拉筋时应由设计者注明。

梯板踏步段内斜放钢筋长度的计算方法和 HPB235 级光面钢筋、HRB335 级带肋钢筋末端弯钩做法见 AT 型楼梯板钢筋构造要求。楼层、层间平板净长以板的上表面为准。楼层、层间平台板 *A—A*、*B—B* 剖面如图 8-11、图 8-12 所示，*C—C*、*D—D* 剖面如图 8-13、图 8-14 所示。

8.2.3　AT ~ ET 型楼梯楼层、层间平台板注写方式与构造

AT ~ ET 型楼梯楼层、层间平台板的平面注写方式如图 8-15 所示。其中在板中部注写的内容有 4 项：

1）平台板代号与序号 PTB ××。

2）平台板厚度 h。

3）平台板下部短跨方向配筋（S 配筋）。

4）平台板下部长跨方向配筋（L 配筋）。

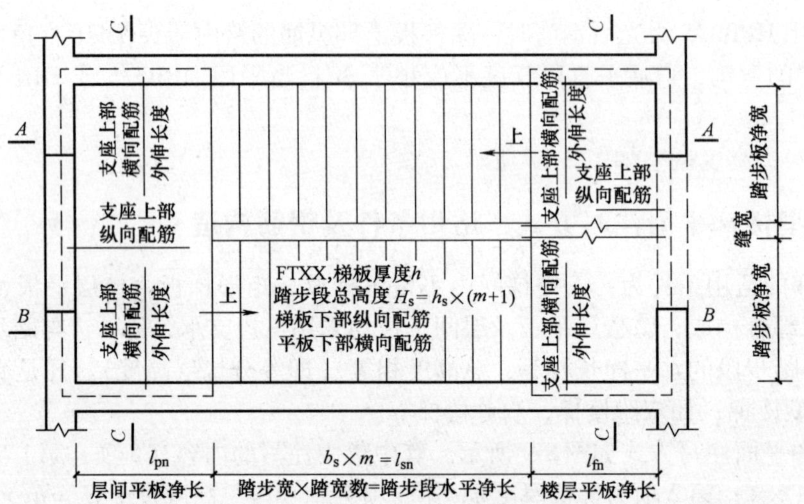

标高×××～标高×××楼梯平面图

梯板分布钢筋：××××××

a)

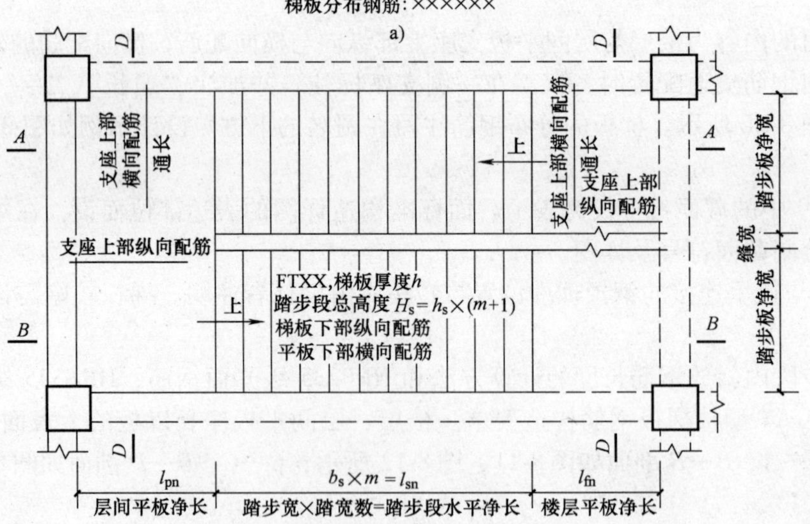

标高×××～×××楼梯平面图

梯板分布钢筋：××××××

b)

图 8-9　FT 型楼梯平面注写方式

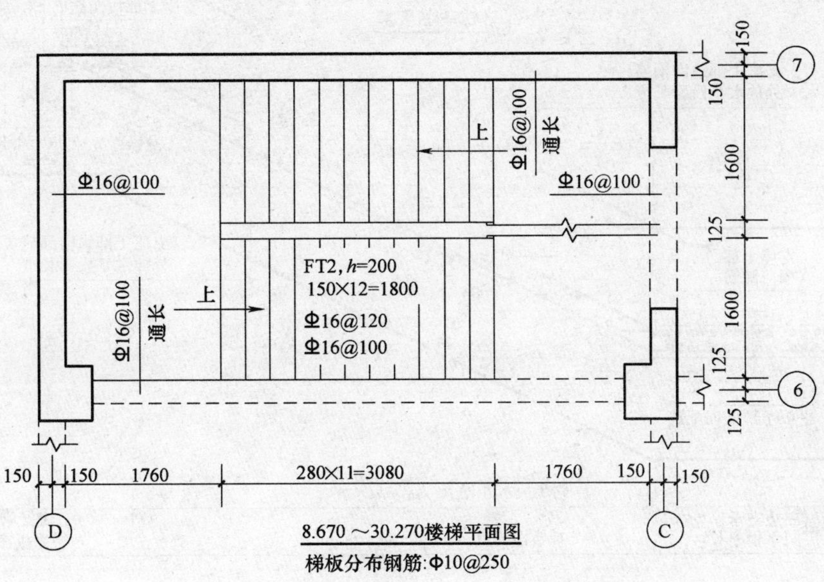

图 8-10 FT 型楼梯设计示例

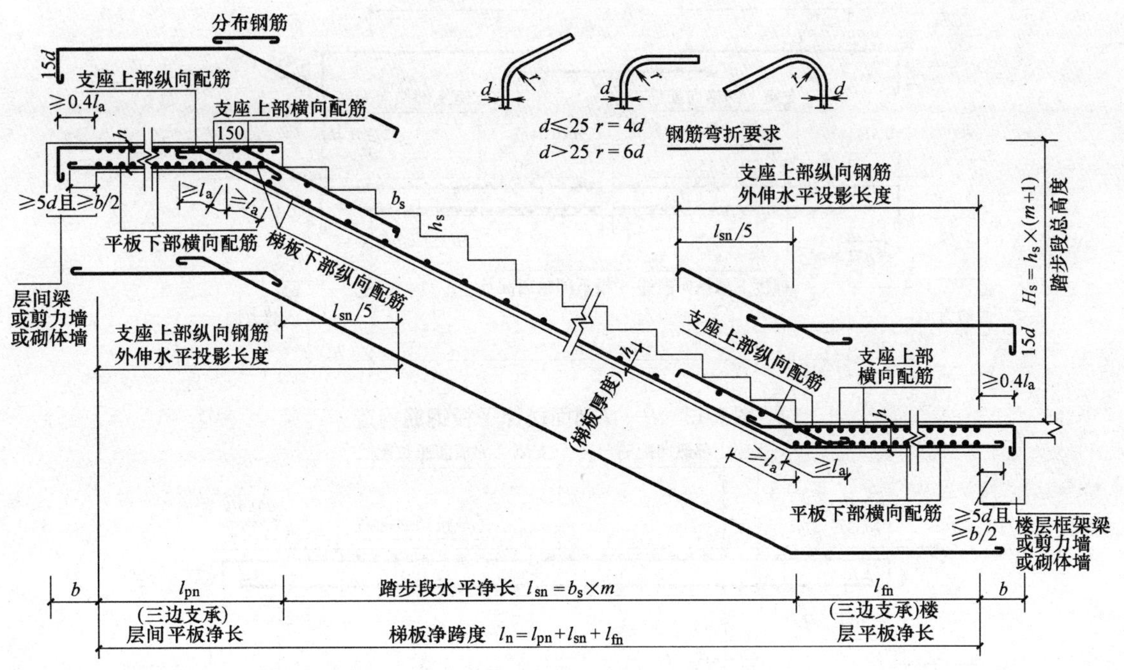

图 8-11 FT(A—A 剖面)楼梯板钢筋构造

注：楼层平板和层间平板均为三边支承。

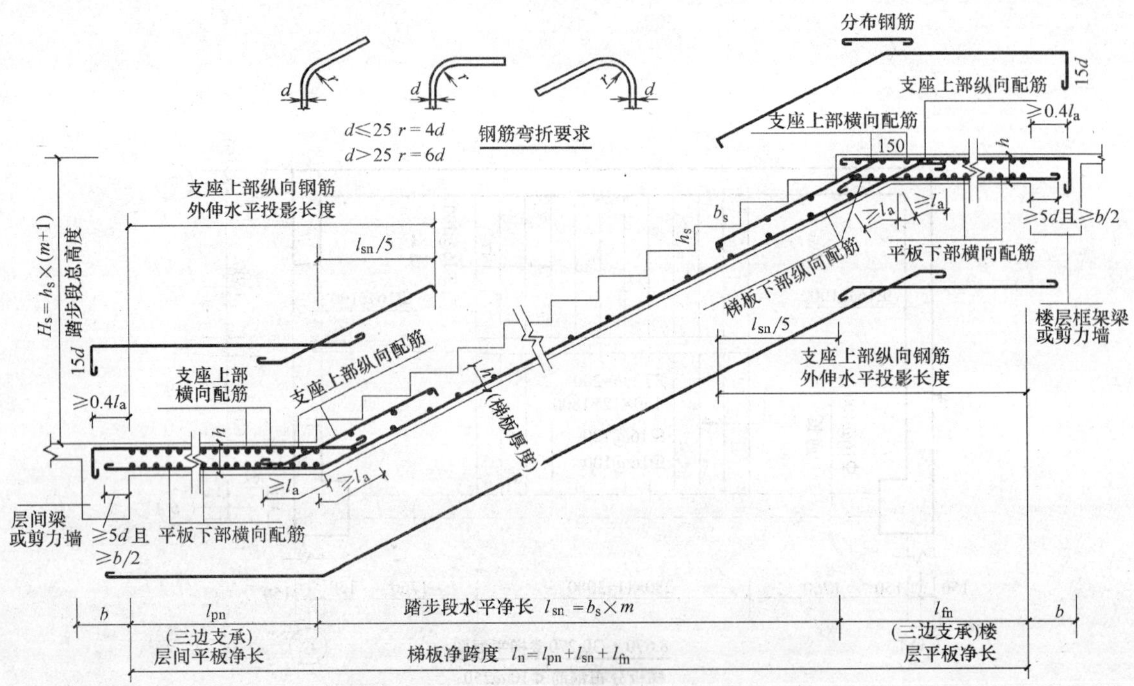

图 8-12　FT(*B—B* 剖面)楼梯板钢筋构造

注：楼层平板和层间平板均为三边支承。

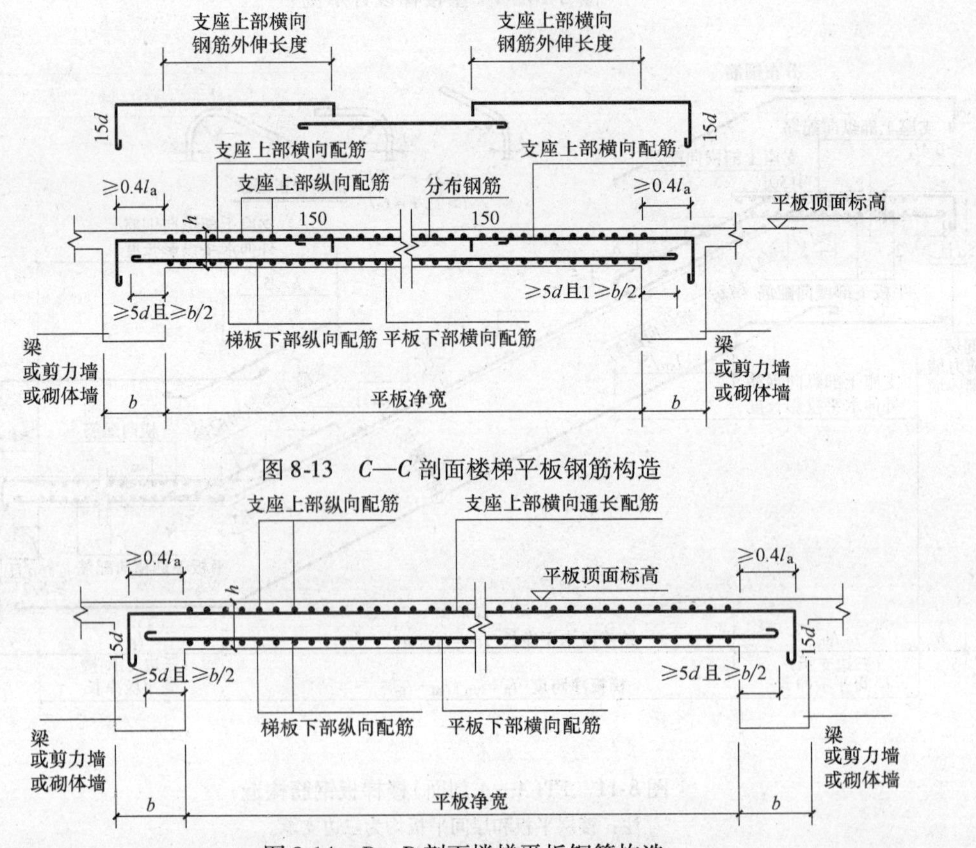

图 8-13　*C—C* 剖面楼梯平板钢筋构造

图 8-14　*D—D* 剖面楼梯平板钢筋构造

S 配筋与 L 配筋用斜线分隔。在板内四周原位注写的内容为构造配筋与伸入板内的长度。平台板的分布钢筋继楼梯板分布钢筋之后注写在图名的下方。

梯楼层、层间平台板构造如图 8-16 所示。要点为：

1）图 8-16 中的截面符号仅为指示标准构造详图的表达部位而设，正式设计图中不需绘制截面符号和详图。

2）平台板上部构造钢筋的配置及入板内长度，因其支座的不同而异。具体设计时应注意符合相应规范要求。

3）平台板平面注写内容可以标注在相同标高的楼梯平法施工图上。

4）板长跨方向与混凝土梁或剪力墙浇筑到一起时，其支座配筋构造与右边支座相同。

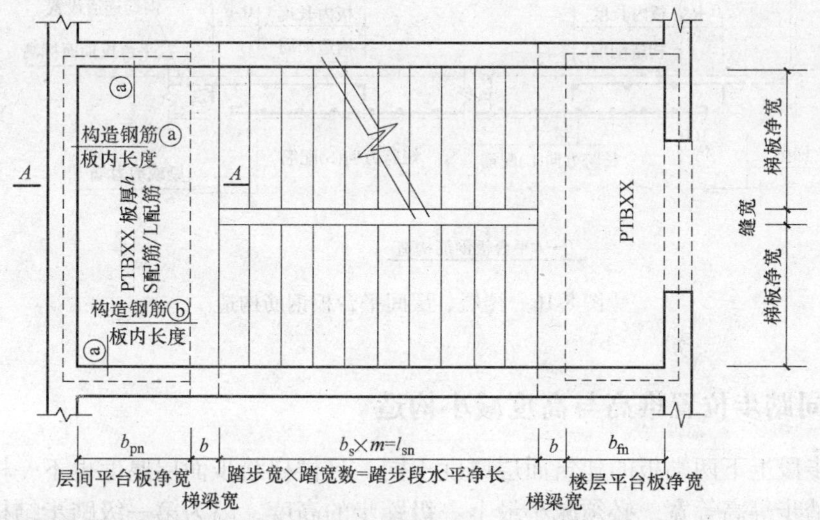

a)

b)

图 8-15　楼层、层间平台板注写方式（楼梯注写内容略）

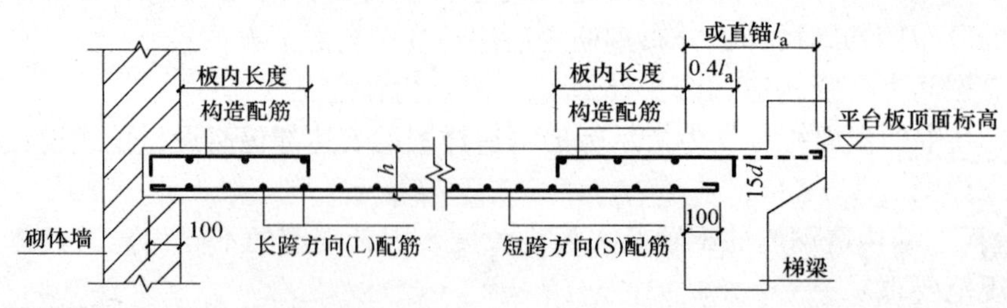

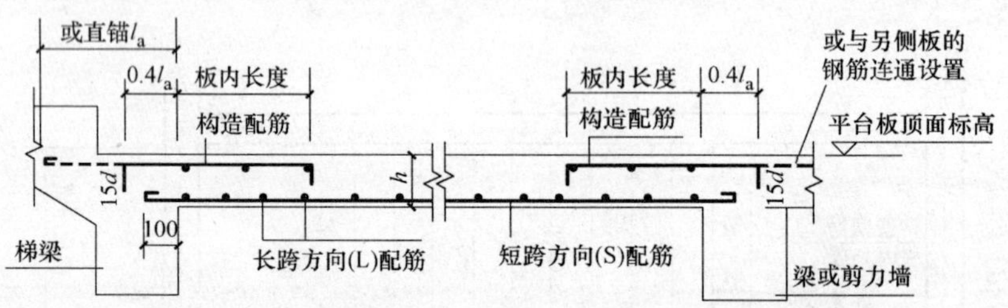

图 8-16　楼层、层间平台板钢筋构造

8.2.4　不同踏步位置推高与高度减小构造

由于踏步段上下两端板的建筑面层厚度不同，且楼梯踏步面层厚度也不一样。为使面层完工后各级踏步等高等宽，必须减小最上一级踏步的高度，因为第一级踏步结构高度增加而将其余踏步整体斜向推高，整体推高的（垂直）高度值 $\delta_1=\Delta_1-\Delta_2$，高度减小后的最上一级踏步高度 $h_{s2}=h_s-(\Delta_3-\Delta_2)$。不同踏步位置推高与高度减小构造如图 8-17 所示。

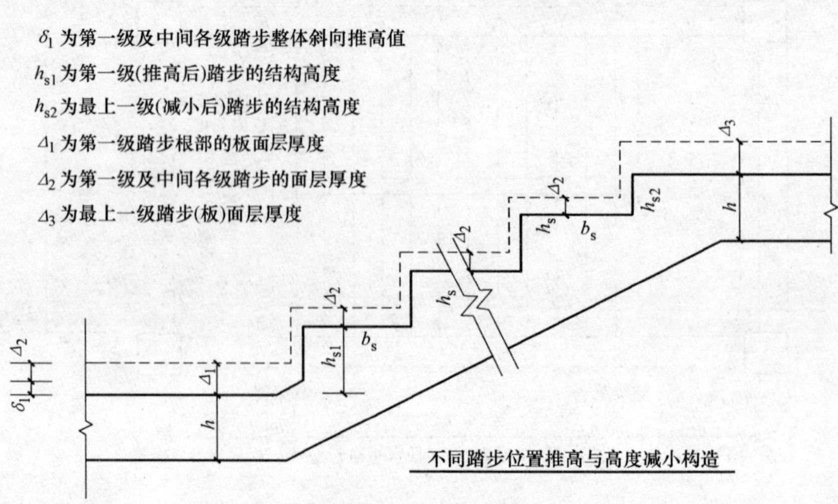

图 8-17　不同踏步位置推高与高度减小构造

8.3 本章小结

1）板式楼梯平法施工图是在楼梯平面布置图上（或与相应标准层的梁平法施工图一起绘制）采用平面注写方式表达设计内容。常见的板式楼梯分为两组九类，它们具有各自的截面形状和支座位置特征。

2）楼梯平法标注包括集中标注和原位标注两部分内容，集中标注表达梯板的类型代号及序号、梯板的竖向几何尺寸和配筋；外围原位标注表达梯板的平面几何尺寸以及楼梯间的平面尺寸。

3）绘制施工图时，首先要正确区分各类型楼梯的适用条件以正确选择楼梯类型。凡是满足下面条件的楼梯均可视为 AT 型楼梯：两梯梁之间的一跑矩形梯板全部由踏步段构成，即踏步段两端均以梯梁为支座。AT 型楼梯平面注写内容有梯板类型代号与序号、梯板厚度、踏步段总高度和梯板配筋。凡是满足下面条件的楼梯均可视为 FT 型楼梯：楼梯间内不设置梯梁，矩形梯板由楼层平板、两跑踏步段与层间平板三部分构成；楼层平板及层间平板均采用三边支承，另一边与踏步段相连；同一楼层内各踏步段的水平净长相等，总高度相等。FT 型楼梯梯板配筋包括下部纵向配筋和下部横向配筋。FT 型楼梯原位注写的内容为楼层与层间平板支座上部纵向与横向配筋、横向配筋的外伸长度。

4）楼梯楼层、层间平台板的平面注写在板中部，注写的内容有平台板代号与序号、平台板厚度、平台板下部短跨和长跨方向配筋。在板内四周原位注写的内容为构造配筋与伸入板内的长度。

5）由于踏步段上下两端板的建筑面层厚度不同，为使面层完工后各级踏步等高等宽，必须减小最上一级踏步的高度，并将其余踏步整体斜向推高，设计和施工时应予注意。

思考题

1. 板式楼梯是相对于梁式楼梯而言的，请问它有何优缺点？
2. 为方便施工，在集中绘制的楼梯平法施工图中应附加标注哪些内容？
3. AT ~ ET 各型梯板的截面形状有何特征？
4. AT ~ ET 型梯板的纵向钢筋配置有何要求？
5. 楼梯平法施工图中平面注写包括哪几类？分别表达的内容是什么？
6. 楼梯平面标注 AT7，$h = 120$ 的含义是什么？
7. 若图 8-17 中的 $\Delta_1 = 50\text{mm}$，$\Delta_2 = 25\text{mm}$，$\Delta_3 = 45\text{mm}$，$h_s = 125\text{mm}$。请问该踏步段的第一级踏步的结构高度 h_{s1} 应为多少？其余踏步的整体推高值为多少？最上一级踏步的结构高度 h_{s2} 应为多少？

第9章　结构施工图平面整体设计方法实例

建筑结构施工图平面整体设计方法（简称平法）是把结构构件的尺寸和配筋等按照平面整体表示方法制图规则，整体直接表达在各类构件的结构平面布置图上，再与标准构造详图相配合的新型完整的结构设计方法。

本工程采用平面整体表示法和传统表示法相结合进行设计的。本工程相关制图规则及构造详图参照图集03G101-1。

9.1　结构施工图概述

本工程为某工业厂房，共三层，一层和二层为工业厂房，三层为宿舍。一层层高4.5m，二层层高4.2m，三层层高3m。平面长60.24m，平面宽16.04m。结构体系为框架结构。结构施工图共11张，分别为：

结施00—图样目录；

结施01—结构设计总说明（见书后插页图9-1）；

结施02—基础结构布置平面图（见书后插页图9-2）；

结施03—墙柱定位图（见书后插页图9-3）；

结施04—二层梁配筋平面图（见书后插页图9-4）；

结施05—二层板配筋平面图（见书后插页图9-5）；

结施06—三层梁配筋平面图（见书后插页图9-6）；

结施07—三层板配筋平面图（见书后插页图9-7）；

结施08—顶层梁配筋平面图（见书后插页图9-8）；

结施09—顶层板结构布置图、楼梯系统图（见书后插页图9-9）；

结施10—屋面檩条结构布置图（见书后插页图9-10）。

9.2　结构设计总说明

本工程结构设计总说明包括八大部分内容：

1）总则。

2）设计主要依据和资料。

3）正常使用活荷载、抗震及防火要求。

4）地基基础部分。

5）钢筋混凝土结构部分。

6）砌体部分。

7）施工缝的设置。

8）其他。

本工程结构设计总说明如书后插页图 9-1 所示。总则说明了本工程结构设计基准期及耐久年限（50 年）、建筑物安全等级（二级）、结构体系（框架结构）、抗震等级（四级）及有关本结构施工图的共性内容。设计主要依据和资料注明结构设计依据的国家规范。钢筋混凝土结构部分注明了混凝土、钢筋强度的等级要求，现浇结构钢筋锚固长度及搭接长度，梁、板、构造柱、楼梯、预制混凝土构件五部分的共性规定和施工说明。

9.3 基础结构布置平面图

基础结构布置平面图由基础结构布置图、基础详图、独立柱基础表格和基础设计说明四部分组成。由于基础结构布置平面图使用传统表示法和使用平法表示对图样数量的多少和工作量的大小影响不大，所以本图在该张图上采用的还是传统表示法，如书后插页图 9-2 所示。

基础结构布置平面图中表达出该基础布置了条形基础 TJ1 和独立基础 ZJ1、ZJ2、ZJ3、ZJ4、ZJ5。条形基础 TJ1 和独立基础 ZJ1、ZJ2、ZJ3、ZJ4、ZJ5 都有相应的基础详图部分与之对应。基础结构布置平面图中条形基础部分表达出基础墙轴线定位尺寸、基础墙的宽度和条基的宽度及其定位尺寸。独立基础部分表达出轴线的定位尺寸和基础、柱的定形、定位尺寸及编号，独立基础编号与基础表中的编号相对应。

独立柱基础表和独立柱基础大样对应，独立柱基础表标明了独立基础三个方向的长度尺寸信息、配筋信息和结构柱尺寸信息，独立柱基础大样反映独立柱基础的截面形式，本工程独立基础截面为阶形基础。

基础设计说明是对基础及基础施工的说明。

9.4 墙柱定位图

9.4.1 柱平法施工图设计

墙柱定位图主要完成柱施工图设计与平面布置，能表达出柱和墙的位置关系，由墙柱定位图，柱详图和设计说明组成，如书后插页图 9-3 所示。详图上标注了该编号柱的高度范围，定位图上标注了定位图定位的高度范围。由于楼层较少，省略了结构层楼面标高和结构层高表。

从墙柱定位图可以看出，设计考虑的是柱边与外墙边齐平（外墙为 240mm），即边柱、角柱都为偏心柱，中柱不偏心。

详图采用截面注写方式。截面注写方式需要在相同编号的柱中选择一根柱，将其在原位放大绘制“截面配筋图”，并在其上直接引注几何尺寸和配筋，对于其他相同编号的柱仅需标注编号和偏心尺寸。本图采用移出后放大绘制“截面配筋图”。框架柱编号为 KZ1 ~ KZ7。

以 KZ1 为例说明柱的截面注写方式。

直接引注

KZ1

4 ⌀ 18

Φ8@100/200

注明了柱编号（KZ1）、纵向钢筋（角筋4 Φ18）、箍筋（Φ8@100/200）。

原位标注注明了柱标高（基础顶面～11.670m）、截面尺寸（$b\times h=400\text{mm}\times400\text{mm}$）、纵向钢筋（$b$ 边加1 Φ16，h 边加1 Φ16；对称布置，只在一侧标注）。

9.4.2 柱平法施工图设计构造

以1轴交A轴的KZ1为例。

1. 抗震柱插筋构造

由说明可知：本工程抗震等级四级，基础混凝土强度为C25，最小抗震锚固长度为 $l_{aE}=40d=40\times18\text{mm}=720\text{mm}$，独立基础竖向允许锚固深度为 $(800-40)\text{mm}=760\text{mm}>720\text{mm}$，属于独立基础竖向允许锚固深度大于 l_{aE} 的情形，柱角插筋应插至基础底部配筋上表面并做90°弯钩，弯钩直段长度不小于6倍柱插筋直径，且不小于150mm，柱中部插筋可插至 l_{aE} 深度后截断（见图4-18）。柱插筋伸出基础的长度见03G101-1，第36页。

2. 抗震柱纵向钢筋连接

KZ1跨越3个楼层，等截面，钢筋根数直径不变，分层连接如图4-31所示。

3. 抗震柱顶层端节点构造

左下角的KZ1与WKL1和WKL6相连，梁高分别为700mm、800mm。柱外侧纵向配筋率不大于1.2%，抗震框架柱顶层端节点构造如图4-37a所示。3根角筋、1根B边钢筋和1根H边钢筋弯锚，其余直锚固[$(800-30)\text{mm}>36\times18\text{mm}=648\text{mm}$]。

4. 抗震柱箍筋构造

抗震柱箍筋端部弯钩构造如图4-35所示。

抗震框架柱箍筋加密区如图4-36所示，抗震框架柱箍筋加密区范围非底层应在 $\geqslant H_n/6$、$\geqslant h_c$、500mm（H_n 为柱竖向高度，h_c 为柱截面高度）三控值中取最大值，底层应 $\geqslant H_n/3$。

9.5 中间层梁配筋平面图

9.5.1 中间层梁平法施工图设计

本工程的二层梁配筋平面图和三层梁配筋平面图（见书后插页图9-4～图9-6）都属于中间层框架梁配筋图。二层梁配筋平面图由二层梁配筋平面图和设计说明组成。三层梁配筋平面图由三层梁配筋平面图、详图和设计说明组成。

中间层梁配筋平面图上直接表达了梁的设计信息，包括了梁顶标高（二层4.470m，三层8.67m）。中间层框架梁分别设计了框架梁和非框架梁。二层梁配筋平面图编号为KL1～KL18、L1～L12，三层梁配筋平面图编号为KL1～KL8、L1～L4。同一层梁从1起编号，编号连续。本图编号遵循的原则为先横梁后纵梁，从左到右，从下到上的原则顺序编号。

中间层梁配筋平面图采取的是平面注写方式来表达梁结构设计内容的。平面注写方式是在梁平面布置图上，直接注写截面尺寸和配筋的具体数值，整体表达该层梁平法施工图的一种方式。平面注写内容包括集中标注和原位标注两部分，集中标注主要表达通用于梁各跨的设计数值，原位标注主要表达梁本跨的设计数值以及修正集中标注中不适用于本跨梁的内容。施工时，原位标注取值优先。

以第二层 KL1（2）为例说明梁的平面注写方式

集中标注：

KL1（2）

250×700

Φ8@100/200（2）

（2Φ12）

G4Φ10

1）KL1（2）表示梁的编号为 KL1，跨数为 2 的多跨梁。

2）250×700 表示梁截面尺寸宽和高，即 $b \times h = 250\text{mm} \times 700\text{mm}$。

3）Φ8@100/200（2）表示加密区间距为 100mm，非加密区间距为 200mm。箍筋直径为Φ8 的双肢箍。

4）（2Φ12）表示无上部跨中通长筋和梁下部通长筋，架立筋为 2Φ12mm。

5）G4Φ10 表示 4 根Φ10mm 的侧面构造筋。

原位标注：

1）梁支座上部纵筋：第 1 跨左支座为 2Φ20，中间支座为 4Φ25，右支座为 2Φ18。

2）梁下部纵筋：第一跨为 4Φ25，第 2 跨为 3Φ22。

3）附加箍筋或吊筋：1 轴和 C 相交处设有附加箍筋和吊筋，依据图 9-4 说明，图中梁上集中重处未注明的吊筋均为 2Φ12，每侧密箍为 3Φ8@50。

4）修正集中标注中某项或某几项不适用于本跨的内容：第 2 跨修正了集中标注的侧面构造筋，由 G4Φ10 修正为 G4Φ12。

9.5.2 中间层梁平法施工图设计构造

从结施 01—结构设计总说明可知，本工程为四级抗震。由单页说明可知柱和混凝土强度等级均为 C30，梁的主筋保护层厚度为 25mm。

以第二层的 KL1（2）为例说明梁的构造。

1. 抗震 KL 纵筋构造

KL1（2）纵向钢筋包括左支座负筋、中间支座负筋、架立筋、侧面构造钢筋和下部钢筋，其构造如图 3-14b 所示，选用四级抗震等级楼层框架梁构造。纵向钢筋在支座处的锚固：由于锚固长度 =（$36d = 36 \times 20\text{mm} = 720\text{mm}$）大于支座宽（400mm），支座上部筋和支座下部筋均应采用弯锚。架立筋与上部钢筋的搭接长度为 150mm。构造钢筋 G 构造详见 03G101-1 第 24 页第五条，搭接长度和锚固长度均为 $15d$。

2. 抗震 KL 箍筋、附加箍筋、吊筋构造

KL1（2）箍筋、附加箍筋、吊筋构造详见 03G101-1 第 63 页。梁第一道箍筋距离柱外边缘不大于 50mm，加密区长度是 $\geqslant 1.5h_b$ 和 $\geqslant 500\text{mm}$ 中取大值。注意：当设有梁侧面钢筋时必须同时设拉筋，拉筋构造详见 03G101-1 第 63 页。

第二层 L 构造设计如下：楼层非框架梁纵向钢筋、箍筋、附加箍筋、吊筋构造、拉筋构造详见 03G101-1 第 65 页。

9.6 顶层梁配筋平面图

9.6.1 顶层梁平法施工图设计

顶层梁配筋平面图由顶层梁配筋平面图和设计说明组成。顶层梁配筋平面图（见图 9-8）表达了顶层梁的设计信息，包括了梁顶标高（11.67m）。顶层梁配筋平面图编号为 WKL1 ~ WKL5、WL1 ~ WL2，编号连续。顶层梁配筋平面图同楼层框架梁一样，采用的是平面注写方式来表达梁结构设计内容的。

9.6.2 顶层梁平法施工图设计构造

1. 抗震 WKL 纵筋构造

顶层梁属于屋面梁，屋面梁的构造有别于楼层梁构造，具体见表 9-1。

表 9-1 抗震楼层框架梁和抗震屋面框架梁的区别

	抗震楼层框架梁	抗震屋面框架梁
上部、下部纵筋锚固方式不同	有弯锚和直锚两种方式	只有弯锚没有直锚
	上部和下部纵筋锚固方式相同	上部和下部纵筋锚固方式不相同
上部、下部纵筋具体锚固长度不同	楼层框架梁上下部纵筋在端支座弯锚长度为 $\max(0.5h_c+5d,\ 0.4L_{aE})+15d$	屋面框架梁上部纵筋端支座有弯至梁底和下弯 $1.7L_{aE}$ 两种构造
变截面梁顶有高差时纵筋锚固不同	直锚 L_{aE}	直锚 $1.6L_{aE}$
	弯锚 $\max(0.5h_c+5d,\ 0.4L_{aE})+15d$	弯锚 $0.4L_{aE}+15d+c$

以第二层的 WKL1（2）为例说明 WKL 的构造。

WKL1（2）纵向钢筋构造如图 3-15 所示。因为前面的柱顶采用了纵向钢筋构造为 03G101-1 第 37 页（一），故 WKL1（2）纵向钢筋参见 03G101-1 第 55 页构造，屋面框架梁上部纵筋端支座有弯至梁底。

2. 抗震 WKL 箍筋、附加箍筋、吊筋构造

抗震 WKL 箍筋、附加箍筋、吊筋构造同抗震 KL，详见 03G101-1 第 63 页。梁侧面构造钢筋构造详见 03G101-1 第 24 页第五条，搭接长度和锚固长度均为 $15d$。

9.7 钢筋计算示例

1）ZJ-1（共 5 个）钢筋计算见表 9-2。

表 9-2 ZJ-1 钢筋计算

筋号名称	钢筋规格	钢 筋 图 形	计 算 公 式	根数	单长/m	总长/m	总质量/kg
横向底筋	⌀12@200	1720	1800 − 40 − 40	10	1.72	17.2	76.37
纵向底筋	⌀12@200	1720	1800 − 40 − 40	10	1.72	17.2	76.37

注：表中总长 = 根数 × 单长，总质量 = 总长 × 钢筋单位质量；根数 = (1800 − 40 − 40)/200 + 1 = 10（向上取整加 1）。

2）KZ-1（共9个，其中ZJ-1上5个，ZJ-2上3个）钢筋计算，以1轴交A轴KZ-1为例，见表9-3～表9-6。

表9-3　KZ-1基础插筋计算

筋号名称	钢筋规格	钢筋图形	计算公式	根数	单长/m	总长/m	总质量/kg
B边插筋	2⌀16	2030	4170/3 +40 × d	2	2.03	4.06	6.415
H边插筋	2⌀16	2030	4170/3 +40 × d	2	2.03	4.06	6.415
角筋插筋	4⌀18	200 2150	4170/3 +800 -40 +200	4	2.35	9.4	18.777
箍筋	⌀8@100/200	340 340	2 × [(400 -2 × 30) + (400 -2 × 30)] +2 × (11.9 × d) + (8 × d)	2	1.61	3.22	1.256

表9-4　KZ-1首层钢筋计算

筋号名称	钢筋规格	钢筋图形	计算公式	根数	单长/m	总长/m	总质量/kg
B边纵筋	2⌀16	4147	4970 -4170/3 + max(3400/6,400,500) =4147	2	4.147	9.4	13.105
H边纵筋	2⌀16	4147	4970 -4170/3 + max(3400/6,400,500) =4147	2	4.147	9.4	13.105
角筋纵筋	4⌀18	4147	4970 -4170/3 + max(3400/6,400,500) =4147	4	4.147	9.4	33.176
外箍	⌀8@100/200	340 340	2 × [(400 -2 × 30) + (400 -2 × 30)] +2 × (11.9 × d) + (8 × d)	41	1.614	66.01	25.744
内箍	⌀8@100/200	340 340	2 × SQR[SQR(340 +2 × d) + SQR(340 +2 × d)] +2 × 11.9 × d	41	1.197	49.2	19.19

注：SQR表示开二次方运算，后同。

表9-5　KZ-1二层钢筋计算

筋号名称	钢筋规格	钢筋图形	计算公式	根数	单长/m	总长/m	总质量/kg
B边纵筋	2⌀16	4133	4200 - max(3400/6, 400, 500) + max(2200/6, 400, 500) =4133	2	4.133	8.266	13.06
H边纵筋	2⌀16	4133	4200 - max(3400/6, 400, 500) + max(2200/6, 400, 500) =4133	2	4.133	8.266	13.06

（续）

筋号名称	钢筋规格	钢筋图形	计算公式	根数	单长/m	总长/m	总质量/kg
角筋纵筋	4⌀18	4133	4200 − max(3400/6, 400, 500) + max(2200/6, 400, 500) = 4133	4	4.133	16.532	33.064
外箍	⌀8@100/200	340 340	2×[(400−2×30)+(400−2×30)]+2×(11.9×d)+(8×d)	33	1.614	66.174	20.772
内箍	⌀8@100/200	340 340	2×SQR[SQR(340+2×d)+SQR(340+2×d)]+2×11.9×d	33	1.197	49.077	15.405

表 9-6　KZ-1 顶层钢筋计算

筋号名称	钢筋规格	钢筋图形	计算公式	根数	单长/m	总长/m	总质量/kg
B 边纵筋	1⌀16	94 2470	3000 − max(2200/6, 400, 500) − 800 + 1.5 × (36 × d)	1	2.564	2.564	4.051
B 边纵筋	1⌀16	2470	3000 − max(2200/6, 400, 500) −800 +800 −30	1	2.47	2.47	3.90
H 边纵筋	1⌀16	94 2470	3000 − max(2200/6, 400, 500) − 800 + 1.5 × (36 × d)	1	2.564	2.564	4.051
H 边纵筋	1⌀16	2470	3000 − max(2200/6, 400, 500) −800 +800 −30	1	2.47	2.47	3.9036
角筋	3⌀18	94 2470	3000 − max(2200/6, 400, 500) − 800 + 1.5 × (36 × d)	3	2.564	7.692	15.384
角筋	1⌀18	2470	3000 − max(2200/6, 400, 500) −800 +800 −30	1	2.47	2.47	4.94
外箍	⌀8@100/200	340 340	2×[(400−2×30)+(400−2×30)]+2×(11.9×d)+(8×d)	25	1.614	40.35	15.737
内箍	⌀8@100/200	340 340	2×SQR[SQR(340+2×d)+SQR(340+2×d)]+2×11.9×d	25	1.197	29.925	11.671

说明：柱子首层的计算高度不等同于层高，而应该为基础顶面到第一层楼板面之间的高度，对于本工程应该是层高加上 500mm。对于 KZ1 三层的计算高度分别为 4970mm、4200mm 和 3000mm。

对于基础插筋

纵筋单根长度 = 上层露出长度 + 基础厚度 - 保护层 + 弯折

对于首层钢筋

纵筋单根长度 = 层高 - 本层的露出长度 + 上层露出长度

箍筋根数计算：下部加密区 4170/3 = 1390；上部加密区 max(4170/6,400,500) + 800 = 1495；总根数 = (1390 + 1495)/100 + (4970 - 1390 - 1495)/200 + 1 = 41

对于二层钢筋

纵筋单根长度 = 层高 - 本层的露出长度 + 上层露出长度

箍筋根数计算：下部加密区长度 max(3400/6,400,500) = 567；上部加密区长度 = 567 + 800 = 1367；

总根数 = (567 + 1367)/100 + (4200 - 567 - 1367)/200 + 1 = 33

对于顶层钢筋

纵筋弯锚　层高 - 本层的露出长度 - 节点高 + 节点设置中的柱顶锚固

纵筋直弯锚　层高 - 本层的露出长度 - 保护层

3）二层 KL-1（2）［以 1 轴上的 KL-1（2）为例］钢筋计算见表 9-7、表 9-8。

表 9-7　KL-1（2）第一跨钢筋计算

筋号名称	钢筋规格	钢筋图形	计算公式	根数	单长/m	总长/m	总质量/kg
左支座筋	2⌀20	300 2773	$\max(0.4\times36\times d, 0.5h_c + 5d) + 15\times d + 7420/3$	2	3.073	6.146	15.181
右支座筋	4⌀25	5346	7420/3 + 400 + 7420/3	4	5.346	9.88	82.328
架立筋	2⌀12	2774	150 - 7420/3 + 7420 + 150 - 7420/3	2	2.774	5.548	4.927
下部钢筋	4⌀25	375 8680	$0.4\times36\times25 + 15\times d + 7420 + 36\times d$	4	9.055	36.22	139.447
侧面构造筋	4⌀10	7720	$15\times d + 7420 + 15\times d + 12.5\times d$	4	7.845	31.38	19.361
箍筋	⌀8@100/200	650 200	$2\times[(250-2\times25)+(700-2\times25)] + 2\times(11.9\times d) + (8\times d) = 1954$	53	1.954	103.562	40.91
拉筋（2排）	⌀6@400	200	$(250-2\times25) + 2\times(75+1.9\times d) + (2\times d)$	40	0.385	15.4	3.4188
吊筋	2⌀12	240 45.00 350 650	$250 + 2\times50 + 2\times20\times d + 2\times1.414\times(700-2\times25)$	2	2.668	5.336	4.738

表 9-8 KL-1（2）第二跨钢筋计算

筋号名称	钢筋规格	钢筋图形	计算公式	根数	单长/m	总长/m	总质量/kg
右支座筋	3 ⌀18	270 2732	$\max(0.4\times36\times d, 0.5h_c+5d)+15\times d+7420/3$	3	3.002	9.006	18.012
架立筋	2 ⌀12	2774	150 - 7420/3 + 7420 + 150 -7420/3	2	2.774	5.548	4.927
下部钢筋	3 ⌀22	330 8529	$0.4\times36\times22+15\times d+7420+36\times d$	3	8.859	26.576	79.196
侧面构造筋	4 ⌀12	7780	$15\times d+7420+15\times d$	4	7.845	31.38	27.865
箍筋	⌀8@100/200	650 200	$2\times[(250-2\times25)+(700-2\times25)]+2\times(11.9\times d)+(8\times d)=1954$	49	1.954	95.746	37.820
拉筋（2排）	⌀6@400	200	$(250-2\times25)+2\times(75+1.9\times d)+(2\times d)$	40	0.385	15.4	3.418

说明：KL-1 为 2 跨框架梁，两跨的跨长均为 7900mm，净跨长均为 7420mm(7900 - 280 - 200)，支座为 KZ1，支座宽分别为(120 + 280)mm，(200 + 200)mm，(280 + 120)mm，混凝土强度等级为 C30，保护层厚度为 25mm，锚固长度为 $36d$。

①第一跨钢筋

箍筋根数：加密区长度 max(1.5 × 700,500) = 1050，一端加密区根数(1050 - 50)/100 + 1 = 11，中间非加密区根数(7420 - 1050 × 2 - 200)/200 - 2 = 25，总根数 = 11 × 2 + 25 + 6 = 53（6 为附加钢筋根数）

拉筋根数：(7420/400 + 1) × 2 = 40

吊筋长度：次梁宽度 + 2 × 50 + 2 × 吊筋锚固 + 2 × 斜长

②第二跨钢筋

箍筋根数：加密区长度 max(1.5 × 700, 500) = 1050，一端加密区根数(1050 - 50)/100 + 1 = 11，中间非加密区根数(7420 - 1050 × 2)/200 - 1 = 27，总根数 = 11 × 2 + 27 = 49。

4）顶层 WKL-1（2）[以 1 轴上的 WKL-1（2）为例] 钢筋计算见表 9-9、表 9-10。

表 9-9 WKL-1（2）第一跨钢筋计算

筋号名称	钢筋规格	钢筋图形	计算公式	根数	单长/m	总长/m	总质量/kg
左支座筋	2 ⌀20	675 2848	400 - 25 + 675 + 7420/3	2	3.523	7.046	17.404
右支座筋	3 ⌀22	5346	7420/3 + 400 + 7420/3	3	5.346	16.038	47.793
架立筋	2 ⌀12	2774	150 - 7420/3 + 7420 + 150 -7420/3	2	2.774	5.548	4.927

（续）

筋号名称	钢 筋 规 格	钢 筋 图 形	计 算 公 式	根数	单长/m	总长/m	总质量/kg
下部钢筋	2 ⌀20	300 8428	0.4 × 36 × 20 + 15 × *d* + 7420 + 36 × *d*	2	8.728	17.456	43.116
侧面构造筋	4 ⌀12	15600	5 × *d* + 15240 + 15 × *d* + 15*d*	4	15.780	63.12	56.051
箍筋	⌀8@100/200	650 200	2 × [(250 − 2 × 25) + (700 − 2 × 25)] + 2 × (11.9 × *d*) + (8 × *d*)	49	1.954	95.746	37.820
拉筋（2排）	⌀6@400	200	(250 − 2 × 25) + 2 × (75 + 1.9 × *d*) + (2 × *d*)	40	0.385	15.4	3.419

表 9-10　WKL-1（2）第二跨钢筋计算

筋号名称	钢 筋 规 格	钢 筋 图 形	计 算 公 式	根数	单长/m	总长/m	总质量/kg
右支座筋	2 ⌀20	675 2848	400 − 25 + 675 + 7420/3	2	3.523	7.046	17.404
架立筋	2 ⌀12	2774	150 − 7420/3 + 7420 + 150 − 7420/3	2	2.774	5.548	4.927
下部钢筋	2 ⌀20	300 8428	0.4 × 36 × 20 + 15 × *d* + 7420 + 36 × *d*	2	8.728	17.456	43.116
箍筋	⌀8@100/200	650 200	2 × [(250 − 2 × 25) + (700 − 2 × 25)] + 2 × (11.9 × *d*) + (8 × *d*)	49	1.954	95.746	37.820
拉筋（2排）	⌀6@400	200	(250 − 2 × 25) + 2 × (75 + 1.9 × *d*) + (2 × *d*)	40	0.385	15.4	3.419

注：WKL-1 节点构造不同于 KL，区别见表 9-1，端支座上部钢筋弯至梁底。

5）二层 B13（以 1、2 轴交 C、E 轴上的 B13 为例）钢筋计算，见表 9-11。

表 9-11　二层 B13 钢筋计算

筋号名称	钢 筋 规 格	钢 筋 图 形	计 算 公 式	根数	单长/m	总长/m	总质量/kg
底筋 *x* 向	⌀10@200	3720	3500 + max(250/2, 5 × *d*) + max(250/2, 5 × *d*) + 12.5 × *d*	19	3.875	73.625	2.391
底筋 *y* 向	⌀10@200	3950	3700 + max(250/2, 5 × *d*) + max(250/2, 5 × *d*) + 12.5 × *d*	18	4.075	73.35	2.514

（续）

筋号名称	钢筋规格	钢筋图形	计算公式	根数	单长/m	总长/m	总质量/kg
板负筋	Φ8@150	70 1300 70	1175+80+250/2+110−2×15	24	1.46	35.04	0.577
分布筋	Φ6@250	2050	1750+150+150	5	2.05	10.25	0.455
板负筋	Φ8@150	80 2400 70	1200+1200+80+70	24	2.56	61.44	1.011
分布筋1	Φ6@250	1750	1450+150+150	5	1.75	8.75	0.389
分布筋2	Φ6@250	2050	1750+150+150	5	2.05	10.25	0.455
板负筋	Φ10@150	80 2000 70	1000+1000+80+70	25	2.15	79.55	1.327
分布筋1	Φ6@250	1750	1450+150+150	4	1.75	7	0.389
分布筋2	Φ6@250	2050	1750+150+150	4	2.05	8.2	0.455
板负筋	Φ10@150	80 2000 70	1000+1000+80+70	25	2.15	79.55	1.327
分布筋1	Φ6@250	1750	1750+150+150	8	1.75	14	0.389

注：分布筋长度=净长+搭接+搭接。

附　录

表1　混凝土结构的环境类别

环境类别		条　件
一		室内正常环境
二	a	室内潮湿环境；非严寒和非寒冷地区的露天环境、与无侵蚀性的水或土壤直接接触的环境
	b	严寒和寒冷地区的露天环境、与无侵蚀性的水或土壤直接接触的环境
三		使用除冰盐的环境；严寒和寒冷地区冬季水位变动的环境；滨海室外环境
四		海水环境
五		受人为或自然的侵蚀性物质影响的环境

表2　纵向受力钢筋的混凝土保护层最小厚度

受力钢筋的混凝土保护层最小厚度/mm

环境类别		墙			梁			柱		
		≤C20	C25～C45	≥C50	≤C20	C25～C45	≥C50	≤C20	C25～C45	≥C50
一		20	15	15	30	25	25	30	30	30
二	a	—	20	20	—	30	—	—	30	30
	b	—	25	20	—	35	—	—	35	30
三		—	30	25	—	40	35	—	40	35

表3　约束边缘构件沿墙肢的长度

约束边缘构件沿墙肢的长度 l_c

抗震等级（设防烈度）		一级（9度）	一级（7、8度）	二　级
l_c/mm	YAZ	$0.25h_w$、$1.5b_w$ 450中的最大值	$0.2h_w$、$1.5b_w$ 450中的最大值	$0.2h_w$、$1.5b_w$ 450中的最大值
	YDZ、YYZ、YJZ	$0.2h_w$、$1.5b_w$ 450中的最大值	$0.15h_w$、$1.5b_w$ 450中的最大值	$0.15h_w$、$1.5b_w$ 450中的最大值

表 4　受拉钢筋的最小锚固长度

受拉钢筋的最小锚固长度 l_a

钢筋种类		混凝土强度等级									
		C20		C25		C30		C35		C40	
		$d \leqslant 25$	$d > 25$	$d \leqslant 25$	$d > 25$	$d \leqslant 25$	$d > 25$	$d \leqslant 25$	$d > 25$	$d \leqslant 25$	$d > 25$
HPB235	普通钢筋	$31d$	$31d$	$27d$	$27d$	$24d$	$24d$	$22d$	$22d$	$20d$	$20d$
HRB335	普通钢筋	$39d$	$42d$	$34d$	$37d$	$30d$	$33d$	$27d$	$30d$	$25d$	$27d$
	环氧树脂涂层钢筋	$48d$	$53d$	$42d$	$46d$	$37d$	$41d$	$34d$	$37d$	$37d$	$34d$
HRB400 RRB400	普通钢筋	$46d$	$51d$	$40d$	$44d$	$36d$	$39d$	$33d$	$36d$	$36d$	$33d$
	环氧树脂涂层钢筋	$58d$	$63d$	$50d$	$55d$	$45d$	$49d$	$41d$	$45d$	$45d$	$41d$

注：1. 当弯锚时，有些部位的锚固长度为$\geqslant 0.4l_a + 15d$，见各类构件的标准构造详图。

2. 钢筋混凝在施工过程中易受扰动（如滑模施工时），其锚固长度应乘以修正系数 1.1。

3. 在任何情况下，锚固长度不得小于 250mm。

4. HPB235 钢筋为受拉时，其末端应做成 180°弯钩，弯钩平直段长度不应小于 $3d$，当为受压时，可不做弯钩。

表 5　受拉钢筋抗震锚固长度及绑扎搭接长度

受拉钢筋抗震锚固长度 l_{aE}

混凝土强度等级与抗震等级 / 钢筋种类与直径			C20		C25		C30		C35		≥C40	
			一、二级抗震等级	三级抗震等级	一、二级抗震等级	三级抗震等级	一、二级抗震等级	三级抗震等级	一、二级抗震等级	三级抗震等级	一、二级抗震等级	三级抗震等级
HPB235	普通钢筋		$36d$	$33d$	$31d$	$28d$	$27d$	$25d$	$25d$	$23d$	$23d$	$21d$
HRB335	普通钢筋	$d \leqslant 25$	$44d$	$41d$	$38d$	$35d$	$34d$	$31d$	$31d$	$29d$	$29d$	$26d$
		$d > 25$	$49d$	$45d$	$42d$	$39d$	$38d$	$34d$	$34d$	$31d$	$32d$	$29d$
	环氧树脂涂层钢筋	$d \leqslant 25$	$55d$	$51d$	$48d$	$44d$	$43d$	$39d$	$39d$	$36d$	$36d$	$33d$
		$d > 25$	$61d$	$56d$	$53d$	$48d$	$47d$	$43d$	$43d$	$39d$	$39d$	$36d$
HPB400 RRB400	普通钢筋	$d \leqslant 25$	$53d$	$49d$	$46d$	$42d$	$41d$	$37d$	$37d$	$34d$	$34d$	$31d$
		$d > 25$	$58d$	$53d$	$51d$	$46d$	$45d$	$41d$	$41d$	$38d$	$38d$	$34d$
	环氧树脂涂层钢筋	$d \leqslant 25$	$66d$	$61d$	$57d$	$53d$	$51d$	$47d$	$47d$	$43d$	$43d$	$39d$
		$d > 25$	$73d$	$67d$	$63d$	$58d$	$56d$	$51d$	$51d$	$47d$	$47d$	$43d$

注：1. 四级抗震等级，$l_{aE} = l_a$，其值见前一页。

2. 当弯锚时，有些部位的锚固长度为$\geqslant 0.4l_{aE} + 15d$，见各类构件的标准构造详图。

3. 当 HRB335、HRB400 和 RRB400 级纵向受拉钢筋末端采用机械锚固措施时，包括附加锚固端头在内的锚固长度可取为 03G101-1 图集第 33 页和本页表中锚固长度的 0.7 倍。机械锚固的形式及构造要求详见 03G101-1 图集第 35 页。

4. 当钢筋在混凝土施工过程中易受扰动（如滑模施工）时，其锚固长度应乘以修正系数 1.1。

5. 在任何情况下，锚固长度不得小于 250mm。

纵向受拉钢筋绑扎搭接长度 l_{lE}，l_l	
抗震	非抗震
$l_{lE} = \zeta l_{aE}$	$l_l = \zeta l_a$

注：

1. 当不同直径的钢筋搭接时，其 l_{lE} 与 l_l 值按较小的直径计算。
2. 在任何情况下 l_l 不得小于 300mm。
3. 式中 ζ 为搭接长度修正系数。

纵向受拉钢筋搭接长度修正系数 ζ

纵向钢筋搭接接头面积百分率（%）	≤25	50	100
ζ	1.2	1.4	1.6

表 6　抗震框架柱和小墙肢箍筋加密高度选用表　　（单位：mm）

柱净高 H_n/mm	柱截面长边尺寸 h_c 或圆柱直径 D/mm																		
	400	450	500	550	600	650	700	750	800	850	900	950	1000	1050	1100	1150	1200	1250	1300
1500																			
1800	500																		
2100	500	500	500																
2400	500	500	500	550															
2700	500	500	500	550	600	650													
3000	500	500	500	550	600	650	700												
3300	550	550	550	550	600	650	700	750	800										
3600	600	600	600	600	600	650	700	750	800	850									
3900	650	650	650	650	650	650	700	750	800	850	900	950							
4200	700	700	700	700	700	700	700	750	800	850	900	950	1000						
4500	750	750	750	750	750	750	750	750	800	850	900	950	1000	1050	1100				
4800	800	800	800	800	800	800	800	800	800	850	900	950	1000	1050	1100	1150			
5100	850	850	850	850	850	850	850	850	850	850	900	950	1000	1050	1100	1150	1200	1250	
5400	900	900	900	900	900	900	900	900	900	900	900	950	1000	1050	1100	1150	1200	1250	1300
5700	950	950	950	950	950	950	950	950	950	950	950	950	1000	1050	1100	1150	1200	1250	1300
6000	1000	1000	1000	1000	1000	1000	1000	1000	1000	1000	1000	1000	1000	1050	1100	1150	1200	1250	1300
6300	1050	1050	1050	1050	1050	1050	1050	1050	1050	1050	1050	1050	1050	1050	1100	1150	1200	1250	1300
6600	1100	1100	1100	1100	1100	1100	1100	1100	1100	1100	1100	1100	1100	1100	1100	1150	1200	1250	1300
6900	1150	1150	1150	1150	1150	1150	1150	1150	1150	1150	1150	1150	1150	1150	1150	1150	1200	1250	1300
7200	1200	1200	1200	1200	1200	1200	1200	1200	1200	1200	1200	1200	1200	1200	1200	1200	1200	1250	1300

注：1. 表中数值未包括框架底层柱的柱根部箍筋加密范围。

2. 柱净高（包括因嵌砌填充墙等形成的柱净高）与柱截面长边尺寸或圆柱直径均在此范围时，因已形成 $H_n/h_c<4$ 的短柱，其箍筋沿柱全高加密。

3. 小墙肢即墙肢长度不大于墙厚 3 倍的剪力墙。

参 考 文 献

[1]　GB 50010—2002　混凝土结构设计规范［S］．北京：中国建筑工业出版社，2002.

[2]　GB 50011—2001　建筑抗震设计规范（2008 版）［S］．北京：中国建筑工业出版社，2008.

[3]　JGJ 3—2002　高层建筑混凝土结构技术规程［S］．北京：中国建筑工业出版社，2002.

[4]　GB/T 50105—2001　建筑结构制图标准［S］．北京：中国建筑工业出版社，2001.

[5]　GB 50007—2002　建筑地基基础设计规范［S］．北京：中国建筑工业出版社，2002.

[6]　03G101-1 现浇混凝土框架、剪力墙、框架剪力墙、框支剪力墙结构平法设计［S］．北京：中国建筑标准设计研究院，2003.

[7]　03G101-2　现浇混凝土板式楼梯平法设计［S］．北京：中国建筑标准设计研究院，2003.

[8]　04G101-3　筏形基础平法设计［S］．北京：中国建筑标准设计研究院，2004.

[9]　04G101-4　现浇混凝土楼板与屋面板平法设计［S］．北京：中国建筑标准设计研究院，2004.

[10]　06G101-6　独立基础、条形基础、桩基承台平法设计［S］．北京：中国建筑标准设计研究院，2004.

[11]　08G101-5　箱形基础和地下结构［S］．北京：中国建筑标准设计研究院，2008.

[12]　陈青来．钢筋混凝土结构平法设计与施工规则［M］．北京：中国建筑工业出版社，2009.

[13]　沈蒲生，梁新文，等．钢筋混凝土结构设计原理［M］．3 版．北京：高等教育出版社，2008.

[14]　沈蒲生，梁新文，等．钢筋混凝土结构设计［M］．3 版．北京：高等教育出版社，2008.

[15]　沈蒲生．高层建筑结构设计［M］．3 版．北京：中国建筑工业出版社，2008.

[16]　赵明华．基础工程［M］．北京：高等教育出版社，2008.

[17]　JGJ 6—1999　高层建筑箱形与筏形基础技术规范［S］．北京：中国建筑工业出版社，2002.

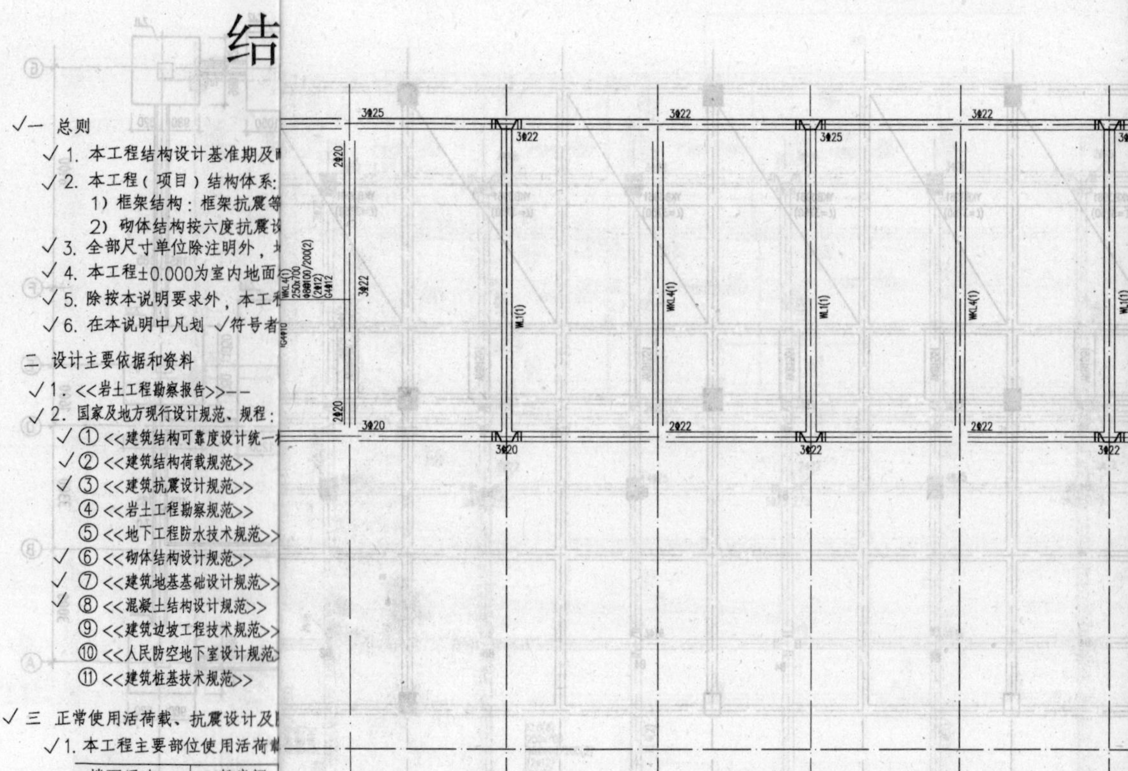

结

√一 总则

√1. 本工程结构设计基准期及

√2. 本工程（项目）结构体系

1）框架结构：框架抗震等

2）砌体结构按六度抗震设

√3. 全部尺寸单位除注明外，

√4. 本工程±0.000为室内地面

√5. 除按本说明要求外，本工

√6. 在本说明中凡划 √符号者

二 设计主要依据和资料

√1. <<岩土工程勘察报告>>——

√2. 国家及地方现行设计规范、规程：

√① <<建筑结构可靠度设计统一

√② <<建筑结构荷载规范>>

√③ <<建筑抗震设计规范>>

④ <<岩土工程勘察规范>>

⑤ <<地下工程防水技术规范>>

√⑥ <<砌体结构设计规范>>

√⑦ <<建筑地基基础设计规范>>

√⑧ <<混凝土结构设计规范>>

⑨ <<建筑边坡工程技术规范>>

⑩ <<人民防空地下室设计规范

⑪ <<建筑桩基技术规范>>

√三 正常使用活荷载、抗震设计及

√1. 本工程主要部位使用活荷

楼面用途	一般房间
活荷载/(kN/m^2)	2.0

√2. 本工程抗震计算采用的抗

√3. 本建筑物耐火等级为2级，位及常水接触部位为二a类，

环境类别		板、墙	
		<C20	C20~C45
一		20	15
二	a	20	20
	b	20	25

√四 地基基础部分

1. 详见基础桩及基础承台、

五 钢筋混凝土结构部分

√1. 现浇构件混凝土强度等级：

1) 钢筋强度设计值(N/mm

HRB400(⌀)f_y=360，冷

2) 每一结构层应采用同一

√2. 现浇结构钢筋锚固长度及

钢筋类别	抗震等级 \ 混凝土强度等级	<C20	C25
HPB235(φ)	一、二级	36	30
	三级	33d	27d
	四级	31d	26d
HRB335(⌀)	一、二级	44d(48d)	38d(42
	三级	40d(44d)	35d(39
	四级	38d(42d)	33d(36
HRB400(⌀)	一、二级	53d(58d)	46d(51
	三级	48d(53d)	42d(46
	四级	46d(51d)	40d(44

注：1. 本表L_a值为实际长度，考虑

2. 括号内数字为钢筋直径大于25

3. 非抗震结构的锚固长度和搭接

4. 搭接区域内受力钢筋接头面积

5. 钢筋采用电弧焊时，HPB235钢筋采用其他焊接方式时尚应

顶层梁配筋平面图

图 9-8 顶层梁配筋平面图

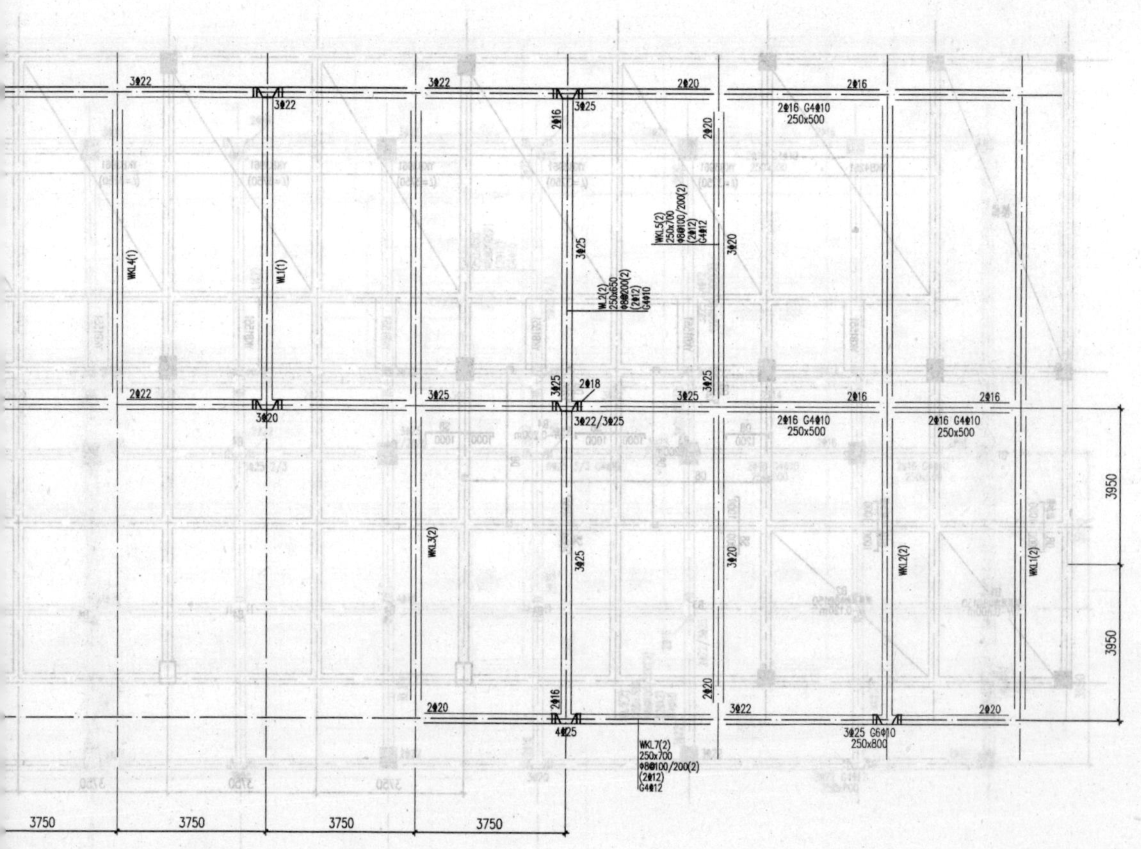

面图 H=11.670m

说明:

1. 本图表示的楼层标高 H 详见楼层标高系统表,图中的梁顶标高除注明者外均分别为 H−0.120m。
2. 本图中梁混凝土等级:C30。
3. 图中梁上集中重处未注明的吊筋均为 2Φ12,每侧密箍为 3Φ*@50,* 同主梁箍筋直径。

				建设单位			
				项目名称	厂房二		
设 计		校 对		顶层梁配筋平面图		图 别	结施
制 图		审 核				图 号	09
						比 例	
项目负责		审 定				日 期	2010.2